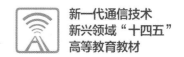

新一代通信技术
新兴领域"十四五"
高等教育教材

通信与网络
综合实验教程

Textbook for
Communication
and Network
Integrated
Experiments

郭彩丽 / 主 编

刘 江　　王鲁晗　　刘奕彤
　　　　　　　　　　　　　　/ 参 编
闫 石　　黄 海　　张碧玲

电子工业出版社·
Publishing House of Electronics Industry
北京·BEIJING

内 容 简 介

本书面向卓越工程师培养目标，基于多模态数智化通信与网络综合实验平台，以"链路-网络-业务"为主线，以数字化、智慧型、开放式和可重构为核心特征，设计了通信综合类实验、网络综合类实验和业务综合类实验。本书共 8 章，在概述通信与网络的发展、通信与网络实验的要求和目标，以及多模态数智化通信与网络综合实验平台的基础上，分别介绍了通信链路、5G 接入与空口数据分析、开源 5G 组网、IP 网络与光网络协同组网、天地网络协同组网、视频通信系统与业务、面向网络 XR 的用户体验质量等 7 个综合实验。对于每个综合实验，本书以故事引入真实需求，归纳共性以创设实验场景，分解任务以解决复杂工程问题，并在此基础上进行实验场景、内容和方法的拓展。为培养学生分析和解决复杂工程问题的实践能力和创新能力，本书提供了综合、交叉、开放的通信与网络实验案例，以及丰富的数字化资源。

本书注重理实结合、科教融合，面向真场景、围绕真需求、研究真信号、解决真问题、提高真本事，通过在"实网"上进行"实采、实操、实战"，对学生综合能力和创新能力进行"实检"。

本书既可作为高等院校通信工程、电子信息工程等专业的专业核心课程的配套实验教材，也适宜作为信息通信行业的高职院校进行非脱产教育时提升学生实践实操能力的参考教材。

图书在版编目（CIP）数据

通信与网络综合实验教程 / 郭彩丽主编. -- 北京：
电子工业出版社，2024. 9. --（新一代通信技术新兴领
域"十四五"高等教育教材）. -- ISBN 978-7-121
-48951-8

Ⅰ. TN915

中国国家版本馆 CIP 数据核字第 20245MQ485 号

责任编辑：田宏峰
印　　刷：三河市君旺印务有限公司
装　　订：三河市君旺印务有限公司
出版发行：电子工业出版社
　　　　　北京市海淀区万寿路 173 信箱　邮编　100036
开　　本：787×1 092　1/16　印张：16.5　字数：419 千字
版　　次：2024 年 9 月第 1 版
印　　次：2024 年 9 月第 1 次印刷
定　　价：69.00 元

本书顾问

总顾问：

刘韵洁

中国工程院院士

顾问（按姓氏笔画排序）：

王雷

中兴通讯股份有限公司高级方案规划师

刘光毅

中国移动通信集团有限公司首席专家

孙震强

中国电信集团有限公司移动通信资深专家

纪越峰

国家级教学名师、国家杰出青年科学基金获得者、北京邮电大学教授

李振斌

华为首席 IP 协议专家、华为数通网络协议实验室主任

汪春霆

中国卫星网络集团有限公司科技委副主任

序

伴随着社会需求的不断提高和技术的飞速发展，通信技术实现了跨越式发展，为信息通信网络基础设施的建设提供了有力支撑。同时，目前通信技术已经接近香农信息论所预言的理论极限，面对可持续发展的巨大挑战，我国对未来通信人才的培养提出了更高要求。

坚持以习近平新时代中国特色社会主义思想为指导，立足于"新一代通信技术"这一战略性新兴领域对人才的需求，结合国际进展和中国特色，发挥我国在前沿通信技术领域的引领性，打造启智增慧的"新一代通信技术"高质量教材体系，是通信人的使命和责任。为此，北京邮电大学张平院士组织了来自七所知名高校和四大领先企业的学者和专家，组建了编写团队，共同编写了"新一代通信技术新兴领域'十四五'高等教育教材"系列教材。编写团队入选了教育部"战略性新兴领域'十四五'高等教育教材体系建设团队"。

"新一代通信技术新兴领域'十四五'高等教育教材"系列教材共20本，该系列教材注重守正创新，致力于推动思教融合、科教融合和产教融合，其主要特色是：

（1）"分层递进、纵向贯通"的教材体系。根据通信技术的知识结构和特点，结合学生的认知规律，构建了以"基础电路、综合信号、前沿通信、智能网络"四个层次逐级递进、以"校内实验-校外实践"纵向贯通的教材体系。首先在以《电子电路基础》为代表的电路教材基础上，设计编写包含各类信号处理的教材；然后以《通信原理》教材为基础，打造移动通信、光通信、微波通信和空间通信等核心专业教材；最后编著以《智能无线网络》为代表的多种新兴网络技术教材；同时，《通信与网络综合实验教程》教材以综合性、挑战性实验的形式实现四个层次教材的纵向贯通；充分体现出教材体系的完备性、系统性和科学性。

（2）"四位一体、协同融合"的专业内容。从通信技术的基础理论出发，结合我国在该领域的科技前沿成果和产业创新实践，打造出以"坚实基础理论、前沿通信技术、智能组网应用、唯真唯实实践"四位一体为特色的新一代通信技术专业内容；同时，注重基础内容和前沿技术的协同融合，理论知识和工程实践的融会贯通。教材内容的科学性、启发性和先进性突出，有助于培养学生的创新精神和实践能力。

（3）"数智赋能、多态并举"的建设方法。面向教育数字化和人工智能应用加速的未来趋势，该系列教材的建设依托教育部的虚拟教研室信息平台展开，构建了"新一代通信技术"核心专业全域知识图谱；建设了慕课、微课、智慧学习和在线实训等一系列数字资源；打造了多本具有富媒体呈现和智能化互动等特征的新形态教材；为推动人工智能赋能高等教育创造了良好条件，有助于激发学生的学习兴趣和创新潜力。

尺寸教材，国之大者。教材是立德树人的重要载体，希望以"新一代通信技术新兴领域

'十四五'高等教育教材"系列教材以及相关核心课程和实践项目的建设为着力点,推动"新工科"本科教学和人才培养的质效提升,为增强我国在新一代通信技术领域竞争力提供高素质人才支撑。

中国工程院院士　费爱国

前　言

随着通信与网络技术更新速度的加快，各种新需求与新技术不断涌现，对电子信息人才培养提出了新要求。面对前所未有的科技工程复杂性和综合性挑战，如何培养"爱党报国、敬业奉献、具有突出技术创新能力、善于解决复杂工程问题"的电子信息领域的卓越工程师，是高等工科院校在新时代肩负的重大使命。而提升学生解决复杂工程问题的实践能力和创新能力，大量综合性的实训实操是必由之路。

然而当前国内高校的实践教学仍存在不少问题。例如，实践教学轨迹单一，即实践教学的各个环节往往是理论课的附属配合，是对局部知识点的掌握，而不是对综合能力的训练；实践教学内容零散，即教学中实验环境基本上是对实际工程的局部抽象和模拟，实验设计只是对理论知识点的直观验证，难以"求真求实"，无法给学生"真刀真枪"动手的机会，进而无法验证和评价学生获得的"真能力"。另外，在封闭的实验环境中，也很难让学生面对真实的复杂工程问题。面向新行业、新专业、新领域，亟须更新实践教学内容，提升"两性一度"；对于一些高新、精密或不可见、不易见的实验，迫切需要虚拟化、数字化和智能化的手段。

本教材以社会需求为导向，以实际工程为背景，面向卓越工程师培养目标，借助北京邮电大学 A+学科"信息与通信工程"的科研优势，设计了多模态数智化通信与网络综合实验平台。实验以学生为中心，贯彻"四变"方略，即改变实践教学布局，实现由以课程单一配套实验为依托向以相对成体系为支撑的变迁；改变实践教学内容，实现由以知识点内容为核心向以目标项目制贯穿为主线的变更；改变实践教学对象，实现由从面及里的演进性思维向一针见血和沉浸式体验并重的变化；改变实践教学平台，实现由封闭的室内实验模拟向开放的真实环境实操的变融。基于本教材开展先进、综合、交叉、开放的通信和网络综合实验，可帮助学生"面向真场景、围绕真需求、研究真信号、解决真问题、提高真本事"，更好地融入工程实践良好氛围。

本教材共有 8 章。第 1 章为概论，第 2 章到第 8 章以"链路-网络-业务"为主线，介绍了通信综合类、网络综合类和业务综合类共 7 个实验。其中，第 2 章介绍的通信链路综合实验，第 3 章介绍的 5G 接入与空口数据分析综合实验，均属于通信综合类实验；第 4 章介绍的开源 5G 组网综合实验，第 5 章介绍的 IP 网络与光网络协同组网综合实验，第 6 章介绍的天地网络协同组网综合实验，均属于网络综合类实验；第 7 章介绍的视频通信系统与业务综合实验，第 8 章介绍的面向网络 XR 的用户体验质量综合实验，均属于业务综合类实验。针对每个实验，本教材均详细阐述了具体的目标、内容、要求、方法、软硬件环境准备和步骤，并在最后简要探讨了实验场景或实验拓展。

　　本书既可作为高等院校通信工程、电子信息工程等专业的专业核心课程配套实验教材，也可作为信息通信行业高职院校进行非脱产教育时提升学生实操能力的参考教材。

　　在编写本教材的过程中，编者参考了一些相关的文献，从中受益匪浅，在此向这些文献的作者表示深深的感谢！由于编者水平有限，若书中存在缺点和错误，恳请专家和读者指正。

编　者

2024 年 8 月

目　　录

第1章
概论

1.1 通信与网络的发展

通信是指人/物和人/物（统称节点）之间通过媒介和行为进行的信息传输和交流。将一定数量的节点和连接节点的传输链路有机地组合在一起，以实现两个或多个节点之间的信息传输，就构成了通信网络。

1.1.1 通信技术的发展历程

自人类诞生以来，通信就是一种刚性需求。没有通信，人与人之间就是信息孤岛，无法交流协作，无法表达情感，也无法形成任何形式的组织。因此，通信是人类社会的纽带，也是人类进步的基石。

纵观人类漫长的通信技术发展历程，可将其大致可以划分为以下几个阶段，如图1.1所示。

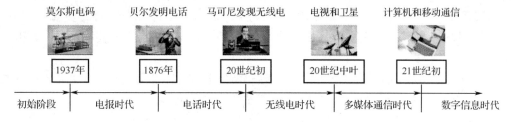

图1.1　通信技术发展历程

（1）初始阶段：人类社会诞生之初，人们通过口头语言和手势进行沟通与交流。随着文字的出现，人们可以通过书信、文献等方式进行通信。

（2）电报时代：1837年，查尔斯·惠斯通（Charles Wheatstone）和塞缪尔·莫尔斯（Samuel Morse）发明了电报，人类社会进入了"电"通信时代。电报利用电信号传输信息，大大缩短了信息传输的时间、扩大了传输的距离，成为国际商务和政治外交等领域的重要工具。

（3）电话时代：1876年，电话的发明使得人们可以直接通过声音进行通信，通信变得更加方便、快捷。

（4）无线电时代：20世纪初，无线电通信和广播的发明使得人们可以通过电磁波传输音频和图像信号。通信变得更加广泛和多样化，也成为传输信息、文化和娱乐的重要渠道。

（5）多媒体通信时代：20世纪中叶，电视和卫星的出现开创了多媒体通信时代，人们实现了高清图像和声音的远距离传输。

（6）数字信息时代：21 世纪以来，随着计算机和移动通信技术的迅速发展，以及云计算、人工智能等新兴技术的兴起，人们可以通过互联网、移动通信等方式进行高效、快速、实时的通信和信息交流。

1.1.2　通信网络的发展历程

通信网络的发展大致经历了以下 4 个阶段。

第一阶段是电报通信阶段。1837 年，莫尔斯发明电报机，并设计了莫尔斯电码，开启了电报通信时代。1895 年，马可尼发明了无线电设备，使电报可以通过无线通道传输，加快了电报通信的普及过程。从西方国家开始，各国纷纷建立了连接主要城市的电报网，以及不同国家的电报路由。该阶段通信网络的主要特征是：只能进行文字信息的传输，信息转换、输入、输出等环节均需要人工实现；容量小、速度慢。

第二阶段是电话通信阶段。1876 年，贝尔发明了电话机，开启了电话通信时代。随着步进制交换机、纵横制交换机、数字程控交换机等的发明和应用，固定终端的电话通信首先在发达国家和中国等发展中国家得到普及。1978 年，美国贝尔试验室成功研制了全球第一个移动蜂窝电话系统——先进移动电话系统（Advanced Mobile Phone System，AMPS），人类社会迎来了移动电话通信时代。总体来说，电话通信网络在这一阶段占统治地位，电话业务也是网络运营商的主要业务和收入来源。该阶段通信网络的主要特征是：模拟化、单业务、单技术；主要进行语音信息的传输，也支持传真等文字信息的传输；语音信息可以自动交换、实时传输。

第三阶段是骨干网由模拟网向数字网转变的阶段。这一阶段的数字技术和计算机技术在通信网络中的应用范围不断扩大，基于分组交换的数据通信网络技术，如 TCP/IP、X.25、帧中继等都是在这一阶段出现并发展成熟的。在这一阶段，形成了以 PSTN 为基础，互联网、移动通信网络等多种业务网络交叠并存的结构。该阶段通信网络的主要特征是：骨干网数字化。

第四阶段是现代通信阶段，典型特征是通信网络多样化和融合化。移动通信网络、数据通信网络、IP 网络、光纤网络、卫星网络快速发展，数据业务流量大规模超越语音业务，以多媒体应用为基础的新型通信业务层出不穷。

在移动通信网络方面，从以 AMPS、TACS（全接入通信系统）为代表的第一代蜂窝模拟通信网络（1G 网络），演进到以 GSM（全球移动通信系统）、CDMA（码分多址）为代表的第二代的数字移动通信网络（2G 网络）；之后，WCDMA（宽带码分多址）、TD-SCDMA（时分同步码分多路访问）和 CDMA-2000 等第三代移动通信网络（3G 网络）开启了人类移动互联时代的大门；相比 3G 网络，以 LTE（长期演进）技术为代表的第四代移动通信网络（4G 网络）的带宽得到数十倍的提升，宣告了人类全面进入移动互联时代。目前，正在全球如火如荼建设的第五代移动通信网络（5G 网络）及基于 5G 网络的边缘计算等应用，以万物互联、超高带宽接入、低时延响应、云化服务为主要特征，将给人们的生产和生活带来一次全新的革命。

在数据通信网络方面，数据通信网络是从 20 世纪 50 年代初开始，随着计算机的远程信息处理应用的发展而发展起来的。随着分组交换技术的引入，早期的数据通信网络百家争鸣，如从以 X.25 协议为基础的传统分组交换网到数字数据网络（Digital Data Network，DDN），再到帧中继（Frame Relay，FR）网络和异步传输模式（Asynchronous Transfer Mode，ATM）网络等。随着 IP 路由交换技术的发展，上述网络逐渐被 IP 网络替代。现在的数据通信网络主要是由路由器、交换机、服务器等组成的互联网。

在计算机网络方面，美国国防高级研究计划局（Defense Advanced Research Projects Agency，DAPRA）于 1969 年成功了研制了第一个分组交换网络——阿帕网（ARPANET），但直到 TCP/IP 在 1983 年成为 ARPANET 的标准协议后，互联网才真正诞生了。TCP/IP 所有的技术和规范都是公开的，所有使用 TCP/IP 的计算机都能通过互联网相互通信。之后，万维网（WWW）出现，构建全球信息网络的三大基本技术——HTTP、HTML、URL 的全部技术公开并供人们无偿使用，互联网得到了爆炸性的发展。20 世纪 80 年代后，随着骨干网传输技术、宽带接入技术和高速路由技术的发展，计算机网络进入国际互联阶段。信息高速公路的建设也改变了人们使用网络的习惯，如今，很多商品的交易和人的行为都转移到了互联网上，这些交易和行为变成了可流动、可利用、可分享的数据，传统互联网的"在线化"和"数据化"，以及云计算、物联网、大数据为代表的新一代信息技术与现代制造业、生产性服务业等的融合创新，充分发挥了互联网在生产要素配置中的优化和集成作用，计算机网络的发展进入了"互联网+"时代。

在光纤通信网络方面，以光通信技术、分组交换技术为核心的传输网络从 SDH（同步数字体系）、MSTP（多业务传输平台）发展到 WDM（波分复用）、OTN（光传输网络），以及 4G 网络的 PTN（分组传输网络）、IP-RAN（无线接入网络 IP 化）和 5G 网络的 SPN（切片分组网络），带宽、时延等指标在不断改善。商用光纤通信系统的单波长带宽已经达到 400 Gbps，SPN 的端到端时延可以小于 1 ms。

在卫星网络方面，从以模拟传输技术为标志的第一代卫星通信系统，到以数字传输技术为标志的第二代卫星通信系统，发展到由多颗低地球轨道（Low Earth Orbit，LEO）卫星构成的窄带星座组网，以及采用 Ku 和 Ka 等高频段传输、密集多点波束、大口径星载天线技术的地球同步静止轨道高通量卫星（Geosynchronous Earth Orbit-High Throughput Satellite，GEO-HTS）系统，通信容量可达数百 Gbps 甚至 Tbps，每比特成本大幅降低，逐渐逼近地面网络。目前，随着众多卫星公司的星座计划和星链计划的提出，面向降低传输时延、服务高纬度地区和极地等目标的宽带星座组网迎来了新一轮发展高潮。

在固定电话网络方面，传统的固定电话网络在完成交换节点的软交换改造后，以 DSL（数字用户环路）技术实现了对互联网的接入。随着"光进铜退"工程的推进，传统的交换节点不断收缩，固定电话网络与移动通信网络、广播电视网络和互联网逐步融合，使用 PON（无源光网络）技术实现了 1 Gbps 的家庭宽带。

1.1.3 通信与网络的发展趋势

在技术和需求的双轮驱动下，下一代通信与网络技术朝着"高速泛在、天地一体、云网融合、智能敏捷、绿色低碳、安全可控"的方向演进，在覆盖范围、传输速率、端到端时延、智能化程度、网络能效、安全性能等方面将会有大幅提升。未来的通信和网络正向数字化、综合化、IP 化、虚拟化、多模态化、智能化、泛在化的方向发展。

1. 通信技术数字化

通信技术数字化是指在通信网络中全面使用数字技术，包括数字传输、数字交换和数字终端等。由于数字通信具有容量大、质量好、可靠性高等优点，所以数字化成为通信网络的发展方向之一。

2. 通信业务综合化

通信业务综合化是指把来自各种信息源的业务综合在一个数字通信网络中进行传输，为用户提供综合性的服务。原有的通信网络一般是为某种业务单独建立的，如电话网络、传真网络、广播电视网、数据网络等。随着多种通信业务的出现和发展，如果继续各自单独建网，将会造成网络资源的巨大浪费，并给用户的使用带来不便。因此需要建立一个能有效支持各种电话和非电话业务的统一通信网络，它不但能满足人们对电话、传真、广播电视、数据和各种新业务的需要，还能满足人们未来对信息服务的更高要求。

3. 通信网络 IP 化

通信网络的业务由传统的语音业务为主转向以数据业务为主。随着语音、视频、数据业务在 IP 层面的不断融合，各种业务均向 IP 化发展，各类新型业务也都建立在 IP 基础上，业务的 IP 化和传输的分组化已成为目前通信网络演进的主线。

4. 网络功能虚拟化

当前的通信网络包含大量的硬件设备，每引入一种新业务，往往需要集成复杂的专用硬件设备，硬件的生命周期由于技术和业务的快速创新而变短。网络功能虚拟化（Network Functions Virtualization，NFV）是指网络功能由软件来实现，旨在利用虚拟化技术，通过软件实现各种网络功能，降低昂贵的硬件设备成本，实现软硬件的解耦及功能的抽象，使网络功能不再依赖于专用的硬件设备，各种业务可以灵活地共享资源，并基于实际需求进行自动部署、弹性伸缩、故障隔离和自愈等。

5. 网络互融多模态化

网络互融包括"三网"融合、星地融合、算网融合和云网融合等。"三网"融合是指电信网络、计算机网络和广播电视网络之间的互通融合。星地融合是指固定电话网络、移动通信网络等地面网络与天上的通信网络在架构、标准协议、设备等方面的深层次融合，手机直连卫星是星地融合的主要发展方向。算网融合是指以 5G 网络、下一代互联网、卫星互联网等为代表的网络设施为算力提供高速泛在的连接能力；以云计算、边缘计算、分布式计算、大数据处理、AI 分析等为代表的计算技术为各类网络的健康、安全运行以及资源优化提供高效敏捷的计算能力。云网融合是指利用云计算的强大能力为通信网络提供支持，同时借助通信网络的连接能力进一步改善云服务使用体验；通过云计算和通信网络的高度协同，可帮助用户顺利构建智能、自动、高速、灵活的服务和体验。网络互融技术支持网络的多模态呈现，可从根本上满足网络智慧化、多元化、个性化、高健壮、高效能的业务需求。

6. 网络运营智能化

生成式 AI 加速渗透到了通信网络的全域。一方面，AI 将重塑网络架构和运营模式，加快推动云网融合、智能敏捷，有效提升通信网络的性能，改善通信网络的效率、能耗、客户体验；另一方面，AI 的发展，特别是行业大模型的广泛应用，将极大拓展通信应用场景，推动行业应用的爆发式增长，更好地满足和引领客户的智能化转型需求。

7. 网络连接泛在化

目前，5G 网络已经开始商用。5G 网络的全面覆盖，不仅能够提供更快的传输速率，还能够支持更多的设备连接，实现更广泛的物联网应用。未来，物联网设备的数量将大幅增加，物联网将在智能家居、智慧城市、智能交通等领域得到广泛应用。作为新一代网络，6G 网络将在沉浸式通信、通感融合、AI 通信融合、超连接、泛连接、超可靠、低时延等方面实现新突破，将是一个连接智能、支撑数字与物理世界融合、实现多要素信息服务的全新网络。

1.2 通信与网络综合实验的要求和目标

1.2.1 通信与网络综合实验的要求

习近平总书记在中央人才工作会议上强调："要培养大批卓越工程师，努力建设一支爱党报国、敬业奉献、具有突出技术创新能力、善于解决复杂工程问题的工程师队伍。"面对第四次工业革命带来的前所未有的发展机遇，以及前所未有的科技工程复杂性和综合性挑战，如何才能成长为适应和支撑产业发展、具有国际竞争力的高素质工程科技人才，是高等教育"新工科"学生的迫切需求。

随着通信与网络技术的更新速度加快，各种新需求与新技术不断涌现，电子信息类专业的学生要了解工程科技前沿问题，提升解决复杂工程问题的动手能力、实践能力，大量综合性的实训实操是必由之路。这就要求高等工程教育中的通信与网络实验必须能够以"真环境"培养学生的"真能力"，使得工科毕业生在岗位胜任力方面与产业变革和企业高质量发展需求高度匹配，学生进入企业后无须通过"传、帮、带"等方式即可胜任本职工作。

1.2.2 通信与网络综合实验的目标

面向电子信息领域卓越工程师培养目标，必须结合电子信息领域"人才需求大、涉及类型多、技术更新快、行业结合紧"等特点，以社会需求为导向、以实际工程为背景、以工程技术为主线开展通信与网络综合实验，帮助学生"面向真场景、围绕真需求、研究真信号、解决真问题、提高真本事"，着力提高学生的工程意识、工程素养和工程实践能力，以期学生毕业后能够更快融入工程实践。具体地，通信与网络综合实验要达到以下三个目标：

（1）学生能够运用所学知识，实现通信链路的搭建、信号采集及分析，通过实验夯实通信技术的基础知识，具备分析和解决复杂通信工程问题的能力。

（2）学生能够运用所学知识，实现通信网络的部署、配置和接入，通过实验夯实通信网络的基础知识，具备分析和解决复杂通信网络问题的能力。

（3）学生能够运用所学知识，实现通信业务系统的构建、业务部署及质量监控，通过实验夯实通信业务相关知识，具备分析和解决通信业务中各种问题的能力。

1.3 多模态数智化通信与网络综合实验平台

面向个性化人才培养要求，搭建通信与网络实验"真环境"的关键在于"一人一网"。"一人一网"是一种基于真实网络要素定制化的专属实验环境，基于全天候、开放式、网络化的全栈全网实验平台，可重配置、可编程、虚拟和现实结合，支持学生按需定制、自主开展实验活动和创新尝试，实现对真实信息通信网络的构建。根据具体的教学目标和工程指标，学生可选择所需的网络模块进行勾连，自定义配置参数、增加或者删除功能，建立个性化的网络；通过搭建协议、算法，实现新型媒体业务、空间数据处理业务和工程实例。学生在各自网络实例上，进行各节点的信息采集、处理和呈现，对网络各环节、各层次进行认知、验证、测试。学生还可以进行二次开发，验证网络组织、优化、协同的高层智能算法，实现泛在、精准和个性化实验。

为了给学生提供"一人一网"实验"真环境"，支撑通信与网络综合实验的开展，北京邮电大学建设了以数字化、智慧型和开放式为特征的多模态数智化通信与网络综合实验平台，为电子信息领域卓越工程师的培养提供了探索与实践基地。

需要说明的是，本平台目前正在建设当中。随着平台的建设和逐步完善，拟向广大读者分级开放使用。基础功能将向校内外师生开放，包括网络虚拟实验和校内实验室；中级功能接受读者注册使用；高级功能开放单位合作模式，兄弟院校或科研单位与我校签订合作协议后可使用；部分功能开放二次开发模式，欢迎社会各界参与平台的软硬件研发和升级。

1.3.1　总体设计方案

多模态数智化通信与网络综合实验平台建立了大网级平行孪生"真"网络，引入"真实"需求。通过在"实网"上进行"实采、实操、实战"，对学生综合能力和创新能力进行"实检"。该平台主要由实验基座子平台、全栈全网通信网络子平台、多模态跨域互联控制子平台、通信网络前沿创新应用子平台、"一人一网"数字化实践教学子平台、实践教学智能管理子平台组成。多模态数智化通信与网络综合实验平台的总体建设方案如图1.2所示。

在实现多模态方面，通信与网络综合实验平台横向打通了接入网、外部网络、核心网、骨干网，构建全栈全网一站式实验网络；纵向融合了移动通信网络、光网络、卫星网络、SDN网络等多模态网络，建立大网级平行孪生"真"网络；开放网络能力，承载媒体处理、元宇宙、工业互联网等业界前沿应用，形成业务与网络在线闭环体系；针对不同网络节点的通信能力、感知能力、计算能力和供能能力，搭建实验基座，支撑个性化、差异化。

在实现数智化方面，通信与网络综合实验平台建设了"一人一网"数字化实践教学子平台，开设了数字化、虚拟化、远程化实验，建设了全天候、开放式、网络化的实验平台，可让学生动手搭建定制化的网络和业务，实现"一人一网"，自主开展实验活动和创新尝试，推进泛在实验、精准化和个性化培养；建设了实践教学智能管理子平台，解决了传统实验室长期存在的开放难、管理难等问题，通过智慧管控、云仪器系统等，实现了实验室的无人值守开放、安全管控、实验设备自管理自服务，通过构建实验数据底座，实现了实践教学的智能管理、基于大数据的个性化教学等。

基于多模态数智化通信与网络综合实验平台，不仅可进行简单知识点的验证，更重要的是能够开展综合、交叉、开放的工程训练，实现从电路、链路到组网及业务的贯通多门学科课程的综合性实验。

1. 多模态数智化通信与网络综合实验平台的功能要求

多模态数智化通信与网络综合实验平台的各个子平台的功能要求如下。

（1）实验基座子平台：具备开展泛在电路实验、信号处理实验、工程认知和创新实验、数字系统开放实验的能力，构建学生对网络节点通信能力、感知能力、计算能力、供能能力以及工业生产智能化等的基本认知。

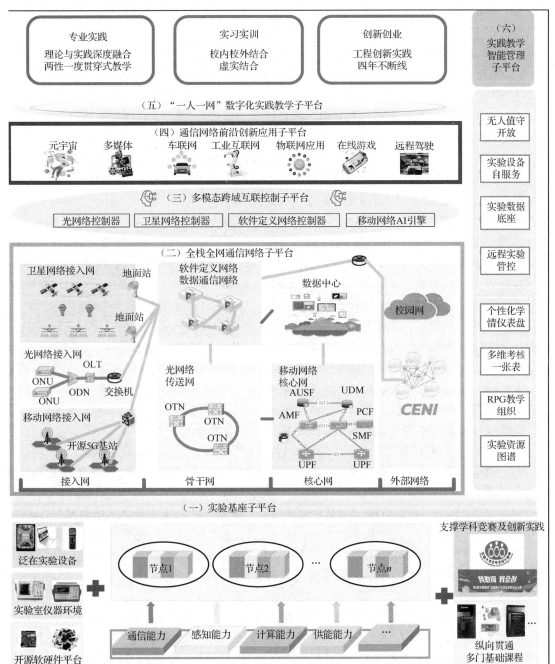

图 1.2　多模态数智化通信与网络综合实验平台的总体建设方案

（2）全栈全网通信网络子平台：包含开源 5G 网络、软件定义网络、开放光网络、可重构卫星网络等组成部分，支撑学生开展全栈全网实验和创新实验。

（3）多模态跨域互联控制子平台：包含跨域控制管理、跨域资源管理、大屏数据管理、统一安全管控等组成部分，实现多模态网络系统间的互联互通，构建"一脑多控"、立体监控的业务体系，支撑对全栈全网实验平台相关资源、服务的统一管理，实现多种通信网络的互联互通。

（4）通信网络前沿创新应用子平台：基于所建成的多模态数智化通信与网络综合实验平台，实现了元宇宙、工业互联网、车联网、多媒体处理、自动驾驶等前沿应用，可开展元宇宙数字人制作、超高清视频质量感知、全息 3D 视频、点云、超高清视频监控等综合实验。

（5）"一人一网"数字化实践教学子平台：基于全过程、开放式的信息通信网络，每个学生都可以独立地构建真实的信息通信网络（所构建的网络是相互独立的），并在独立的网络上进行各项实验，实现了"一人一网"的目标。

（6）实践教学智能管理子平台：实现了实验室的无人值守开放、实验设备自服务、实验数据底座、远程实验管控、个性化学情仪表盘、多维考核一张表、RPG 教学组织、实验资源图谱等功能，解决了传统实验室一直存在的开放难、管理难等问题，实现了教师、课程、学生的案例个性化操作、权限管理与多维考核评价。

2. 多模态数智化通信与网络综合实验平台的性能要求

多模态数智化通信与网络综合实验平台的各个子平台可达到以下性能要求。

（1）实验基座子平台：泛在电路实验环境、信号处理实验环境各支持 1000 人同时开展相关实验；工程认知和创新实验环境支持的并发实验数不少于 10 个；数字系统开放实验环境支持不少于 70 人同时开展实验。

（2）全栈全网通信网络子平台：至少包括 14 个可重构软基站和终端节点，支持不少于 10000 个模拟用户同时在线；至少实现 10 个交换节点的网络规模，支持不小于 10 Gbps 的线速转发能力，支持接入国家重大科技基础设施 CENI；包含可重构的智能 OTN 系统和边缘智能 PON 系统（系统支持最高 920 Gbps 的交叉能力，以及 10 Gbps 的 PON 接入能力）；支持卫星转发、卫星热点接入及卫星互联网载荷模拟，支持频率多频段可重构，载荷模拟通信速率不小于 1 Gbps；至少支持 50 个实验案例和并发 30 个实验的服务能力。

（3）多模态跨域互联控制子平台：实现对 4 类通信网络中各子网络服务模块的统一接入及管控，至少支持 5 类通信设备及模块的协议接入，至少支持 10000 台设备的并发接入；实现对网络设备、系统服务的实时监测，至少支持 10 类监控信息的实时可视化展示，全局故障告警时延低于 1 min；支持统一的安全管理策略，网络设备安全覆盖率不低于 50%。

（4）"一人一网"数字化实践教学子平台：至少支持 200 人同时进行课程实验操作；预置不少于 50 个实验案例库；至少支持 5 种协议库、20 个通信功能模块、15 种通信和智能算法模块，供学生选择；至少支持 10 种实验环境的镜像文件；至少提供 20 个数据接口的开放，供学生进行二次开发。

（5）通信网络前沿创新应用子平台：流媒体服务器至少支持 500 个用户并发请求，至少200 路并发流播放，至少存储 1000 h 的节目，磁盘阵列至少存储 100 h 的节目；至少支持 8K 超高清视频采集，支持通过 10 Gbps 高速接口采集 IP 视频流；具备 8K 视频转换能力，实现8K 超高清视频在不同接口之间的转换，用于 8K 超高清视频的播放及采集。

（6）实践教学智能管理子平台：包括但不限于设备用电安全自检，高频电路实验室走电和静电安全管理，智能照明空调系统，设备图书馆，全息投影显示（用于三维教学内容的可视化，如电磁波传播、通信芯片架构等），云仪器控制系统的定制开发，实验数据基座系统的定制开发，生成学生学习轨迹，支持个性化学情分析，实现对学生能力多维度的分解与评价，分角色进行权限和资源分配，在实验数据基座上对不同实验案例形成图谱，支持不少于100 名教师同时在线授课，支持不少于 200 套实验课程管理，支持不少于 2000 种实验的考核评估。

3. 多模态数智化通信与网络综合实验平台的使用层次

多模态数智化通信与网络综合实验平台的使用有三种层次：

（1）该平台支持对真实信息通信网络的渐进式认知和具体技术的理解，因此可采用总-分-总的实验方式，实现认知逐渐深化、能力逐渐提升。

（2）该平台支持个性化、综合项目制的实验，因此学生可以勾连模块，搭建自己的网络、链路、业务，实现"先做后学、边学边做"等沉浸式教学。

（3）该平台支持开放式的自由设计和创新，学生可以在既定的具体工程目标下，实现协议设计、网络架构、算法实现等任务，并进行技术创新和实践。

1.3.2　实验基座子平台

实验基座子平台以培养学生解决复杂问题能力为导向，将网络节点的能力划分为通信能力、感知能力、计算能力和供能能力等，构建了学生对这些能力的基本认知，为后续平台通过组合来实现网络节点的多模态和差异性打下基础。

该子平台瞄准网络各节点的构建路径，纵向贯通多门基础课程（如电子电路基础、数字系统设计、计算机原理与应用、通信电子电路等），整合并充分发挥了开源硬件平台、口袋实验设备和传统实验平台的优势，打造了全时空实验环境。依托该子平台的实验环境，学生可渐进式、跨课程地完成多种工程约束（如功能、性能、稳定度、成本）下的节点设计与实现。

该子平台包括泛在电路实验、信号处理实验、工程认知和创新实验、数字系统开放实验等部分。

1. 泛在电路实验

泛在电路实验为学生随时随地进行电路测量提供支撑，辅助其完成理论课程的学习与快速迭代，其主要环境包括：

⮥ 能以"便携+集成"的方式提供电源、信号源、示波器、万用表等功能。

⮥ 电源支持双通道，可控制 $0\sim+5\,V$ 或 $-5\sim0\,V$ 的输出。

⮥ 示波器支持双通道，可输出 14 bit、100 MS/s、30 MHz、$-25\sim25\,V$ 的信号。

⮥ 信号源支持双通道，可输出 14 bit、100 MS/s、12 MHz、$-5\sim+5V$ 的信号。

⮥ 网络分析仪可绘制 $1\sim10$ MHz 的伯德（Bode）图、尼奎斯特（Nyquist）图和尼科尔斯（Nichols）图。

⮥ 支持通过脚本来控制测量项。

2. 信号处理实验

信号处理实验提供了 FPGA 开发板卡，可为学生学习各类数字信号处理算法和工程实现提供支撑，其主要环境包括：

⮥ 支持信号波形的发生与采样、信号时域和频域的变换、数字信号的快速傅里叶变换、小波变换、音频信号的采集与处理、图像信号的采集与处理、视频信号的采集与处理、射频信号的采集与处理、神经网络的演示等实验。

⮥ 主芯片采用双核处理器，主频不低于 600 MHz，具有不少于 130200 个逻辑片（Logic Slice）、不低于 630 KB 的快速块 RAM（Block RAM）、不少于 4 个时钟管理单元、不少于 220 个 DSP 切片、XADC。

- 主芯片支持高带宽外设控制器（如 Gbps 以太网、USB2.0、SDIO 等控制器）和低带宽外设控制器（如 SPI、UART、CAN、I2C 等控制器）。
- 主芯片支持不少于 8 个 DMA 通道和不少于 4 个高性能 AXI3 从端口，以及带有 16 位总线的、传输速率不低于 1050 Mbps、容量不低于 512MB 的 DDR3 控制器。
- FPGA 开发板卡至少具有 2 个时钟输入，分别为 50 MHz 和 125 MHz 的时钟。
- FPGA 开发板卡的配置方式支持 USB-JTAG 编程接口方式、SPI 闪存配置方式，以及 SD 卡配置方式。
- FPGA 开发板卡板具有容量不低于 16 MB 的 QSPI Flash。
- FPGA 开发板卡至少提供 4 个 LED、2 个 RGB LED、2 个拨码开关、4 个按键。
- FPGA 开发板卡至少提供 1 个 Arduino 盾形连接器（可满足 Arduino 标准）、24 个 FPGA 的 IO 通道、6 个 XDAC 单端 0～3.3 V 的模拟输出接口。

3．工程认知和创新实验

工程认知和创新实验提供了模拟的工业生产环境，学生可在熟悉工业生产的同时利用其生成的数据来进一步了解人工智能和大数据的应用。工程认知和创新实验又可分为工业人工智能工程认知与实践创新平台和工业大数据工程认知与实践创新平台。

（1）工业人工智能工程认知与实践创新平台的环境包括：

- 可支撑多种实验的实验台及传感器。
- 支持 KubeEdge 云原生边云工业 AI 部署环境。
- 具有支持 10 个实验案例和并发 20 个实验的服务能力。
- 可支持 REST API 的数据访问、云原生算力资源分配、工业 AI 算法等对外接口。

（2）工业大数据工程认知与实践创新平台的环境包括：

- 硬件平台包括智能数控模块，以及可实现对来料物料进行视觉样本采集、视觉检测识别的视觉系统等。
- 软件平台是一个云端处理平台，该平台由前端界面、Jupyter 工作台、MongoDB 数据库、Restful API、算法模型服务等组成。
- 具有支持 10 个实验案例和并发 10 个实验的服务能力
- 可支持访问视觉数据、加工参数数据，支持神经网络模型上线并提供服务的对外接口。

4．数字系统开放实验

数字系统开放实验平台包含完备、成套、大规模的电路测量仪表，提供比泛在电路实验平台更高的性能，可支撑学生完成实验课程的学习和高阶创新活动的开展。该实验的环境具备多信号发生、观测、采集、测量等能力，具体包括：

- 支持对波形的多种分析、自动测量、存储。
- 设备支持 USB、LAN 等多种连接方式，支持远程编程控制功能。
- 可输出如正弦波、方波、锯齿波、脉冲波、噪声、Sinc、指数上升、指数下降等多种波形或函数。
- 能同时显示输入信号的两种以上特性，实现对直流电压、直流电流、交流电压、交流电流、电阻、电容、频率等参数的测量。
- 支持三通道输出直流电源，且三个通道之间实现了电气隔离、独立输出，支持前两个通道内部的串/并联输出。

1.3.3 全栈全网通信网络子平台

全栈全网通信网络子平台旨在建设跨域多层次的开放式通信实验网络，采用北京邮电大学具有领军特色的科研成果，建成了开源 5G 网络、开放光网络、软件定义网络、可重构卫星网络等主要组成部分，提供了全栈全网开放透明的实验环境，可支撑未来新型媒体、元宇宙应用、空间信息处理等业务的传输和呈现。

1. 开源 5G 网络

开源 5G 网络技术和成果源自北京邮电大学信息与通信工程学院承担的国家重点研发计划项目"基于开源生态的无线协作环境"，相关成果已建成国内首个、国际最大的开源无线网络和软件定义网络社区。全栈全网通信网络子平台建设了开源 5G 接入网、开源 5G 核心网、数据中心，构建了全协议栈、全网互联的端到端开源 5G 网络，实现了移动通信系统全协议栈的透明化、模块化组装，具备全栈全网一体化全过程实验能力。开源 5G 网络的实验环境包括：

（1）支持 3GPP R15/16 的接入侧协议栈，支持各层协议栈的模块化重构，具备开放接口，支持与商用终端、核心网的互联互通。

（2）支持 3GPP R15/16 的用户设备（UE）侧协议栈，能够与开源基站、核心网互联互通，支持源码开放、接口开放。

（3）具备仿真基站、终端的能力，能够完整模拟终端与核心网，以及基站与核心网之间的完整信令流程，支持单用户接入模式及多用户并发接入模式。

（4）可对接基站、核心网系统，具备关键网元 VNF 托管、上传和管理功能，支持可视化在线切片设计、切片调整、切片部署能力，支持创建虚拟子网，支持切片间数据互通，支持基于 5G 网络系统的切片设计与部署。

（5）提供从基础设施到核心能力的开放 AI 服务，至少支持 5 个主流的 AI 算法框架，纳管了 10 个高性能 AI 训练与推理加速板卡，支持 AI 算力的动态调度；具有 5 个高速计算扩展载板，每个载板有 2 个加速卡。

2. 开放光网络

开放光网络引入了光通信领域最新的光传输设备和光接入设备，构建了可软件定义的弹性光网络实验平台。面向卓越拔尖人才培养的要求，开放光网络定制了光网络智能控制和仿真分析平台，引入了数字孪生技术，在统一的控制面对虚拟光网络节点和物理光网络节点进行虚实结合的联合组网实验，实现了光网络的网络规划、算法仿真、网络控制、优化配置和故障维护等光网络全生命周期的实验能力。开放光网络的实验环境包括：

（1）实验资源的申请、分配与回收：用户通过认证授权接入系统后，可根据用户类别和级别获得相应的网络视图，显示其可申请的网络资源。用户建立实验时，通过实验管理子系统申请所需资源，实验管理子系统将用户请求发送至虚拟网络管理子系统，对用户请求进行审核并分配相应实验资源。实验管理子系统（或管理员）根据虚拟切片子系统、物理资源抽象子系统的反馈结果向用户进行回复。若实验资源分配成功，则同时向用户提供实验资源的使用接口。当用户退出或终止实验时，实验管理子系统指示虚拟切片子系统、物理资源抽象子系统进行实验资源的回收。

（2）实验运行和监控：对实验进行监控，为实验用户和系统管理员提供观察实验运行的可视化服务,即虚拟切片的状态参数,对实验用户使用网络资源及服务的情况进行跟踪记录,并实时更新实验资源的使用量,管理员可根据实验运行状态中断实验。

(3)实验工具、环境模板:为用户提供实验所需工具,对实验过程中的状态进行测量;为用户提供基本的实验环境模板,可以通过加载模板(SDN 网络控制器软件或配置脚本文件)来灵活地创建基于虚拟切片的 L1~L7 层网络环境。

(4)用户编程接口:为用户提供各层实验编程接口,如网络协议字段的重写、网络控制器协议代码的加载等。由于 SDN 的虚拟化切片功能和网络控制器软件的多样性,实验编程接口可以支持 C、C++、Java、Python 等多种编程语言,实现了新型网络技术的开发测试与结果存储分析。

3. 软件定义网络

软件定义网络构建了管理控制平台,向下通过统一的控制框架实现了跨域管理与资源分配能力,通过分层管控模式实现了所有虚拟实验网络都由网络控制管理系统来统一进行管理与调度;向上通过网络虚拟化平台实现了虚拟网络的划分,为实验提供独立运行、互不干扰的网络切片和计算存储资源切片,实现了实验资源的快速申请、创建、配置、运行、结果回收、结果呈现等能力,并向用户提供灵活、开放的服务接口,可满足用户的个性化实验资源需求,支撑研究人员开展各类型网络实验。软件定义网络的实验环境包括:

(1)能通过光开关矩阵 OXC、智能全光网传输平台、多业务光传输平台和光接入网组建覆盖接入网和骨干网的光网络实验环境,并完成与其他平台的数据互通〔可以通过 10GE 接口(传输速率为 10 Gbps)进行互联〕。

(2)能通过网络管理系统对组网设备进行管控,为学生提供网络业务开通、故障处理等实验操作环境。

(3)能分别以独立仪表的方式提供网络流量生成器、光谱仪等功能,网络流量生成器可产生以太网流量,模拟用户的网络行为,从而测试网络性能;光谱仪可以监测光纤上的信号光谱。

(4)独立仪表支持 USB、LAN 等多种连接方式,可以导出实验数据。

(5)支持线上、线下或混合方式进行多种实验及测试。

4. 可重构卫星网络

可重构卫星网络建设了空间信息传输链路可重配置的卫星网络,包括建立了两个分校间通过静止轨道的 VSAT 卫星链路、移动卫星终端的传输链路,卫星终端 Wi-Fi 热点,半实物星间链路仿真,无人机卫星通信接入平台等,提供面向空-天-地的信息传输能力。可重构卫星网络支持空间信息传输链路和协议的可重构,并可在半实物星间链路支持下模拟动态空间信息网络的动态路由、空间信息网络传输协议方面的实验活动。可重构卫星网络的实验环境包括:

(1)具备自动对星功能,可自动切换波束,支持卫星终端参数的可重构。

(2)具备卫星业务接口、网络管理接口和 Modem 调试接口。

(3)支持 CCSDS(国际空间数据系统咨询委员会)、DVB(数字视频广播)协议。

(4)支持线上、线下等多种实验方式和测试方式。

(5)支持半实物混合仿真模拟实验方式,支持 FDMA、TDMA 等卫星多址组网方式。

1.3.4　多模态跨域互联控制子平台

多模态跨域互联控制子平台旨在实现开源 5G 网络、开放光网络、软件定义网络、可重构卫星网络的互联互通，完成"一脑多控"的技术路线，充分发挥从软件、硬件到系统，从底层到顶层全体系可控的技术优势。

多模态跨域互联控制子平台包含跨域控制管理、跨域资源管理、大屏数据管理、统一安全管控等组成部分。针对不同网络的控制平台、编程语言、接口标准等无法互联互通、难以统一部署的痛点，打造"一脑多控"的多模态跨域互联控制子平台，让全栈全网通信网络子平台的管理和使用更加整体化、便捷化、高效化。

1. 跨域控制管理

跨域控制管理包括统一控制管理接口和设计控制管理模型。其中，统一控制管理接口针对多模态的通信网络架构，实现跨域的互联控制，使系统平台可以通过控制接口对网络进行管理。设计控制管理模型则厘清了各网络模型、网络设备之间的复杂关系，明确了模型的基本元素、元素关系、约束条件和管理规则，可保证扩展性能，有效地支撑跨域访问管理。

2. 跨域资源管理

跨域资源管理包括跨域资源目录和跨域资源监控两类功能。其中，跨域资源目录能够对网络中的设备和资源进行管理，并及时获取资源的状态信息，便于对设备进行维护；跨域资源监控能够以预设的时间间隔，由预设的多个节点主动或被动地采集数据信息。

3. 大屏数据管理

大屏数据管理的功能包括多模网络拓扑、网络设备可视化和实时监测。

（1）多模网络拓扑：可以整体展示多模网络的整个拓扑结构，能够进一步展示单模网络的拓扑结构，在拓扑结构中可以进一步查看每个节点的状态、信息等。

（2）网络设备可视化：可以真实反映现有设备的数量、类型和分布情况，支持与网络监控、主机监控、存储监控等系统的集成，实时可视化地监控网络设备的运行状态，能够以点选查询、视点调整等交互方式查看具体服务器的属性信息，帮助用户更直观地掌握网络设备的运行状态。

（3）实时监测：提供实时监测系统，深入分析网络流量信息，对网络内各个节点进行实时监测，并支持多种图表的告警方式，用户不仅可查看告警威胁事件的详细信息，还可自定义告警策略（如设置告警范围和阈值等）。

4. 统一安全管控

统一安全管控是集用户管理、身份认证、授权管理等功能于一体的综合保障平台，其功能包括：

（1）用户管理：实现用户基础信息与身份管理系统的对接，对用户进行全生命周期的管理。

（2）身份认证：采用集中式强身份认证，可实现用户的身份认证。

（3）授权管理：进行应用访问授权及细粒度的访问控制，统一规划访问管理。

1.3.5　通信网络前沿创新应用子平台

基于全栈全网通信网络子平台，通信网络前沿创新应用子平台承载了元宇宙、工业互联网、车联网、多媒体处理、自动驾驶等前沿应用，支持开展视频通信、分布式扩展现实（XR）等综合业务实验，弥补了传统理论学习与前沿应用割裂、前沿应用与网络割裂的不足，形成了理论学习与前沿应用融合、前沿应用与网络融合的实验机制，创造了真实的网络与应用环境，让学生直面真实系统问题，培养学生发现问题、解决问题的专业素养和创新能力。

下面将简要介绍经典视频通信业务、分布式 XR 业务和元宇宙业务的功能。

1. 经典视频通信业务

（1）支持多平台、多终端的自动识别与适配，具备探测网络传输状态的功能，可实现对经典视频的采集、码流分析，支持新一代视频的播放展示。

（2）具备大容量视频存储能力，至少存储 1000 h 的节目，磁盘阵列至少存储 100 h 的节目；支持至少 2 层可伸缩性编码传输能力；支持媒体流前向纠错（Forward Error Correction，FEC）编码。

（3）支持直播、点播、双向视频、富媒体等多种流媒体业务，支持多种超高清（4K、8K）、高清、标清编码，以及多种主流的流媒体传输协议，支持多用户并发请求、多路高清视频流实时传输。

（4）服务器支持至少 500 个用户的并发请求、至少 200 路的并发流播放。

2. 分布式 XR 业务

（1）支持多种可视化编辑功能：背景图、背景颜色、全景图的可视化编辑；外部全景图资源加载、模型自带动画的可视化编辑，包括播放速度、动作幅度、循环方式、模型位置、模型框架、模型坐标轴的可视化编辑；环境光、点光源、聚光灯、半球光的可视化编辑；模型材质的可视化编辑，包括贴图和材质类型的修改，材质颜色、透明度、网格、外部材质资源的加载，模型的辉光效果；场景色调的可视化编辑；模型拆解、模型材质拖曳、缩放、旋转等的可视化编辑。

（2）支持多种模型编辑功能：支持多种格式（如.glb、.obj、.gltf、.fbx、.stl）模型的导入编辑、编辑效果预览、编辑数据的保存；支持多个 3D 模型组件的拖曳配置、编辑效果预览、模型加载进度条显示、模型封面下载；支持模型文件导出为.glb、.gltf 格式的文件；支持几何体模型的拖曳添加、删除，以及数据配置的可视化编辑。

3. 元宇宙业务

（1）具备数字人摄像采集功能及动作捕捉系统。

（2）支持高分辨率、高帧率、低时延、大捕捉距离的数字人摄像采集，分辨率不低于 2048×2048，帧速率为 30～180FPS（可调），时延不高于 5.5 ms，全局快门，最大捕捉距离为 30 m，接口是具有 PoE 功能的千兆位以太网接口。

（3）数字人摄像采集具有辅助瞄准按钮，可切换至 2D 实际灰度场景预览视角。

（4）数字人捕捉软件支持对 LED 标记点进行不少于 1000 个独立数字编码，可以控制运动数据最终输出的格式；具有一键式快速创建骨骼和刚体，支持编辑骨骼和刚体的属性，对于已创建的骨骼和刚体，能够自由进出场地并能被快速自动识别；动作捕捉软件可自动匹配默认的骨骼，支持手工构造任意形式骨骼。

（5）支持实时动作捕捉、多角色跟踪识别、虚拟摄像机、独立数字编码等功能。

（6）在标记点被遮挡的情况下，动作捕捉软件可以进行实时的分析解算，保证骨骼保持稳定的动作和完整性。

（7）具有多角色跟踪识别功能，可自动识别多个角色，并通过设定性别、唯一性的颜色区分每个角色。

（8）动作捕捉系统可将实景摄像机设置为虚拟摄像机，可实时追踪实景摄像机的位置和姿态，实时传输实景摄像机的光圈、畸变、变焦等参数。

1.3.6 "一人一网"数字化实践教学子平台

基于全过程开放式的信息通信网络，学生可以构建真实的信息通信网络，可根据具体的实验目的和工程指标勾连所需的网络模块并搭建协议、算法，实现新型媒体业务、空间数据处理业务，建立个性化的网络和工程实例，实现"一人一网"。在各自网络实例中，可开放各节点的信息采集、测试、处理、呈现等，对网络各环节、各层次进行认知、验证、测试，同时支持二次开发，验证网络组织、优化、协同的高层智能算法，成为学生理解复杂工程问题、培养专业综合能力、锻炼创新思维方法的全过程实验平台。具体来讲，"一人一网"数字化实践教学子平台的功能包括：

1. 用户认证管理

（1）实现了"一人一网"用户数据与校园用户数据的关联，打通了双向数据，实现了用户信息的统一，便于后续的实验过程和结果的记录。

（2）"一人一网"数字化实践教学子平台在用户每次登录时，都会自动进行平台系统认证，自动关联实验数据和实验环境。

2. 网络生命周期管理

（1）网络在线设计：可通过可视化的操作方式勾连所需的网络模块并搭建协议、算法，实现新型媒体业务、空间数据处理业务，建立个性化的网络和工程实例，并展示网络拓扑结构，支持网络功能模块的修改和删除，并实时更新拓扑结构。

（2）网络在线生成：设计完成后通过调用系统的物理资源可生成对应的网络，并对生成后的网络进行状态控制，如启动、停止、重启等。

3. 网络资源监控管理

支持对当前"一人一网"的资源使用情况进行监控，以可视化图表方式呈现资源的使用情况，包括 CPU 总量、已使用量、使用百分比，内存总量、已使用量、使用百分比，硬盘总量、已使用量、使用百分比，上行流量、下行流量，接入终端信息，业务信息等。当网络所使用的 CPU、内存、硬盘等资源达到设定的阈值时，会上报告警，告警信息包括告警模块、告警时间、告警事件等参数。

4. 网络功能模块库管理

（1）网络功能模块库包含通信模块单元、协议栈单元、算法单元，可根据功能模块的不同进行分组、分类管理。

（2）可在模块库中新增模块，包括模块的名称、标识、简介、类别、不变参数、可变参数、可勾连模块、所需的运行资源、配置文件、版本；可对模块信息进行编辑修改。

（3）支持对模块的删除操作。

5. 网络环境库管理

（1）支持对网络环境库的管理，网络环境库中存储着系统预设的不同种类的网络环境，学生可从网络环境库中拉取所需的网络环境资源，从而进行网络环境的部署。

（2）可在网络环境库中新增网络环境，包括网络环境的名称、标识、简介、所需的运行资源、配置文件、版本等。

（3）可对网络环境信息进行编辑修改。

（4）支持对网络环境的删除操作。

6."一人一网"案例库管理

（1）支持对"一人一网"案例库进行管理，"一人一网"案例库中存储着系统预设的实验案例，学生可从"一人一网"案例库中选择实验案例。

（2）可在"一人一网"案例库中新增实验案例，包括实验案例的名称、标识、简介、所需的运行资源、配置文件、版本。

（3）可对实验案例信息进行编辑修改。

（4）支持对实验案例的删除操作。

1.3.7　实践教学智能管理子平台

开放式的实践教学智能管理子平台旨在解决传统实验室一直存在的开放难、管理难等问题。通过智慧管控、云仪器系统等，实践教学智能管理子平台实现了实验室的无人值守开放、实验设备自服务、实验数据底座等功能。

实践教学智能管理子平台能够满足教师和学生在实践教学中的不同需求，通过记录学生在整个专业培养实践教学中的学习行为，可生成学生的学习轨迹，支持教学的个性化学情分析；可对能力进行多维度的分解和形成性评价；可进行不同层面的权限和资源分配，进行分角色的协作学习或竞争式学习；在实验数据底座上，可生成不同实验案例的图谱，对实验数据等进行开源，支持开放式教学设计，满足创新项目和科研的需求。实践教学智能管理子平台的功能包括：

1. 无人值守开放

（1）包含设备用电安全自检、高频电路实验室走电和静电安全管理。

（2）具备智能照明空调系统。

（3）实现了智能的开放共享（房间安全、7×24 小时监控、火和烟的 AI 监测、门禁系统、门窗安全监控）。

2. 实验设备自服务

（1）建设设备图书馆（小件耗材自借、自取、自还），定制开发云仪器控制系统（对所有仪器仪表进行远程控制、权限管理等操作，对数据进行采集、记录、输入、输出、存储、管理等操作）。

（2）支持远程监控与设备自服务。

3. 实验数据底座

（1）实验数据的采集、云存储、备份等。

（2）可自定义实验案例管理，包括课程的新建、修改、课程规划，自动归类课程、实验案例、学生学习情况等数据。

4. 远程实验管控

（1）分角色进行权限和资源分配，实时掌握资源的使用情况。

（2）远程管控学生正在进行的实验。

5. 个性化学情仪表盘

（1）生成学生实验轨迹，支持对学生进行个性化学情分析。

（2）对学生学习情况进行摸底，及时提示学生完成学业规划。

6. 多维考核一张表

（1）可对学生的实验操作进行评分考核，生成并自动归类实验考核数据。

（2）对学生能力进行多维度的分解与评价。

7. RPG 教学组织

（1）支持角色扮演游戏（Role-Playing Game，RPG）教学组织。

（2）支持分组管理，提高学生的学习兴趣与参与度。

8. 实验资源图谱

（1）基于实验数据底座，生成不同实验案例的图谱。

（2）支持开放式的教学设计，满足创新项目和科研需求。

（3）支持不少于 100 名教师同时在线授课。

（4）支持不少于 200 套实验课程管理。

（5）支持不少于 2000 名学生的实验考核评估。

1.4 本教材的组织结构

基于多模态数智化通信与网络综合实验平台，本教材以"链路-网络-业务"为主线，为学生提供了通信综合类、网络综合类和业务综合类共 7 个实验，如图 1.3 所示。

通信综合类实验包括第 2 章介绍的通信链路综合实验、第 3 章介绍的 5G 接入与空口数据分析综合实验。第 2 章通过设计红蓝双方进行通信对抗的实验场景，带领学生搭建基本的通信链路，并对基本的干扰、抗干扰通信技术进行验证，帮助学生深入地理解通信链路的工作机制。基于第 2 章搭建的通信链路，第 3 章进一步基于 5G 信号开展信号的解调与分析，帮助学生快速使用 5G 信号并理解 5G 空口接入及空口资源的使用机制。

网络综合类实验包括第 4 章介绍的开源 5G 组网综合实验、第 5 章介绍的 IP 网络与光网络协同组网综合实验，以及第 6 章介绍的天地网络协同组网综合实验。其中，第 4 章带领学生动手搭建包括开源 5G 核心网、开源 5G 基站在内的开源 5G 网络，最终实现手机终端的接入，让学生深入了解 5G 网络的组网机制、参数配置和内部数据流程。第 5 章通过带领学生模拟光网络和数据通信网络的搭建，实现了 IP 网络与光网络的融合，帮助学生深刻理解 IP 网络与光网络的融合机制。第 6 章搭建了天地网络协同组网的仿真实验场景，并将创建的虚拟业务终端节点接入天地网络中，通过天地网络协同业务传输评估所搭建的天地网络的性能，帮助学生深刻理解天地网络协同组网的工作原理。

业务综合类实验共 2 个，即第 7 章介绍的视频通信系统与业务综合实验、第 8 章介绍的面向网络 XR 的用户体验质量综合实验。第 7 章以网络直播为例，带领学生在"一人一网"数字化实践教学子平台上开展经典的视频通信系统业务，帮助学生深刻理解视频传输的相关技术及业务开展。第 8 章以用户在服务器上部署 XR 应用为例，配置网络模拟器的带宽、时延和抖动参数，通过用户计算机体验网络环境的变化给网络 XR 应用带来的影响，帮助学生进一步掌握通过网络配置来保障网络带宽、时延、抖动等网络服务质量的方法，提高网络

XR 的用户体验质量。

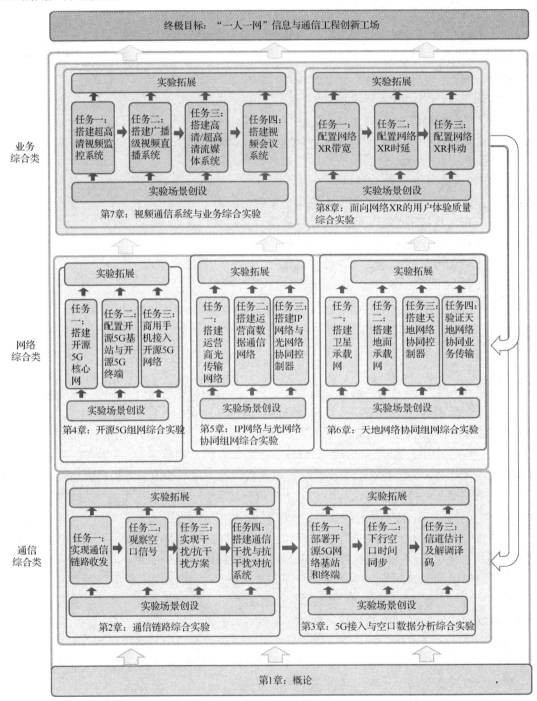

图 1.3　本教材的组织结构

　　上述每一个实验都是先通过创设实验场景，引出工程中会遇到的实际问题；再通过任务分解来逐步解决该问题；接着在此基础上，进行实验拓展设计，实现工程能力的进一步提升。多模态数智化通信与网络综合实验平台对本教材的支撑如图 1.4 所示，第 2 和第 3 章的实验需要在多模态数智化通信与网络综合实验平台的全栈全网通信网络子平台上的通信链路部分实现；第 4 章的实验主要在多模态数智化通信与网络综合实验平台的全栈全网通信网络子平台上实现；而第 5 章和第 6 章的实验需要同时在多模态数智化通信与网络综合实验平台的全栈全网通信网络子平台和多模态跨域互联控制子平台上实现；第 7 章和第 8 章的实验主要在多模态数智化通信与网络综合实验平台的通信网络前沿创新应用子平台上实现。

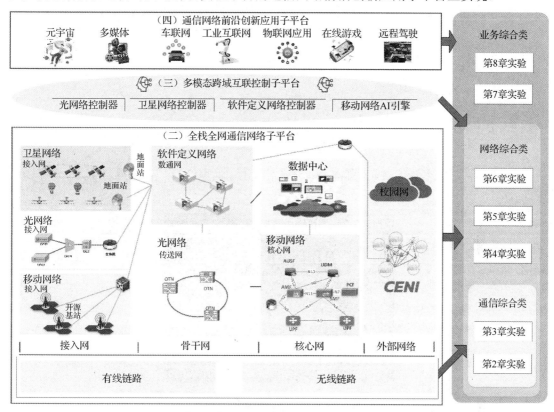

图 1.4　多模态数智化通信与网络综合实验平台对本教材的支撑

　　本教材所设计的实验，其综合性体现在两个方面：一方面是实验场景的多样性，即每个实验包含至少两种通信场景。另一方面是实验环境的相互依赖和实验数据的共享，即通信综合类实验所搭建的通信链路，为网络综合类实验的开展奠定了基础；基于网络综合类实验所搭建的网络，又可以开展各种业务综合类实验；而业务综合类实验中所配置的数据，同样会作用于网络综合类实验和通信综合类实验。三类实验最终形成"链路-网络-业务"的闭环。通过综合实验，构建"一人一网"的信息与通信工程创新工场，在综合、交叉、开放的真实信息与通信场景中，实现学生知识的融会贯通和能力的全面培养。

第 2 章
通信链路综合实验

2.1 引子

"同志们，永别了，我想念你们！"电影《永不消逝的电波》（见图2.1）以其感人至深的故事，感动了一代又一代的观众。

图 2.1　电影《永不消逝的电波》

影片中的主人公李侠［见图 2.2（左）］的原型李白烈士［见图 2.2（右）］，在上海长期与特务斗智斗勇。他克服了功率受限、传输距离过远等重重困难，使用功率仅有 7 W 的电台，巧妙地避开了敌人电台的空中干扰和追踪，开展了机智的"空中游击战"，向千里之外的延安成功传递了重要的情报。"电台重于生命"，这句话不仅是李白烈士的座右铭，更是他一生践行的信仰，凸显了他对革命事业的无限忠诚和牺牲精神，值得我们铭记。

烈士李白的故事

图 2.2　李侠（左）与李白烈士（右）

随着时间的流逝，现代通信技术的水平已经远远超越了 20 世纪 40 年代的电台通信。可靠且高效的通信链路让通信传输的性能得到了巨大的提升，但通信链路上的干扰问题也更加多样和复杂。

　　以图 2.3 所示的中国火星探测卫星"天问一号"和地球之间的通信为例，"天问一号"于 2021 年 2 月进入火星轨道后，德国波鸿天文台于同年 5 月接收到了"天问一号"的下行数据信号。按照波鸿天文台的观察，"天问一号"下行频点为 8431.08 MHz，多普勒频移约为 341.64 kHz，而且有较大的多普勒频偏变化率，波鸿天文台观察到的"天问一号"频谱图如图 2.4 所示。

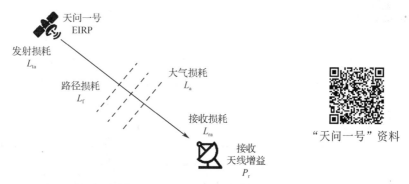

"天问一号"资料

图 2.3　"天问一号"与地球之间的通信示意图

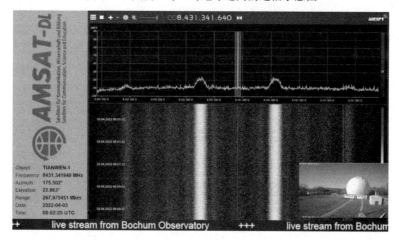

图 2.4　波鸿天文台观察到的"天问一号"频谱图

　　彼时彼刻，"天问一号"距地球约 3 亿千米，其信号下行有效无向辐射能量（Effective Isotropic Radiated Power，EIRP）为 57.4 dBW。经过计算可知，"天问一号"与地面基站单向传播的时延约为 1000 s，由式（2.1）计算得到信号的路径损耗约为 280.46 dB。

$$
\begin{aligned}
L_f &= 92.4 + 20\lg d + 20\lg f \\
&= 92.4 + 20\lg(3\times10^8) + 20\lg 8.431 \\
&\approx 280.46 \text{ dB}
\end{aligned}
\tag{2.1}
$$

　　假设大气、发射和接收等损耗合计约为 9 dB，地面站接收天线增益为 50 dB，则此时地面站接收到的功率为−182.06 dBW，如式（2.2）所示。

$$
\begin{aligned}
P_r &= \text{EIRP} + G_r - L_f - L_a - L_{ta} - L_{ra} \\
&= 57.4 + 50 - 280.46 - 9 \\
&= -182.06 \text{ dBW}
\end{aligned}
\tag{2.2}
$$

　　显然，"天问一号"与地球的通信面临着极为恶劣的环境，如信号不仅被严重衰减，还同时被噪声和其他信号干扰，使信噪比很低。此外，该链路的大传输时延、大多普勒频移和频偏变化率都对时频同步提出了较高的挑战。这些通信链路上的传输问题，需要通过设计接收端的算法来解决，从而提升性能。

2.2 实验场景创设

　　李白烈士的故事与"天问一号"的故事让我们体会到了通信链路在复杂环境中克服干扰的重要性。实际上，不仅深空通信，即使地面上速率较慢、距离较短的移动通信系统，或者传输距离长、终端固定的光通信系统，任何通信技术或网络都存在通信链路的传输干扰和信号衰减问题。

　　无线通信链路的传输干扰和信号衰减如图 2.5 所示，无线信号在传播过程中，不仅能量会自然衰减，还会受到周围建筑、树木等造成的阴影和多径效应影响；同时，用户的移动也会造成信号的多普勒扩展。此外，信号传播路径上还充斥着各类干扰信号，使得信号的接收变得更加困难。

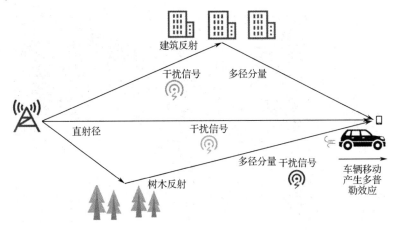

图 2.5　无线通信链路的传输干扰和信号衰减

　　为了解决上述问题，现代移动通信系统使用了性能优越的编码、调制、多天线、扩频等物理层抗衰落技术，使得其在复杂的信道变化下仍然保持高效的传输性能。为了帮助读者深刻了解通信链路的工作机制，理解现代移动通信系统如何在复杂的干扰环境下实现可靠高效的通信，本章设计了通信干扰和抗干扰（通信对抗）实验。该实验在多模态数智化通信与网络综合实验平台的全栈全网通信网络子平台上开展。

2.2.1　场景描述

　　为了帮助读者深入地理解通信链路的工作机制，带领读者搭建基本的通信链路，并对基本的干扰、抗干扰通信技术进行验证，本章设计了通信对抗的实验场景，如图 2.6 所示。场景包含攻击方和防守方，一方搭建通信收发链路，另一方对对方的通信过程进行干扰；之后攻防角色互换，最后比较在被对方干扰的情况下正确解出的数字信息的多少。这个实验场景的设计和信息化战争中的通信电子战很相似，读者可以想象自己是红、蓝军演中的通信兵，不仅要保障己方阵营的通信链路正常运转，将诸多关键信息传输给后方指挥部，还要压制对方的通信，争取建立信息差，为前线的胜利奠定基础。

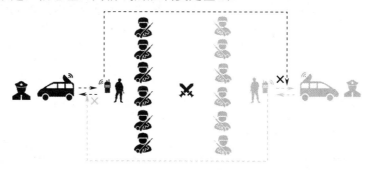

图 2.6　通信对抗的实验场景

在开展通信对抗实验前，首先需要进行角色分配：红方为防守方，其目的是更有效地传输信息；蓝方为攻击方，其目的是尽可能地破坏红方的通信；同时需要裁判方监督红、蓝双方发射的信号采用的频率、带宽和功率符合"游戏"规则。这里，对红、蓝双方的通信指标要求如下（在实践教学中可以根据实际情况进行修改）：

（1）硬件设备：4 台教学用软件定义无线电（Software Defined Radio，SDR）平台（选用相同品牌和型号）、胶棒天线，不能选用功放等其他外设。通信对抗实验中 SDR 平台的布局如图 2.7 所示。

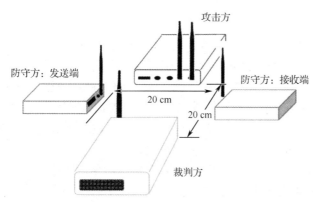

图 2.7　通信对抗实验中 SDR 平台的布局

（2）发射和干扰频段：对抗在裁判方规定的 20 MHz 频率内进行，该频率空间中可以进行任意形式的干扰，干扰信号的带宽最高不超过 5 MHz。

频率划分

（3）发射功率：由于教学用的 SDR 平台往往发射功率较小，一般来说不会影响其他无线系统正常工作，直接将对抗用的 SDR 平台设置为相同的发射增益即可。

（4）数据：每回合发送裁判方提供的 10000000 个 0～9 之间的随机数，以.mat 文件的形式提供给防守方进行发送，接收结果存储在 result.mat 文件中，并由红方接收端自动记录接收的开始时间和结束时间。裁判方在每回合提供的随机数不同，在结束后与发送端发送的原始数据比较，从而计算出成功率。

通信对抗实验的组织流程示例如表 2.1 所示。

表 2.1　通信对抗实验组织流程示例

组织流程及时间	防 守 方	攻 击 方
观察阶段，5 min	发送并接收数据，但接收到的数据不计入比赛成绩	观察防守方的通信方式，可以进行频谱监测、跟踪等，但不能发送干扰信号
暂停阶段，10 min	—	根据观察结果讨论、制定攻击策略，允许更改代码
对抗阶段，10 min	发送并接收数据，在对抗阶段中不允许更改代码	对防守方的发送数据进行干扰，在对抗阶段不允许更改代码
数据整理阶段，3 min	发送人员离场；接收人员对收到的数据进行整理，按照格式要求生成.mat 文件。发送人员和接收人员不允许进行任何形式的交流	—

本章实验以红蓝双方对抗结果为考核依据。对抗为回合制，每次对抗分为两个回合，在每个回合中，防守方发送完数据后，由裁判方对防守方接收到的数据正确率进行计算。在第二个回合中，红、蓝双方的互换攻防角色。在两个回合后，由裁判方比较红、蓝双方作为防守方时哪一方正确解出的数据正确率高，哪方即被判定为胜方。也就是说，胜方更好地体现了通信对抗中既需要保护己方通信链路也需要干扰对方通信链路的特点。

需要强调的是，在通信对抗实验中取得胜利并不容易，因此需要红、蓝双方综合运用所学的知识，对进攻和防守的方法进行不断创新。

2.2.2　总体目标

在通信对抗实验场景中，防守方需要使用 SDR 平台搭建数字通信链路的发送端和接收端，攻击方通过在空口观察发射信号，制定干扰策略并通过 SDR 平台发射干扰信号，防守方也需要对干扰信号进行观察，并制定抗干扰策略、改变链路收发采用的技术。在通信对抗实验场景中，双方需要根据实际情况和需求选择不同的通信技术或算法，甚至创新算法设计，通过循环迭代地提出问题、分析问题、解决问题，真正理解通信链路的技术，锻炼解决复杂工程问题的能力。本章实验预期达到的总体目标为：

- ⊃ 理解通信链路的工作原理，理解通信链路中的编码、调制、同步等技术的原理，理解跳频、扩频等典型抗干扰技术的基本原理。
- ⊃ 具备对通信链路进行建模的能力，具备通信仿真的能力，具备综合使用 SDR 平台进行半实物仿真的能力，初步掌握使用通信仪表进行信号测试和分析的能力，具备对复杂工程问题进行分析并综合使用所学知识及技能解决问题的能力，具备一定的创新能力。
- ⊃ 提高工程素养，具备法律意识、环保意识、资源意识，培养竞争意识，培养对专业的兴趣。

2.2.3　基础实验环境准备

基础实验环境准备

本章实验环境是基于 SDR 平台搭建的，因此需要安装软件仿真环境并配置 SDR 平台的前端。需要注意的是，本章实验没有规定 SDR 平台的品牌、型号，以及软件开发工具，只规定了相应的工程指标。本章实验的仿真软件是 MATLAB/Simulink，SDR 平台前端是 USRP 和 RTL-SDR。MATLAB、USRP 和 RTL-SDR 的相关环境安装如下。

（1）在 Windows 系统下安装 MATLAB，确保 MATLAB 及 Simulink 能够正常运行。MATLAB（Matrix Laboratory）是一款由美国 MathWorks 公司开发的数值计算和可视化软件，其操作界面如图 2.8 所示。该软件提供了丰富的数学函数、信号处理和通信工具箱，能够让工程师便捷地验证通信算法、评估系统性能，并进行系统级仿真，被广泛用于通信领域的教学和研究。本章实验选用 2020b 及以上版本的 MATLAB 软件。

图 2.8　MATLAB 的操作界面

Simulink 是集成在 MATLAB 中一种可视化仿真工具，能够以图形化的方式呈现系统模型，其操作界面如图 2.9 所示。Simulink 提供了丰富的模块库，涵盖了各种传感器、执行器、信号处理器、控制器等，支持用户自定义模块。借助 Simulink，工程师能够便捷地搭建复杂的动态通信系统，并进行系统级仿真、动态模拟、系统分析和参数优化，从而加快系统设计的过程。

（2）安装 UHD 驱动。UHD（Universal Hardware Driver）是由 Ettus Research 公司开发的一款开源软件库，专门用于控制和操作各种 SDR 平台，如本章实验使用的 USRP 和 RTL-SDR。UHD 旨在为 SDR 平台提供统一、高效且灵活的接口，以便与硬件进行交互并实时处理射频信号。本章实验需要为 Windows 系统安装 UHD 驱动，以通过 USB 接口对 USRP 进行控制。

USRP（Universal Software Radio Peripheral）是一种软件定义无线电设备，由 Ettus Research 公司设计和销售。USRP 允许用户通过软件定义无线电的功能（如各类调制和解调），并通过 USB、以太网等高速链路连接到主机，由 MATLAB、GNU Radio 等软件控制。USRP 被广泛用于研究和开发无线电通信系统。

（3）为 MATLAB 安装 Communications Toolbox Support Package for USRP Radio 拓展包。Communications Toolbox Support Package for USRP Radio 是由 MathWorks 公司提供的一个硬

件支持包，它允许用户使用 MATLAB 和 Simulink 连接到 USRP。该扩展包为通信工具箱（Communications Toolbox）提供了设计和验证实际 SDR 系统的能力。本章实验安装该拓展包，使得 MATLAB 与 Simulink 能够通过模块直接驱动 USRP，控制 USRP 进行模/数转换、信号发射、信号接收等。

图 2.9　Simulink 的操作界面

在安装 Communications Toolbox Support Package for USRP Radio 和 UHD 驱动后，将 USRP 连接到通用计算机，将通用计算机端的 IPv4 地址改为 192.168.10.1，将子网掩码改为 255.255.255.0。在 MATLAB 的命令行窗口中输入命令"findsdru"，若成功得到如图 2.10 所示的 ans，则表明 USRP 连接成功。

图 2.10　USRP 成功连接到通用计算机

（4）为 MATLAB 安装 Communications Toolbox Support Package for RTL-SDR Radio 拓展包。RTL-SDR 使用的是 RTL2832U 芯片，允许用户通过通用计算机接收无线电信号（信号的频率范围为 500 kHz～1.7 GHz）。用户可以通过软件来控制 RTL-SDR，进行信号的接收、解码和分析。这使得 RTL-SDR 成为业余无线电爱好者、无线电监测者和电子爱好者探索电磁波世界的经济实惠工具。本章实验需要为 MATLAB 安装 RTL-SDR 端口驱动，端口驱动可使用 Zadig 软件，并在对应的端口上安装 USB 驱动。

2.2.4 实验任务分解

在准备好基础实验环境后，本章将在 2.3 节到 2.5 节中分别通过任务一、任务二和任务三，依次带领读者实现通信链路收发、观察空口信号、实现干扰/抗干扰方案，帮助读者通过实验巩固通信对抗中涉及的知识和技术，最后在 2.6 节中通过任务四带领读者搭建通信干扰与抗干扰对抗系统，实现通信链路知识的融会贯通。实验任务分解及任务执行过程如图 2.11 所示。

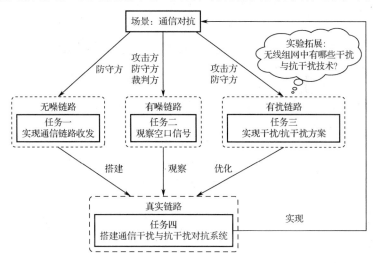

图 2.11 实验任务分解及任务执行过程

2.2.5 知识要点

为了顺利完成通信干扰和抗干扰对抗实验，读者需要储备通信链路模型、干扰与噪声、通信链路性能指标等知识。通信链路综合实验的知识结构如图 2.12 所示。

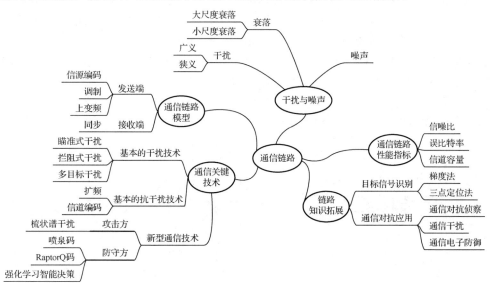

图 2.12 通信链路综合实验的知识结构

2.2.5.1　通信链路模型

本章所讨论的通信链路是指通信系统中的信息传输路径，涵盖了信息从发送端的信源出发，经历各种传输和处理过程，直到被接收端的信宿成功接收的完整流程。鉴于数字信号在识别性、存储能力和抗干扰性能方面比模拟信号有显著的优势，本节将着重探讨数字通信系统的构造和原理。基本的数字通信系统模型如图 2.13 所示。

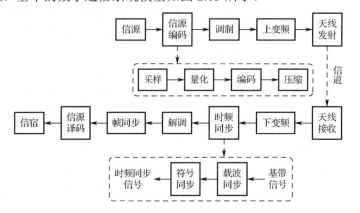

数字链路
基础知识

图 2.13　基本的数字通信系统模型

由图 2.13 可知，一个基本的数字通信系统的发送端通常包括以下部分：

（1）信源：信源是指产生和发送原始信息的设备或系统。在本章创设的实验场景中，信源发送的是裁判方提供的 10000000 个 0～9 之间的随机数。

（2）信源编码：将信源输出的信息转化成二进制数字信息并进行压缩，可提高信息的有效性。信源编码可进一步为采样、量化、编码、压缩四个步骤，采样、量化、编码可将模拟信号转化为数字信号（模/数转换），经过压缩后可将二进制数字信息映射为码字，以增强信息的有效性。当信源直接输出二进制数字信息时，则可省略模/数转换的三个步骤，只进行压缩。常见的信源编码有哈夫曼编码（Huffman Coding）编码、算术编码（Arithmetic Coding）等，在日常生活中较为常见的无损音频 WAV 或无损图像格式 PNG 等，也是经过信源编码后的格式。

（3）调制：将原始信号转换为适合传输的信号形式，其主要目的是将信号的频谱搬移到特定的频段，以便在传输媒介中传输。调制通过改变载波信号的某些特性（如幅度、频率或相位）来携带原始信息，最终将信源编码后的码字通过某种特定的调制方式（如 ASK、FSK、QPSK 等）映射到特定的波形上，成为码元。QPSK 调制的流程如图 2.14 所示。在接收端，解调是调制的逆过程，它将接收到的调制信号还原为原始信号。对应于多种多样的调制方法，解调的方式根据也有相干解调、包络检波等方式。

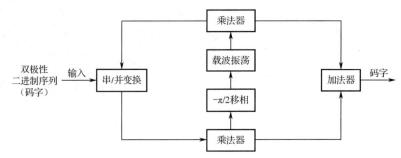

图 2.14　QPSK 调制的流程

（4）上变频：将信号的频率从较低的基带频率搬移到较高的射频（RF）频率。在数字通信系统中，基带信号往往便于进行各类处理，但不适合直接在无线信道中传输。将处理完毕后的基带信号搬移到相应的射频是防止信号频谱混叠的必要流程。

（5）天线发射：将信号转换成电磁波并进行功率放大后，发射到空中进行无线传输。

至此数字通信系统的发送端已构建完毕，接收端按照对应顺序依次进行下变频、时频同步、解调、帧同步、信源译码等流程。接收端的过程大部分是发送端的逆过程，因此这里只介绍时频同步与帧同步。

时频同步通常是接收端进行下变频后的第一个处理步骤。目前，数字通信系统中时频同步通常包含符号同步和帧同步，如果采用相干解调，则需要额外的载波同步。一个相干数字通信系统的时频同步顺序如下：

（1）符号同步：通过接收端的本地振荡器产生周期性的脉冲序列在接收信号中提取时钟，使其与发送的数字信号的符号速率同步，从而得到信号的准确采样瞬时。符号同步的目的是使接收端同步采样，常见的符号同步方法有早迟门法等。

（2）载波同步：在接收端中产生一个和接收信号载波同频同相的本地振荡信号。由于非相干解调不需要载波的准确相位，因此载波同步在接收端采取相干解调（即与本章系统相同的解调方法）时才需要。载波同步通常可以采用外同步法、自同步法等。需要注意的是，载波同步与符号同步并无明确的先后顺序，孰先孰后甚至并行进行都是可以的。

（3）帧同步：如果发送端将数据封装成帧，为了能正确分离信号中的各帧，则在发送端必须提供每帧的开始标志，在接收端检测并获取这一标志的过程称为帧同步。通常，在将信号解调为二进制数字信息（比特流）后，通过识别比特流中的前导码可实现帧同步。在现代数字通信系统中，比特流就像文章中的文字，而帧头则像断句的标点符号，仅有文字而没有标点，阅读起来是十分困难的。因此，在获取到比特流后，还需要通过帧头进行"断句"。

2.2.5.2　干扰与噪声

从广义上讲，干扰是指一切影响通信质量的因素。从狭义上讲，干扰与噪声有所区别：噪声是指信号传输过程中必然存在的随机的、对通信质量产生影响的信号，如电气设备、放电现象等引起的外部噪声，以及光电器材本身固有的内部噪声；干扰是指来自其他信号源的信号与目标信号发生频谱混叠，进而导致接收端难以识别所需的信号。通常可以认为干扰是有向且在时域、频域、空间域分布不均的，而噪声则是全向且均匀分布的。本章采用的是干扰的狭义定义。

在传输过程中，造成信号恶化的主要因素有两个：加性噪声和衰落。其中，加性噪声指的就是最为常见的高斯白噪声，其在整个信道带宽下的功率谱密度为常数，且振幅符合高斯分布，即加性噪声在频域上服从均匀分布，在时域上服从高斯分布。而衰落则是指电磁波在实际传播中各类粒子导致电磁波发生反射、散射，进而导致电磁波抵达接收端时具有无穷多的路径长度，加上信号衰减最终导致信号强度发生随机变化的现象。衰落按照功率变化的情况，通常可分为大尺度衰落和小尺度衰落，其中大尺度衰落是指电磁波在收发天线长距离（远大于传输波长）或长时间范围发生的功率变化，而小尺度衰落是指在极短距离或者极短时间内信号功率的变化。其中信号衰减可归类于大尺度衰落，而多径效应和多普勒效应可归类于小尺度衰落。衰减的分类如图 2.15 所示。

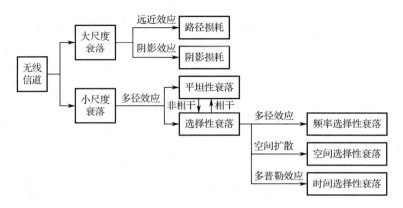

图 2.15   衰落的分类

2.2.5.3   通信链路性能指标

从广义上讲，通信链路性能指标是指用来评估通信系统性能和质量的一系列参数，这些指标涵盖了从信号发送到接收的整个过程，对理解和优化通信系统的工作状态至关重要。常用的通信链路性能指标如下：

（1）信噪比（SNR）：信号功率与噪声功率的比值，通常以分贝（dB）为单位。信噪比是通信链路中最基本的性能指标之一，高信噪比意味着信号受到噪声的影响较小，通信质量较高。信噪比的计算公式为：

$$\text{SNR}（\text{dB}）=10\lg\frac{P_{\text{signal}}}{P_{\text{noise}}} \tag{2.3}$$

（2）误比特率（BER）：接收端接收到的错误比特数与总接收比特数的比值，以百分比的形式表示。误码率同样是通信链路的重要性能指标之一，低误比特率表示通信系统的可靠性高。误比特率的计算公式为：

$$\text{BER}=\frac{错误的比特}{总比特}\times100\% \tag{2.4}$$

（3）信道容量：信道的最大信息传输速率，单位为比特每秒（bps）。信道容量的理论上限可用香农理论得到，实际信道传输速率取决于多方面的因素，只能逼近香农理论的上限。信道容量的计算公式为：

$$C = B\log_2(1+\text{SNR}) \tag{2.5}$$

此外，还有与信号非线性失真程度直接相关的峰均功率比（Peak to Average Power Ratio，PAPR）、代表数字调制信号质量的误差矢量幅度（Error Vector Magnitude，EVM）等，限于篇幅这里不再赘述。

2.2.5.4   通信关键技术

1. 基本的干扰技术

通信干扰是以破坏或者扰乱敌方通信系统的信息传输过程为目的而采取的电子攻击总称。通信干扰系统通过发射与敌方通信信号相关联的某种特定形式的电磁波，可破坏或者扰乱敌方无线电通信过程，导致敌方的信息传输能力被削弱，甚至使敌方的通信系统瘫痪。

通信干扰技术是通信对抗领域中最积极、最主动的一个方面。由于军事信息在现代战争中的作用越来越大，以破坏和攻击敌方信息传输为目的的通信干扰的作用和地位也日益提高。通信干扰的基本方式可以分为瞄准式干扰、拦阻式干扰、多目标干扰等。

（1）瞄准式干扰是一种对特定目标进行干扰的方式，这种干扰方式主要针对特定的通信频率、通信信道或特定的通信设备进行干扰，目的是最大程度地破坏特定目标的通信能力。由于目标明确，干扰信号可以被集中在目标设备或频段，具有较高的精度。但瞄准式干扰只能应用于干扰一个或少量通信信道的场合，限制了其使用范围，而且干扰能量被集中在单一信道，有可能造成干扰资源的浪费。

（2）拦阻式干扰是一种广泛性干扰方式，目的是对一定范围内所有的通信进行干扰。通过发射宽频段干扰信号，使得该范围内的所有通信信道都受到干扰，导致通信中断或质量下降。拦阻式干扰具有干扰范围广、覆盖面大的优点，相应地，由于干扰信号分散在较大的频段内，此方式对于干扰功率的要求非常高，功率利用率也比较低。

（3）多目标干扰是一种同时对多个不同目标进行干扰的方式，它结合了瞄准式干扰和拦阻式干扰的特点，通过协调干扰资源，实现了对多个目标的同时干扰。多目标干扰的灵活性高，能够根据需要同时干扰多个目标，适应复杂的干扰环境；效率高，资源分配更加合理，能够在干扰多个目标的同时保证一定的干扰效果；复杂性高，需要较为复杂的干扰策略和资源管理。

2. 基本的抗干扰技术

通信抗干扰技术是为了保证通信系统在存在干扰的环境下仍能正常工作的一系列技术手段。这些技术可以提高通信系统的抗干扰能力，从而保障通信的可靠性和稳定性。基本的通信抗干扰技术包括扩频、信道编码、自动重传请求、多输入多输出技术等。其中，扩频技术包括跳频扩频（Frequency Hopping Spread Spectrum，FHSS）、直接序列扩频（Direct Sequence Spread Spectrum，DSSS）和跳时扩频（Time Hopping Spread Spectrum，THSS）等多种形式，广泛应用于无线通信、卫星通信和军事通信等领域。而 DSSS 是扩频中最为简单、最为常用的技术之一，其在发送端直接采用高码率的扩频码序列去扩展信号频谱，在接收端通过同样的扩频码序列还原信号。DSSS 将信号扩展成很宽的频带，其功率频谱密度比噪声还要低，使信号能隐蔽在噪声中，可提高信号的保密性。在接收端对噪声信号进行非相关处理，可以使干扰电平显著下降而被抑制。此外，接收端进行扩频接收能够使原本的窄带干扰同样被接收端扩频码序列扩频，进而使发送信号附近的干扰功率谱密度降低，提高了安全性。即使面对频带范围无限大的高斯白噪声，扩频也能够在保证通信速率不变的情况下通过增加带宽的方式降低接收端对信噪比的要求，进而提高通信质量。

扩频的方法与调制较为相似，通常是通过将原始信号与 PN 码序列相乘，从而对原始信号的频谱进行扩展的。根据所选 PN 码的不同，扩频后的结果也会有所不同。PN 码，即伪随机噪声码（Pseudo-Random Noise Code），是一种在通信系统中广泛使用的序列，它具有类似于随机噪声的特性，但又是完全确定且可重复的。常见的 PN 码有 m 序列、Gold 码、Barker 码等，此外还有适用于 CDMA 的 Walsh-Hadamard 码、在 LTE 中被广泛使用的 ZC 序列等。在接收端对扩频序列进行解扩时，通常也使用相同的 PN 码序列与扩频信号相乘，即可得到解扩后的序列。这里选取 DSSS、FHSS 进行讲解。

DSSS 是一种扩频通信技术，它通过将原始窄带信号扩展到一个更宽的频带上，来提高信号的抗干扰能力和隐蔽性。DSSS 的核心是使用一个 PN 码序列来扩展原始窄带信号的频谱。这一过程包括以下几个步骤：

（1）生成 PN 码序列：生成一个速率高于原始窄带信号速率的 PN 码序列。

（2）扩展频谱：原始窄带信号与 PN 码序列进行逐位相乘（异或运算），生成扩展频谱后的信号，这将使原始窄带信号的频谱范围扩展到更宽的频带上。

（3）传输信号：扩展频谱后的信号通过无线信道传输。

（4）接收与解扩：接收端使用与发送端相同的 PN 码序列进行解扩，将接收到的信号恢复为原始窄带信号。

PN 码序列通常是通过线性反馈移位寄存器（Linear Feedback Shift Register，LFSR）生成的，以下是使用 LFSR 生成 PN 码序列的步骤：

（1）初始化寄存器：设置一个初始状态（种子），通常是一个非零的二进制数。

（2）反馈函数：定义一个反馈多项式，确定哪些寄存器位参与反馈。例如，反馈多项式 $x^n + x^k + 1$ 表示第 n 位和第 k 位进行反馈。

（3）移位和反馈：根据反馈多项式，在每个时钟周期对寄存器进行移位和反馈操作，产生下一位输出。

（4）循环生成：继续进行移位和反馈操作，直到生成一个长度为 $2^n - 1$ 的 PN 码序列。

接收信号中除原始窄带信号，其他信号的频谱也被扩展了。对一个有限带宽的信号，扩展频谱后，其谱密度就会下降；经窄带滤波后，其能量就会大大减小，这就是扩频通信的抗干扰原理。

FHSS 通过在通信过程中按预定的 PN 码序列快速改变载波频率，使得原始窄带信号在多个频率上进行传输。接收端使用与发送端相同的跳频序列同步接收信号，从而可以恢复原始窄带信号。由于信号频率不断变化，窄带干扰只能在一部分时间影响信号，干扰效果大大减弱，且跳频序列只有通信双方知道，难以被窃听和拦截，提高了通信的安全性。

用来控制载波频率跳变的多值序列称为跳频序列。跳频序列由跳频指令发生器产生，通常利用 PN 码发生器实现。PN 码发生器在时钟脉冲的驱动下，不断改变其状态，不同的状态对应着不同的频率。FHSS 的工作过程大致为：

（1）生成跳频序列：使用 PN 码生成器产生一系列跳频序列。

（2）频率跳变：发送端根据调频序列在不同的时间段切换到不同的频率上进行信号的发送。

（3）同步接收：接收端使用相同的跳频序列同步切换频率，从而正确地接收并解码信号。

要想 FHSS 正常运行，收发双方的工作频率必须同步。根据接收端获得同步信号方法的不同，同步的方法也不同，大体可分为独立信道法、同步字头法、参考时钟法、自同步法、FFT 捕获法和自回归谱估计法等。

此外，信道编码也能够对干扰起到一定的抵抗作用。信道编码是指为了降低噪声对传输数据的影响，在发送信息之前对原始数据进行编码，通过添加冗余信息来检测和纠正传输过程中可能发生的错误，以提高数据传输的可靠性和准确性。一般发送端会在信源编码之后、调制之前进行信道编码，接收端也需要在信源译码前、解调之后进行对应的信道译码。目前信道编码的种类繁多，如 4G 网络业务信道采用的是 Turbo 码、控制信道采用的是卷积码，以及 5G 网络业务信道采用的是 LDPC 码、控制信道采用的是 Turbo 码。各类信道编码都能够做到检错，以通知终端进行相应的重传机制，部分信道编码还能够自行对出错信息进行部分修正，但各类信道编码的检错纠错能力和冗余度不同，因此适用的场景也略有不同。其中，卷积码（2,1,2）编码器的结构如图 2.16 所示。

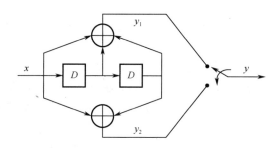

图 2.16　卷积码（2,1,2）编码器的机构

3. 新型通信技术

前文介绍的只是基本的干扰、抗干扰技术，而通信对抗作为一个对抗性活动，攻击方和防守方都应该不断学习高新技术并将其融入自己的系统中，不断进步。因此，下面将介绍部分新型通信技术，为读者提供改进方向。

（1）防守方信道编码方向：喷泉码（Fountain Codes）是一种前向纠错（Forward Error Correction，FEC）编码，用于提高数据传输的可靠性。喷泉码是由 Michael Luby 等人于 2002 年提出的，特别适用于网络通信中的数据包传输，因为它能够在不增加额外时延的情况下，有效恢复丢失的数据包。

基于喷泉码的 RaptorQ 码也是一种高效的前向纠错编码，它通过系统性编码将原始数据包含在编码符号集合中，允许接收端在接收到足够数量的编码包后，无论丢包比例如何，都能实现高恢复率的数据恢复。该方法的码率自适应能力较强，适用于需要高可靠性传输的场景。尽管 RaptorQ 码的实现涉及复杂的矩阵运算，但其高可靠性的特点也使其依旧在通信对抗领域得到了应用。

（2）防守方干扰识别方向：基于深度强化学习的通信抗干扰智能决策方法是一种先进的技术，它利用深度学习与强化学习来提高通信系统在复杂电磁环境下的抗干扰能力。该方法通过智能体与环境的交互，自动学习干扰信号的规律和特点，从而自主决定当前状态下的最优抗干扰策略。目前已有 ε-DQN 网络等实验结果表明，该方法可适应多种通信模型，决策速度较快，算法收敛后的平均成功率可达 95%以上，较其他方法具有较大的优势。

（3）攻击方功率分布方向：梳状谱干扰技术是一种在多个频点上产生窄带干扰信号的方法，这些干扰信号可以按照特定的方式进行调制，当干扰信号的带宽大于或等于频率间隔时，它们就会形成类似于宽带噪声的压制性干扰。

2.2.5.5　链路知识拓展

1. 目标信号识别技术

在通信对抗中，干扰和抗干扰策略的设计，都离不开对目标信号的识别和分析。本章实验还有个更有趣味的拓展，即目标信号识别。红、蓝双方需要进行"信号捉迷藏"，一方在场地内藏匿信号源，另一方需要定位出信号源的位置、频点，并分析出信号源的通信制式，然后进一步对信号源通信进行干扰或者破解。

无线定位技术有很多，从实现思路来看，可以分为基于功率、基于角度、基于到达时间差的无线定位技术。此外，还有多普勒定位、相干干涉定位等技术。在实际场景下，读者一方面需要理解信道传播的模型，如同在 2.1 节中分析"天问一号"的通信信号一样，理解不同的因素对无线传播的影响；另一方面还要明白在开放的现实环境中，信号的传播相当复杂，并非严格符合理论模型。因此，识别信号需要理论结合实际，不断积累经验，这正是解决复杂工程问题的唯一途径。

通信调制方式的识别是个前沿的开放问题，在第 3 章介绍的无线组网中，我们会发现5G 网络是根据手机的信道条件来动态决定通信调制方式的，这需要使用信令信道。采用一些复杂的算法可以对通信调制方式进行盲识别，非协作的盲识别也能用于通信对抗实验场景中。通信调制方式的识别算法通常较为复杂，基本上是基于各种特征（如频域特征、时域特征、统计域特征）进行的，因此通信调制方式的识别运用了大量的信号处理的手段，因此在近几年，人工智能也在通信调制方式识别领域得到了广泛的应用。需要强调的是，在真正的工程应用中，通信调制方式的识别仍然是一个难题，有兴趣的读者可以自行拓展尝试。

虽然无线定位和信号识别并未出现在本章的通信对抗实验场景中，但在真实的电子战场景中依旧是一门十分重要的技术。对于攻击方，精准识别目标信号的频率可以帮助干扰器或拦截器锁定敌方通信信道，从而实施有效干扰，破坏敌方的通信链路和信息传输。了解信号的位置有助于定位敌方通信设备，提供准确的打击目标，进一步削弱敌方的指挥和控制能力。识别通信调制方式能够帮助攻击方解调和解码敌方的通信内容，获取关键信息，甚至可以伪造信号进行欺骗，从而在信息战中占据优势。

对于防守方，识别并分析出敌方信号的频率能够及时调整己方的通信频段，避免被干扰。了解信号的位置有助于评估敌方的威胁程度，采取必要的防御措施，如重新部署通信设备。识别通信调制方式能够帮助防守方优化信号处理算法，提高抗干扰能力，保护通信的完整性和机密性。此外，通过对敌方信号的分析，还可以预判其战术意图，调整己方战略，增强在通信对抗中的主动性。

2. 通信对抗应用

目前通信对抗技术主要应用于军事领域。在军事领域中，通信对抗是为削弱、破坏敌方无线电通信系统的作战使用效能，以及保障己方无线电通信系统正常发挥使用效能所采取的战术技术措施和行动的总称。通信对抗的实质是敌对双方在无线电通信领域内为争夺无线电频谱控制权而开展的电磁波斗争。从广义上讲，通信对抗的基本内容包括三部分：无线电通信对抗侦察（简称通信对抗侦察）、无线电通信干扰（简称通信干扰）和无线电通信电子防御（简称通信电子防御）。

通信对抗侦察是指通过监听、截获和分析敌方的无线电信号，获取敌方通信情报和行动信息的行为。信号截获是指监听敌方的通信频率，截获其传输的信息。成功截获信号后，要对其进行分析，以提取有价值的信息，如通信内容、通信模式、使用的设备和技术等。任务二中的观察空口信号是通信对抗侦察的基础。

通信干扰是指使用无线电通信干扰设备发射专门的干扰信号，破坏或扰乱敌方无线电通信的行为，是通信对抗中的攻击手段。发射干扰信号不仅可以伪造信号或发送假信息，误导敌方的通信和决策；还可以占用敌方的通信频率，使其无法使用正常的通信通道。

通信电子防御是指保护己方的无线电通信系统免受敌方干扰和侦察的行为。通过通信电子防御，军队能够在复杂的战场环境中维持通信链路的畅通，保障指挥控制的有效性。

一直以来，通信对抗侦察在获取敌方的军事情报方面发挥了重要作用。然而，随着通信技术和通信保密技术的发展，尤其是猝发通信、DSSS、FHSS 等通信新技术的应用，利用通信对抗侦察获取军事情报已变得越来越困难，干扰敌方通信成为现代电子战的主要目标。

2.3 任务一：实现通信链路收发

搭建通信链路是进行通信干扰与抗干扰的基础，在本章实验中，不仅防守方需要搭建一个稳定的通信链路用于数据传输，攻击方也需要搭建对防守方信号进行干扰的通信链路。因此，详细了解通信链路的搭建方法对学习通信知识、完成通信对抗实验而言是十分必要的。

2.3.1 任务目标

- ⊃ 理解基本通信链路的构成及各模块的作用，理解信息在物理层的传输形式和传输过程。
- ⊃ 具备使用仿真平台和 SDR 平台搭建通信链路的能力。
- ⊃ 培养探索精神，具备创新意识和工程意识，能够自行思考提升通信链路性能的方法。

2.3.2 要求和方法

2.3.2.1 要求

（1）预习基础通信知识，如傅里叶变换、时频域等基础概念，方便加深对实验中的各模块的功能及参数的理解，保证了解知识要点中的相关内容；此外，还需要确保相关环境安装完毕。

（2）实际工程中存在多种通信链路，本节任务搭建的是一种基于 SDR 平台的短距离通信链路，传输的内容是由 ASCII 码表示的字符串。如果读者想深入了解同步、调制解调、脉冲成形等步骤或模块是如何工作的，可扫码观看相应的视频。

基础链路搭建

2.3.2.2 方法

本节任务使用仿真平台与 SDR 平台相结合的方式进行通信链路的搭建，这种方式能够大大降低学习过程中的试错成本，方便参数调整和优化，相比全实物连接搭建通信链路的方式有着诸多优势。本节任务使用的是 MATLAB/Simulink 仿真平台、USRP、RTL-SDR，读者可以使用其他的仿真平台或 SDR 平台。

2.3.3 内容和步骤

由图 2.13 可知，一个基本的数字通信系统的收发端 Simulink 模型可以搭建成如图 2.17 和图 2.18 所示的形式。

收发端的 Simulink 模型的具体实现步骤如下：

步骤 1：创建新的 Simulink 模型。

启动 MATLAB，打开 Simulink，创建一个空白模型，如图 2.19 所示。

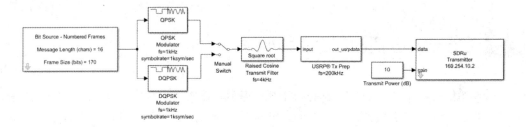

图 2.17　基本的数字通信系统发送端的 Simulink 模型

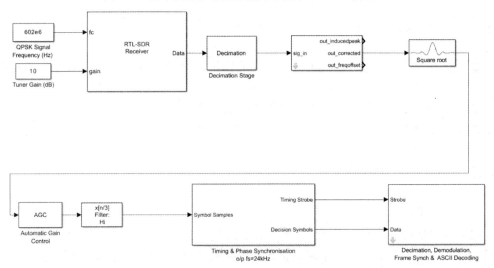

图 2.18　基本的数字通信系统接收端的 Simulink 模型

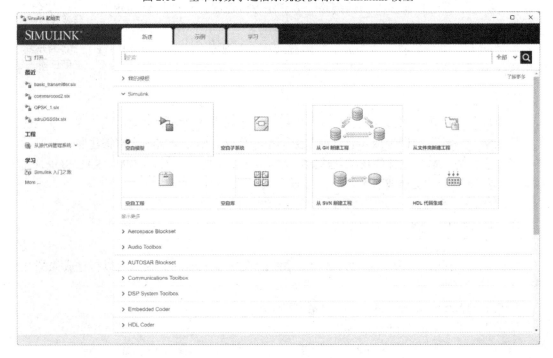

图 2.19　创建空白模型

步骤 2：添加数据源。

在 Simulink 的库浏览器［单击"■"按钮可打开库浏览器（Library Browser）窗口］中，找到 ASCII Transfer Binary Source 模块（见图 2.20），将其拖曳到新建的空白模型中，并设置合适的参数。ASCII Transfer Binary Source 模块是一个将特定的字符串转换成 ASCII 码，并封装成帧的模块。该模块属于 RTL-SDR Book 的拓展库（该拓展库收录于本章的数字资源中，见基础实验环境准备，下载后将其添加到 MATLAB 的安装路径中即可使用）。此外，我们需要重点关注 ASCII Transfer Binary Source 模块参数中的采样时间和每帧中的采样数，因为 Simulink 对于采样率的要求十分严格，一旦前后设置不匹配就会导致系统整体出现报错，相关参数的设置可参照图 2.21。

图 2.20　ASCII Transfer Binary Source 模块　　图 2.21　ASCII Transfer Binary Source 模块的参数设置

步骤 3：添加调制器。

在 Communications Toolbox 中找到相应的调制器模块，如 QPSK Modulator Baseband 和 DQPSK Modulator Baseband 模块（见图 2.22），将其拖曳到新建的空白模型中，并将输入端连接至数据源的输出。这两个模块是 QPSK/DQPSK 调制器，能够对码字进行 QPSK 编码，将其转化为码元。此外，我们可以同时放置多种调制器模块，并将输出口连接到一个开关，便于快速调整调制方式。

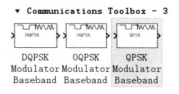

图 2.22　QPSK Modulator Baseband 和 DQPSK Modulator Baseband 模块

步骤 4：添加升余弦滤波模块。

在 Communications Toolbox 中找到 Raised Cosine Transmit Filter（升余弦传输滤波器）模块（见图 2.23），将其拖曳至新建的空白模型中，并将输入端连接到调制器的输出端。升余弦传输滤波器是一种常用的滤波器，用于在基带信号上进行脉冲整形，以减少码间干扰（Inter-Symbol Interference，ISI）并控制频带内的信号能量。在 Simulink 中，Raised Cosine Transmit Filter 模块实现了升余弦传输滤波器的功能。在使用 Raised Cosine Transmit Filter 模块时，除了要注意采样率，还需要注意滚降系数和增益的选择，具体的参数设置可参考图 2.24。

图 2.23　Raised Cosine Transmit Filter 模块　　　图 2.24　Raised Cosine Transmit Filter 模块的参数设置

步骤 5：添加速率控制模块。

正如前文所说，Simulink 要求系统的速率和数据结构严格匹配。为了保证前面生成的帧速率能够和后面 SDRu Transmitter 的速率匹配，有必要额外自行设计一个速率控制模块（见图 2.25）。Simulink 中没有完全适合本章实验的速率控制模块，因此需要自行对数据进行缓存和上/下采样，并将其封装成一个子系统。从速率控制模块的内部结构（见图 2.26）可以看到，该子系统对输入数据进行缓存，之后进行上采样和增益控制。

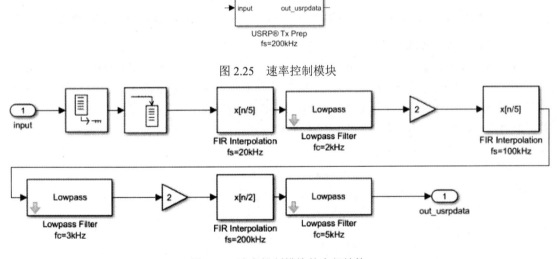

图 2.25　速率控制模块

图 2.26　速率控制模块的内部结构

步骤 6：添加 SDRu Transmitter 模块。

在 Simulink 库浏览器中找到 SDRu Transmitter 模块（见图 2.27），将其拖曳到新建的空白模型中，将 SDRu Transmitter 模块的一路连接到速率控制模块的输出端，另一路连接到 Constant 模块（便于增益控制）。SDRu Transmitter 模块属于 Communications Toolbox Support Package for USRP Radio 的内容，因此需要确保已安装好相应的环境。SDRu Transmitter 模块可以对发射数据进行速率、增益、中心频率、频偏等控制，相关参数设置可参考图 2.28。

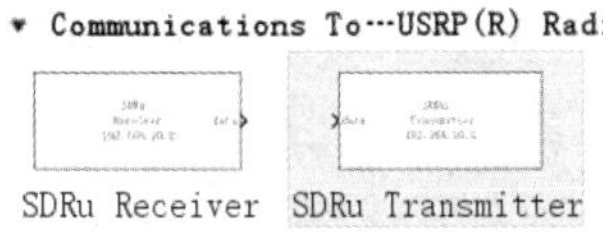

图 2.27　SDRu Transmitter 模块 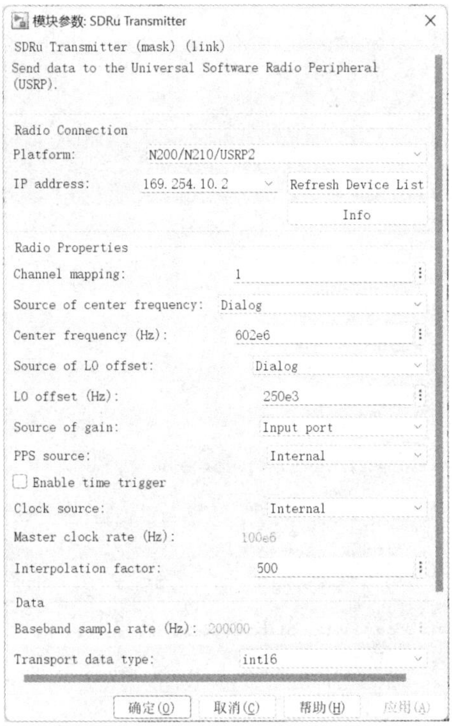　　　图 2.28　SDRu Transmitter 模块的参数设置

至此，我们完成了通信链路发送端的搭建。如果环境与设备连接无误，则在空白模型界面单击"运行"按钮即可以 602 MHz 的中心频率发送 QPSK 调制的 ASCII 码信号，信号内容为"Hello World!"。

接下来我们继续搭建通信链路的接收端。发送端使用的是 USRP，接收端使用的是 RTL-SDR，因此需要确保相关环境已安装完毕。如果读者使用的是其他 SDR 接收设备，则需要安装对应的环境，此处使用 RTL-SDR 是为了教学方便。

步骤 7：新建另一个空白模型，并添加 RTL-SDR Receiver 模块。

在 Simulink 库浏览器中找到 RTL-SDR Receiver 模块（见图 2.29），并将其拖曳到新建的空白模型中，之后添加 Constant 模块（用于控制接收端的中心频率和增益）。RTL-SDR Receiver 模块可以接收指定中心频率附近的信号并将其下变频到基带，因此中心频率应与发送端的中心频率相匹配，相关参数设置可参考图 2.30。

步骤 8：添加速率控制模块。

与搭建通信链路发送端类似，为了保证接收速率和粗频偏纠正模块的速率相匹配，我们有必要额外自行设计一个速率控制模块（见图 2.31）。由接收端速率控制模块的内部结构（见图 2.32）可知，接收端的速率控制模块与发送端的速率控制模块略有不同，其功能主要是对接收数据进行下采样。

步骤 9：添加粗频偏纠正模块。

信号在真实信道中一定会因多普勒扩展、多径等因素产生频偏，因此接收端需要在将接收到的信号下变频到基带后第一时间进行时频同步。为了防止频偏过大对后续细同步造成影响，我们在这里加入粗频偏纠正模块（见图 2.33），该模块同样需要自行设计，其内部结构如图 2.34 所示。

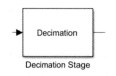

图 2.29 RTL-SDR Receiver 模块   图 2.30   RTL-SDR Receiver 模块的参数设置

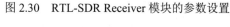

图 2.31 接收端的速率控制模块   图 2.32   接收端速率控制模块的内部结构

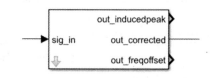

图 2.33 粗频偏纠正模块

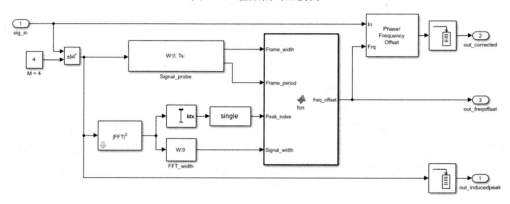

图 2.34 粗频偏纠正模块的内部结构

　　此外，粗频偏纠正模块涉及 MATLAB 的自定义函数模块，当部分较为细致的功能难以直接通过模块的连接来实现时，就可以通过 MATLAB Function 模块编写函数自行实现，示例代码如下。

```
% Find Frequency Offset  内部函数示例
% Frequency offset calculation
% The code in this function takes the inputs, and uses them to calculate
% the frequency offset required to synchronise the input signal to baseband.
%-----------------------------------------------------------------------%
function freq_offset = fcn(Frame_width,Frame_period,Peak_index,Signal_width)
% Logic to compute required index offset value
if Peak_index > Signal_width/2
    offset = (Signal_width+1)-Peak_index;
else
    offset = 1-Peak_index;
end
% Convert offset to a frequency shift value.
% calculate sample time
Ts = Frame_period(1)/Frame_width;
% calculate frequency resolution of the FFT signal
freq_resolution = 1/(Ts*Signal_width);
% compute frequency offset using this value
freq_offset = offset * freq_resolution/4;
```

步骤 10：添加升余弦滤波模块。

在 Communications Toolbox 中找到 Raised Cosine Transmit Filter 模块（见图 2.35），将其拖曳至新建的空白模型中，并将该模块的输入端连接到粗频偏纠正模块的输出端。接收端 Raised Cosine Transmit Filter 模块的参数设置与发送端 Raised Cosine Transmit Filter 略有不同，可参考图 2.36。

图 2.35　Raised Cosine Transmit Filter 模块　　图 2.36　接收端 Raised Cosine Transmit Filter 模块的参数设置

步骤 11：添加速率增益控制模块。

为了保证粗频偏纠正模块输出的数据与后续的时间和载波同步模块相匹配，我们需要在接收端 Raised Cosine Transmit Filter 模块后添加一个速率增益控制模块（见图 2.37），该模块的增益控制部分采用的是 AGC，即自动增益控制，和固定增益控制有所不同，AGC 的参数设置可参考图 2.38。

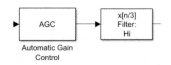

Automatic Gain
Control

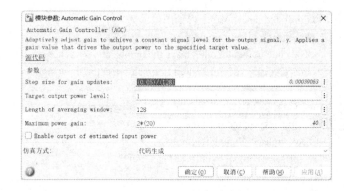

图 2.37　增益控制模块　　　　　　　　　　图 2.38　AGC 的参数设置

步骤 12：添加时间和载波同步模块。

在粗频偏纠正模块和速率增益控制模块后，需要增加时间和载波同步模块（见图 2.39），该模块同样需要自行设计，其内部结构如图 2.40 所示。时间和载波同步模块输出的是处理后的数据和定时脉冲，可用于后续的数据读取。

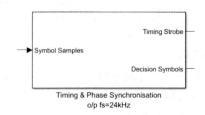

图 2.39　时间和载波同步模块

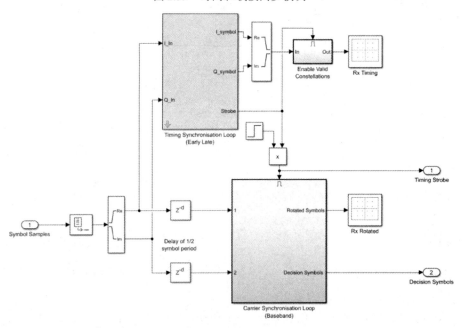

图 2.40　时间和载波同步模块的内部结构

其中的时间同步模块，即 Timing Synchronisation Loop (Early Late)模块采用的是早迟门，其内部结构如图 2.41 所示。

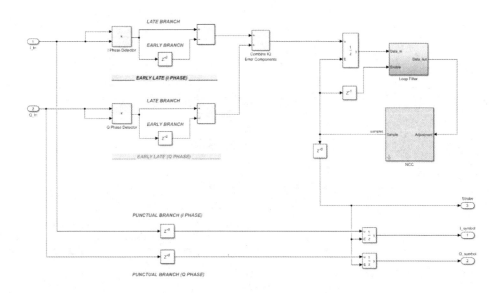

图 2.41　时间同步模块的内部结构

载波同步模块，即 Carrier Synchronisation Loop (Baseband)模块采用的是锁相环，其内部结构如图 2.42 所示。

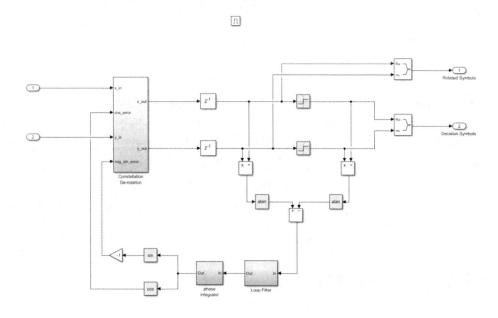

图 2.42　载波同步模块的内部结构

步骤 13：添加帧同步和数据读取模块。

帧同步和数据读取模块（见图 2.43）可对时间和载波同步模块输出的数据进行解调和帧同步，该模块同样需要自行设计。帧同步和数据读取模块先根据时间和载波同步模块输出的定时脉冲对信号进行最后的速率调整，再通过自定义函数读取 ASCII 码，其内部结构如图 2.44 所示。

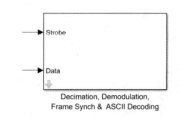

图 2.43　帧同步和数据读取模块

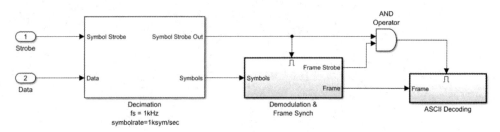

图 2.44　帧同步和数据读取模块的内部结构

至此，我们完成了通信链路接收端的搭建，连接好相应的 SDR 平台后单击空白模型界面中的"运行"按钮即可开始接收数据。由于本节的系统搭建较为复杂，建议读者直接下载本章数字资源获取示例程序，对照示例程序设计自己的发送端与接收端。

2.3.4　任务小结

本节任务借助仿真平台搭建了一个基本的数字通信链路，学习了仿真平台与 SDR 平台联合收发信号的方法。虽然本节搭建的通信链路能够观察到最后的解调结果，成功接收到信息，但无法观察信息传输过程中的时频域情况，无法确定信号传输的功率、带宽等指标是否符合规则。此外，由于本节任务搭建的通信链路过于简单，在面对功率受限的低信噪比环境或他人恶意攻击的情形时，接收端接收失败的概率会飙升，通信质量会受到严重影响，因此在 2.4 节的任务二中，我们将进一步学习观察空口信号的方法，带领读者观察传输过程中的空口信号及噪声；在 2.5 节的任务三中，我们将进一步学习 DSSS、FHSS 等抗干扰技术和扫频攻击等干扰技术的实现方法。

2.4 任务二：观察空口信号

本章实验中除了需要保证防守方的通信链路能够正常传输数据，还需要对空口信号的调制方式、中心频率、带宽、功率等参数进行核对，保证公平公正性。这就要求参与实验的人员不仅能够观察接收端是否解调出了发送端发送的信息，还要能够观察空口信号的传输情况。此外，学会观察空口信号，也有益于防守方改进传输系统，以及帮助攻击方制定攻击策略，对于攻守双方来讲都有重要的意义。

2.4.1　任务目标

- ☞ 理解观察空口信号的意义，理解噪声对于通信的影响，理解抗干扰技术在通信系统中的必要性。
- ☞ 具备观察空口信号的能力，具备分析空口信号带宽等参数的能力，具备根据空口信号情况灵活调整发送策略的能力。
- ☞ 提高工程素养，培养观察空口信号的兴趣。

2.4.2　要求和方法

2.4.2.1　要求

（1）本节将介绍观察空口信号的方法，核心目标是让读者能够根据信号状态辨认出信号的基本特征，认识到噪声与干扰会对通信质量产生严重影响，意识到抗干扰模块在通信链路中是十分必要的。因此建议读者提前学习知识要点中噪声、干扰，以及通信系统中常见的性能指标等概念。

（2）本节需要接收 FM 广播，因此需要读者提前查找本地的 FM 广播频点，了解本地 FM 电台信号的发射位置等。

2.4.2.2　方法

本节任务依旧是仿真平台与硬件相结合的综合实验，涉及 MATLAB/Simulink 仿真平台、RTL-SDR。读者也可以采用其他的仿真平台或 SDR 平台。

2.4.3　内容和步骤

1. 基于频谱仪的频谱测量

通过频谱仪或仿真平台可以观察空口信号，本节将阐述如何使用频谱仪观察空口信号。

图 2.45 所示的频谱仪是一个经典的频谱仪，相对于仿真平台，频谱仪能够更为快速准确观察信号频谱。扫描右侧的二维码可以学习频谱仪的使用方法，下面重点介绍频谱仪的观察指标。

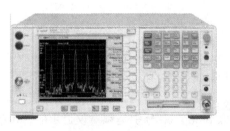

图 2.45　频谱仪

空口信号观察

频谱仪的使用方法

对于一个频谱仪，我们需要关注其界面（见图 2.46）的 RBW、Reference Level（参考电平）、Start Freq、Center Freq 和 Stop Freq。

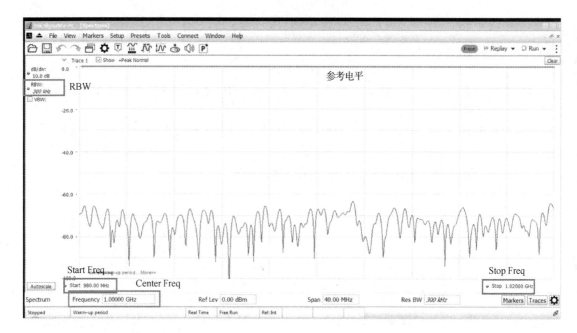

图 2.46　频谱仪的界面

其中，RBW 是指频谱仪的分辨率带宽，决定了频谱仪的频率分辨率。RBW 内的所有信号都会被识别为单一频率的功率，但 RBW 过窄会导致采样和处理时延的大幅增加。不同 RBW 的对比如图 2.47 所示。

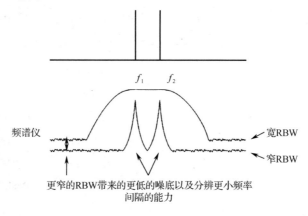

图 2.47　不同 RBW 的对比

Reference Level 是指参考电平，即频谱仪在测量过程中用来比较和评估信号强度的基准电平。参考电平通常以 dBm（相对于 1 毫瓦的功率）或 dBμV（相对于 1 微伏的电压）为单位。参考电平的设置会影响测量结果的显示，如果参考电平设置得过高，则测量结果可能会显示较低的信号强度；反之，如果设置得过低，则测量结果可能会显示较高的信号强度。

Start Freq、Center Freq、Stop Freq 分别是频谱仪显示的开始频率、中心频率和终止频率，合适地设置这三个参数可以帮助我们更好地观察信号的频谱特征。此外，还可以通过调整 Span 参数来控制开始频率和终止频率的频率差，即频谱仪显示的频率范围。

对于频谱仪，我们还需要熟知以下概念：

（1）无杂散动态范围（SFDR）：表示在特定频率范围内，有用信号的最高幅值与最强杂散信号（如谐波、互调产物等）幅值之间的差异，通常以分贝（dB）为单位。在频谱仪中，可以通过调整 SFDR 来滤除功率过低的信号。假如信号幅度进入 SFDR，那么看到的信号就是真实的，而低于 SFDR 的信号幅度，既可能是真实的，也可能是频谱仪自身的。

（2）显示平均噪声（DANL）：是指频谱仪的固有噪声，单位为归一化的 dBm/Hz。DANL 由频谱仪的工艺决定，由厂商进行测量给出，大小通常是 $-150 \sim -160$ dBm。

（3）捕获带宽：表示频谱仪一次捕获的频谱宽度。如果设置的 Span 大于捕获带宽，则频谱仪需要多次捕获才能显示一次频谱结果。

此外，频谱仪还有众多指标，如滤波器特性、相位噪声、系统非线性、1 dB 压缩点、测量精度、扫描速度等，这些指标共同决定了频谱仪性能的优劣。在选择合适的频谱仪后，我们就可以将信号源连接到频谱仪的输入端口进行观察，或在输入端口处连接天线接收周围的信号。接收到信号后，我们应该重点观察信号的中心频率、带宽和调制方式，进而思考下一步的策略。图 2.48 所示为一个典型 Wi-Fi 5 信号，读者可以尝试对其指标进行分析。

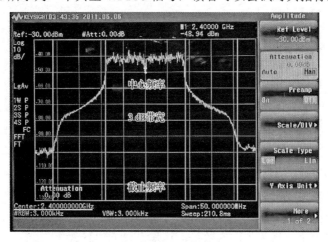

图 2.48　频谱仪观察到的 Wi-Fi 5 信号

2. 基于仿真平台的频谱测量

前文介绍了使用频谱仪观察空口信号的方法，接下来重点介绍通过仿真平台观察信号频谱的方法。频谱观察的 Simulink 模型如图 2.49 所示。

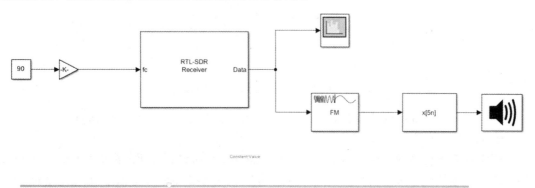

图 2.49　频谱观察的 Simulink 模型

步骤 1：导入 RTL-SDR Receiver 模块（见图 2.50），该模块在"Communications Toolbox HDL Support/Communications Toolbox Support Package for RTL-SDR Radio"目录下。

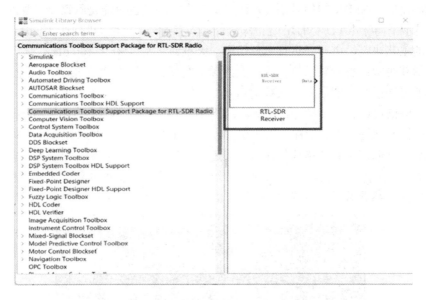

图 2.50　RTL-SDR Receiver 模块

步骤 2：双击已经导入的 RTL-SDR Receiver 模块可设置该模块的参数。RTL-SDR Receiver 模块的参数设置如图 2.51 所示。其中，在"Source of center frequency"一栏中选择"Input port"，用于从输入端口获取中心频率；在"Sampling rate"一栏中选择"240e3"，"240e3"表示音频采样率（48 kHz）的 5 倍，以便在解调后进行下采样时刻适配音频采样率并且能够满足信号带宽要求；在"Output data type"一栏中选择"double"；在"Samples per frame"一栏中将输出帧的大小设置为 5 的整数倍，这里设置为"1920"。

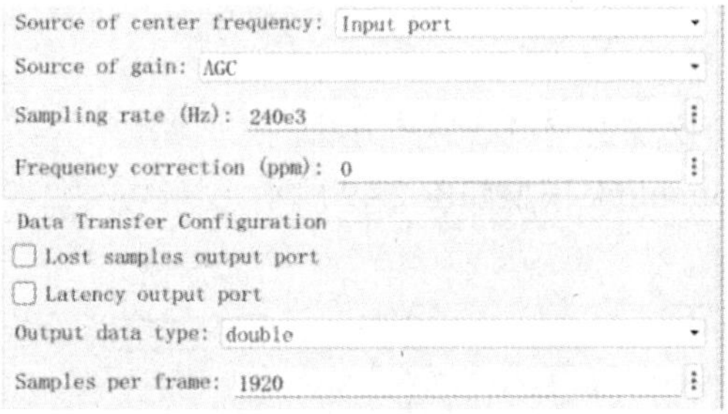

图 2.51　RTL-SDR Receiver 模块的参数设置

步骤 3：导入 Constant 模块和 Gain 模块（见图 2.52），这两个模块在"Simulink/Commonly Used Blocks"目录下。

步骤 4：双击已经导入的 Constant 模块和 Gain 模块，可设置这两个模块的参数。Constant 模块和 Gain 模块的参数设置如图 2.53 所示，本节任务将 Constant 模块的"Constant value"设置为"90"，将 Gain 模块的"Gain"设置为"1e6"，从而保证接收信号的中心频率为 90 MHz。

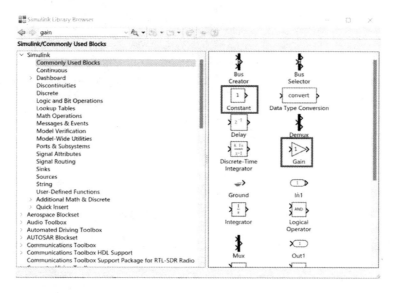

图 2.52　Constant 模块和 Gain 模块

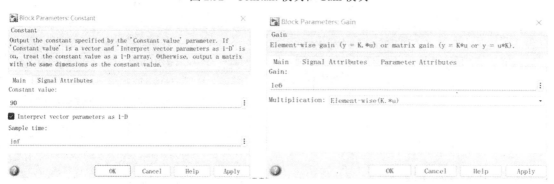

图 2.53　Constant 模块和 Gain 模块的参数设置

步骤 5：导入 Slider 模块（见图 2.54），该模块在"Simulink/Dashboard"目录下。

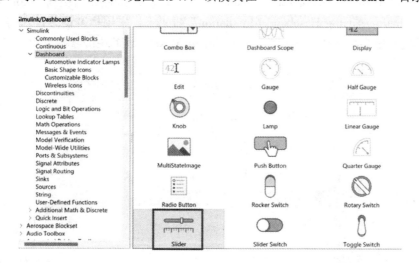

图 2.54　Slider 模块

步骤 6：双击已经导入的 Slider 模块，可设置该模块的参数，如图 2.55 所示。

图 2.55　Slider 模块的参数设置

步骤 7：导入 Spectrum Analyzer 模块（见图 2.56），该模块在"DSP System Toolbox/Sinks"目录下。

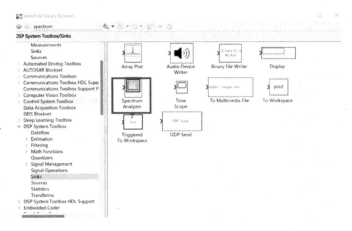

图 2.56　Spectrum Analyzer 模块

步骤 8：导入 FM Demodulator Baseband 模块（见图 2.57），该模块在"Communications Toolbox/Modulation/Analog Baseband Modulation"目录下。采用标准调频技术的 FM 无线广播的载波调制频偏为 75 kHz，因此 FM Demodulator Baseband 模块的参数采用默认设置即可。

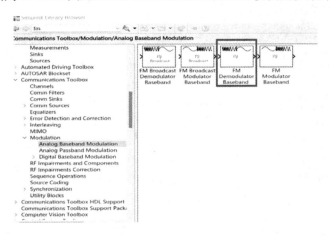

图 2.57　FM Demodulator Baseband 模块

步骤 9：导入 FIR Decimation 模块（见图 2.58），该模块在"DSP System Toolbox/Filtering/Multirate Filters"目录下。

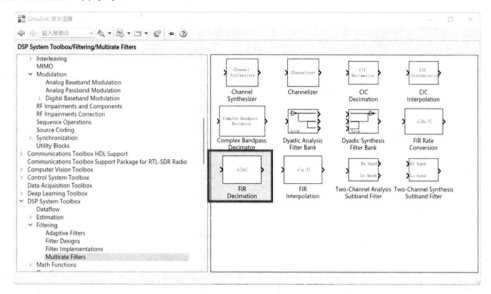

图 2.58　FIR Decimation 模块

由于需要采用 5 倍的载波频率进行下采样，因此将"Decimation Factor"设置为"5"，其他参数采用默认设置即可。FIR Decimation 模块的参数设置如图 2.59 所示。

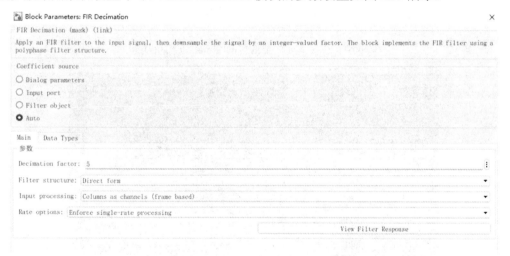

图 2.59　FIR Decimation 模块的参数设置

步骤 10：导入 Audio Device Writer 模块（见图 2.60），该模块在"DSP System Toolbox/Sinks"目录下，该模块的参数采用默认设置即可。

步骤 11：按图 2.61 所示连线后，单击模型界面中的"运行"按钮后可收听音频信号，并观察到 FM 广播信号的频谱，如图 2.62 所示。

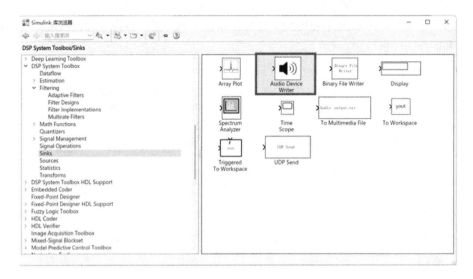

图 2.60 Audio Device Writer 模块

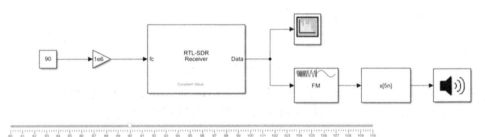

图 2.61 收听 FM 广播信号的 Simulink 模块连线

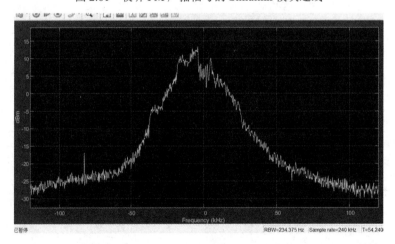

图 2.62 FM 广播信号的频谱

通过观察空口信号,我们能得知 FM 广播信号的总带宽为 200 kHz,3dB 带宽约为 23 kHz,调制方式为 FM,信噪比为 35 dB 左右。信号峰值左右两边都有约 -30 dB 的功率,这些是环境噪声,当信号强度过低时,就会被这些噪声"淹没",导致难以被接收端识别。

同时,我们也可以为任务一中搭建的链路加入 Spectrum Analyzer 模块和 Scope 模块来观察频域频谱和时域波形,对比后可以发现任务一中的信号要明显比本节任务接收到的 FM 广播信号稳定，这是因为 FM 广播信号的传输距离较大，在传输过程中受到了各种噪声和衰落的影响，说明了噪声和衰落对于通信质量的影响。

2.4.4 任务小结

通过本节任务，我们学习了观察空口信号的方法。借助这些方法，我们能够对通信链路的性能进行基本的判断，并依据各项性能指标明确通信链路的改进方向，确保信号符合规则。至此，我们成功地掌握了使用仿真平台搭建和优化通信链路的方法。然而，在通信网络中，除了环境中固有的噪声，还可能会有不怀好意的攻击者对通信链路进行窃听甚至恶意攻击，本节任务构建的通信链路面对此类恶意窃听和恶意攻击显得有些束手无策。在 2.5 节中，我们将进一步在通信链路中引入干扰与抗干扰技术。

2.5 任务三：实现干扰/抗干扰方案

经过前几节的学习，我们已经成功掌握了通信链路的搭建方法和空口信号的观察方法。然而在本章创设的实验场景中，攻击方为了发起更高效的进攻，使用的发送端通常在基础的通信链路中额外加入了一些干扰技术，并舍弃了一些不必要的信号传输模块；防守方也需要采取一些抗干扰技术，否则己方的通信链路会在攻击方的干扰面前一触即碎。因此，学习在通信链路中加入干扰与抗干扰技术是十分必要的。

2.5.1 任务目标

- ⊃ 理解扫频干扰技术和扩频、跳频抗干扰技术的实现原理。
- ⊃ 具备将干扰/抗干扰技术融入现有通信链路的能力，具备搭建基本扫频攻击通信链路与扩频、跳频通信链路的能力。
- ⊃ 提高竞争意识与探索意识，能够思考如何更好地完善通信链路的干扰/抗干扰方案，做到学无止境。

2.5.2 要求和方法

2.5.2.1 要求

（1）本节任务将学习通信干扰与抗干扰技术，需要读者掌握之前任务中的相关概念，最好能够动手搭建出前文提到的通信模型，熟练搭建基础的通信链路并进行信号特征的观察。本节任务将围绕干扰这一概念展开，因此建议预习相关知识。

（2）本节任务属于进阶内容，难度较大，初学者可能较难理解，因此需要读者反复阅读并深入思考。如果读者想要了解更多的内容，则可以扫码观看相关视频。

2.5.2.2 方法

本节任务依旧是仿真平台与硬件相结合的综合实验，涉及 MATLAB/

干扰与抗干扰

Simulink 仿真平台和 USRP。读者可以使用其他的仿真平台或 SDR 平台。

2.5.3　内容和步骤

2.5.3.1　使用 SDR 平台实现扫频干扰

2.2.5 节中提到了多种信号攻击方式，本节任务以扫频攻击为例，使用 USRP 平台实现扫频干扰的 Simulink 模型，如图 2.63 所示。

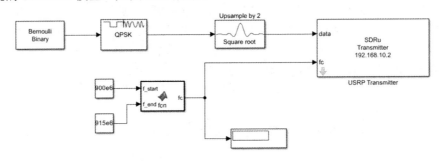

图 2.63　扫频干扰的 Simulink 模型

由于攻击方不需要传输有意义的信息，因此信源可以直接采用随机数生成器，对生成的数据进行调制、增益控制和滤波后即可将其发送出去，其中扫频攻击是通过自定义函数完成的，相关代码如下：

```
function fc = fcn(f_start,f_end)
    coder.extrinsic('clock','uint8')
    num=clock;
    clk=[0 0 0 0 0 0];
    clk=num;
    delta=clk(6);
    %delta = floor(delta*10);
    delta = floor(delta*100);
    fre_add = mod(delta/5,2*(f_end-f_start)/1e6);         %每隔 0.05 s 跳频一次

    fre_add=floor(fre_add);
    fc=f_start+fre_add*1e6;
```

需要注意的是，在使用 USRP 发送信号时，需要编写相关的初始化文件和 Simulink 模型回调函数，相关内容与扫频攻击效果可扫二维码查看（见"干扰与抗干扰"二维码）。

2.5.3.2　使用 SDR 平台实现跳频通信系统

为了应对攻击方的攻击，防守方也需要很多抗干扰技术，这里以跳频通信系统为例进行介绍。跳频通信系统的关键是收发两端能够同步保持工作频率，此处使用的同步方法为参考时钟法，在进行实验时需要使用两台系统时间相同的通用计算机。跳频通信系统的主要思路是在保证收发两端跳频频点序列相同的前提下，根据当前系统时钟的选取相同的数值，并在跳频频点序列中选择该序号对应的频率。

此外，为了动态地控制 USRP 的发送频率和接收频率，需要使用 S-function（S 函数）

控制 Constant 模块的数值，以保证跳频通信系统的正常运行。

使用 USRP 实现跳频通信系统发送端的 Simulink 模型如图 2.64 所示。

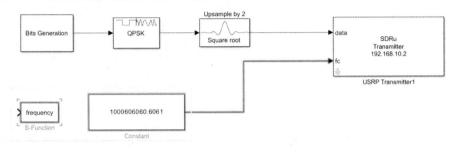

图 2.64　使用 USRP 实现跳频通信系统发送端的 Simulink 模型

使用 USRP 实现跳频通信系统接收端的 Simulink 模型如图 2.65 所示。

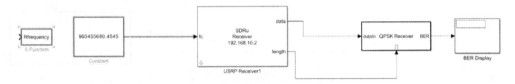

图 2.65　使用 USRP 实现跳频通信系统接收端的 Simulink 模型

当使用 USRP 接收信号时，需要使用 SDRu Receiver 模块（见图 2.66），并设置接收频率 fc。

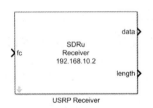

图 2.66　SDRu Receiver 模块

运行程序后，可以观察到 Constant 模块的数值在随时间变化，跳频频率为 3 跳/秒。当跳频序列和跳频频率设置合理时，系统能够有效躲避干扰信号，实现通信抗干扰功能。

2.5.3.3　使用 USRP 实现 DSSS 通信系统

DSSS 的原理在知识要点中已经详细阐述过了，使用 USRP 实现 DSSS 通信系统发送端的 Simulink 模型如图 2.67 所示。

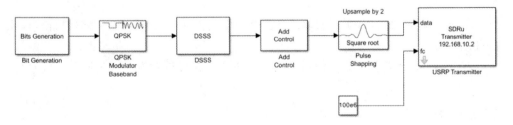

图 2.67　使用 USRP 实现 DSSS 通信系统发送端的 Simulink 模型

DSSS 通信系统的内部结构如图 2.68 所示。

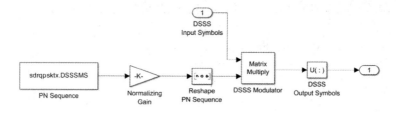

图 2.68   DSSS 通信系统的内部结构

DSSS 通信系统能够在时域与频域上展宽信号，降低窄带干扰和信号的功率谱密度，便于隐藏信号。

2.5.4   任务小结

在本节任务中，我们通过仿真平台实现了扫频干扰与跳频通信系统、DSSS 通信系统。然而，通信中的干扰与抗干扰技术远不止以上几种，希望读者可以根据所学的知识，自行探索干扰与抗干扰的知识，进而设计自己的通信干扰与抗干扰对抗系统。

2.6 任务四：搭建通信干扰与抗干扰对抗系统

经过前几节的学习，我们已经积累了一定的经验和知识。现在我们需要搭建通信干扰与抗干扰对抗系统，尝试设计自己的发送端、接收端与攻击方，并与他人进行通信对抗实验。

2.6.1   任务目标

- ⮞ 理解通信链路的工作原理，理解通信对抗的内涵。
- ⮞ 具备自行设计并搭建通信干扰与抗干扰系统的能力，具备根据实际情况改进通信系统的能力。
- ⮞ 培养竞争意识与团队意识，借助活动结识更多同样热爱通信的伙伴。

2.6.2   要求和方法

2.6.2.1   要求

（1）本节任务为开放性任务，需要读者结合所学知识并上网查阅相关资料自行设计系统，发挥自身创造力。

（2）友谊第一，比赛第二，通信对抗实验的重点不在胜过对方，而在于学习技术与结识朋友。

2.6.2.2   方法

本节任务规则如通信对抗实验场景所述，采取的方法依旧是仿真平台与 SDR 平台相结合的方式，设备布局如图 2.7 所示。

2.6.3　内容和步骤

看到这里，相信大家已经对通信对抗的相关知识有了充足的了解，但鉴于读者可能还未自行设计过完整的系统，这里列举一个示例，其中防守方发送端、接收端，以及攻击方发送端的 Simulink 模型分别如图 2.69、图 2.70 和图 2.71 所示。

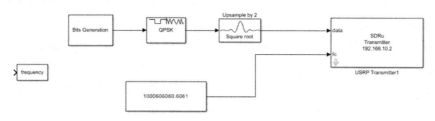

图 2.69　防守方发送端的 Simulink 模型

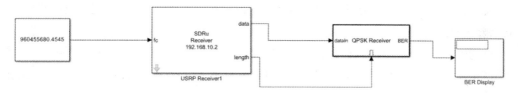

图 2.70　防守方接收端的 Simulink 模型

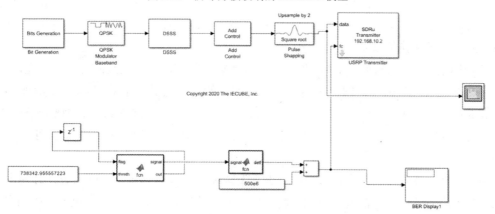

图 2.71　攻击方发送端的 Simulink 模型

防守方采用了跳频通信的策略，攻击方采用了扩频加扫频的攻击策略，发送端和接收端 Simulink 模型的详细构成讲解可通过本书的数字资源获取。

2.6.4　任务小结

通信对抗系统

本节任务通过仿真平台与 SDR 平台成功设计并实现了通信干扰与抗干扰对抗系统，读者可以与其他组队实现干扰与抗干扰对抗实验。通过理论与实践相结合的方式，本节任务真正地做到了对物理层通信知识的融会贯通。

2.7 实验拓展

1. 实验场景拓展

本章的实验场景可以进一步拓展，以提升难度、增加趣味性。下面仅作扩展举例。

（1）对抗频段的选择。在创设本章实验场景时，我们给出了频段选择的参考数据，但不同的频段有不同的要求。如果选择的是已经分配给现有网络的频段，则需要先对现有频谱进行扫描、对信号进行分析。如果设计的频谱"战场"较为复杂，则通信系统的收发端设计、干扰策略都可能需要更多的考虑。简单来说，如果选择 90～110 MHz 的频段作为对抗的频段，则该频段上可能已有城市广播业务，不同的广播信号会固定地占用某些频率。因此，如果读者选择跳频方式进行干扰/抗干扰，就需要考虑规避已经存在的信号。同时，读者也可将己方信号"隐藏"在已有的信号中以躲避攻击，但这样己方传输的信号又会持续受到已有信号的干扰，因此还需额外考虑如何分离已有的信号与己方信号，这甚至会涉及一些认知无线电的概念和技术。

（2）设计开放公共频段。在创设本章实验场景时，仅涉及对抗的"正面战场"。为了增加设计空间，读者可以开拓"第二战线"，约定用一个窄带频段专门传输控制指令，例如，自适应传输干扰/抗干扰的策略变化，会使通信对抗实验更综合、更精准。当然，读者也可在"正面战场"直接发送控制信令，但这样做对防守方的传输系统设计要求过高。拓展公共频段并禁止对公共频段进行干扰，可显著降低防守方接收端的设计难度，能够明显地平衡攻防双方的工作量和挑战度。

（3）空间和外设的拓展。显然，如果将抗设备放置的空间放大，允许对抗双方优化天线、调整功放，则通信对抗将变得更为复杂。本章实验的目的是让读者在趣味中深刻理解和综合掌握通信链路的基本原理，并没有对电路、天线设计等进行深入讨论，因此屏蔽了中频以上的电路和外设。事实上，在时间允许的情况下，空间和外设部分的拓展也可以作为对抗的内容。

（4）对抗内容的拓展。读者除了可以进行干扰和抗干扰的对抗，还可以进行其他内容的对抗，如在户外进行目标信号的识别。此拓展需要在范围较大的开放空间里（如校园中）进行，防守方仍然发送信号，而攻击方的难度有所提高，需要识别目标信号的发射频率、信号源位置和发射制式等。

2. 实验内容扩展：无线组网中对抗干扰的规避

任务一到任务四的内容已经足够支撑读者进行基本的通信对抗实验，但仍有一定的缺陷，如发送的内容仅仅是由字符串与帧头组成的简易帧。换句话说，本章实验内容仅停留在物理层，相当于原始数据经过一个简易的数据链路层加入帧头后便直接发送，没有受到无线组网协议的影响。

然而，现代通信网络是根据 TCP/IP 参考模型构建的复杂网络，在接收端，物理层从数据链路层接收到的帧远非简单的字符串，而是来自网络层的复杂的包（Packet），而包中的内部还有来自传输层的段（Segment），之后还有来自应用层的报文（Message），最终才是原始信息。其中任何一个环节的故障都会导致接收端无法得到正确的信息。因此，组网过程中诸多协议的叠加也对通信质量提出了更多的要求。

那么我们不禁思考：在现代通信网络中，有哪些攻击方法是针对高层协议的？又应该如何有效对其进行规避呢？这些就留给读者在接下来的章节中进行思考和学习。

第 3 章
5G 接入与空口数据分析综合实验

3.1 引子

在体育赛事、演唱会、博览会等大型活动中，人们可能会遇到上网速度慢，甚至无法接入网络的情况。在 2022 年冬奥会期间，最多可容纳 18000 人的体育场馆的网络平稳运行，"冬奥通信"实现了零事故。这主要得益于场馆内密集部署的 5G 基站，以及场馆区域投入的大量通信保障车辆的通力配合。图 3.1 所示为 5G 应急通信保障车在执行通信保障工作。

图 3.1　5G 应急通信保障车执行通信保障工作

我们不禁要问，为什么增加额外的基站和 5G 应急通信保障车就能解决手机无法接入网络的问题呢？其原理是什么？这就涉及本章所介绍的 5G 接入与空口资源使用的相关内容。影响通信系统的性能因素，除无线电干扰外，还包括接入以及空口资源的使用等。

通信链路的构建解决了点对点通信的问题。当无线网络中存在多个通信节点时，则需要一定的机制来共享空口资源。

媒介接入（Media Access）是指业务终端或网络设备通过一定的机制使用传输媒介进行通信的过程，它是人们使用通信服务的第一个步骤。媒介接入的应用无处不在，最简单的接入机制是开机即接入，如图 3.2 所示的收音机、传统模拟电视机等，开机后调整到特定的频率，无须复杂的交互过程即可收听对应的电台或电视节目。

图 3.2　收音机和传统模拟电视机开机即接入广播系统

在双工通信的无线网络中，由于各终端都有收发数据的需求，而且不同终端间要共享无线通信链路，因此需要确保不同的终端在使用媒介进行通信时不会发生冲突。对讲机的 PTT（Push-To-Talk）模式就是一种简单的手动媒介使用机制，当需要说话时，就按下对讲按钮，如果此时没有其他对讲机在使用信道，则对讲机通过指示灯或其他方式提示当前可以说话；如果此时信道被占用，则对讲机无法进入对讲模式。对讲机使用示例如图 3.3 所示。

图 3.3　对讲机使用示例

无线数据网络需要更复杂的机制来协调终端间对传播媒介的使用。1968 年，美国夏威夷大学设计了 ALOHA 网络，并在 1971 年 6 月成功运行，成为世界上第一个无线数据网络。ALOHA 网络最早采用了一种完全随机的接入机制（见图 3.4），称为纯 ALOHA 机制，即当有数据需要传输时，终端立即向通信信道发送数据，如果网络上有两个终端同时发送数据，则会产生冲突，在这种情况下，两个终端各自随机等待一段时间后再尝试发送数据。

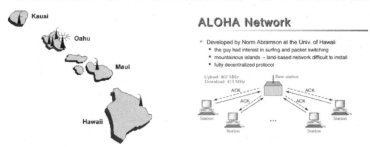

图 3.4　ALOHA 网络的随机接入机制

虽然纯 ALOHA 机制因为其较高的信道冲突很少被使用，但它仍然是很多无线通信标准的理论基础和参考模型。一般来说，当前网络的媒介接入机制可分为基于竞争的接入机制和基于非竞争的接入机制。常见的基于竞争的接入机制包括载波监听多址接入/碰撞检测（Carrier Sense Multiple Access/Collision Detection，CSMA/CD）、载波监听多址接入/碰撞避免（Carrier Sense Multiple Access with Collision Avoid，CSMA/CA）。前者多用于有线网络中，这是因为在有线网络中，传输冲突可以很容易被检测到，其典型应用主要是以 IEEE 802.3 为标准的以太网；在无线网络中，由于传输距离长短、信号强弱等问题，冲突并不一定都能被发送端检测到，因此在 CSMA/CD 基础之上，增加了接收端发送清空信道指示（Clear to Send），形成了 CSMA/CA 机制，其典型应用是以 IEEE 802.11 为标准的 Wi-Fi 网络等。CSMA/CD 和 CSMA/CA 的工作模式如图 3.5 所示。

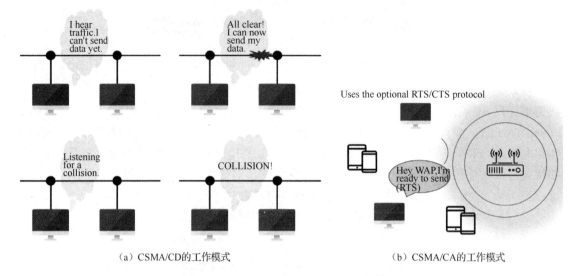

（a）CSMA/CD 的工作模式　　　　　　　（b）CSMA/CA 的工作模式

图 3.5　CSMA/CD 和 CSMA/CA 工作模式

基于非竞争的接入机制的典型应用就是我们所熟知的蜂窝移动通信网络，1G 网络到当前的 5G 网络采用的都是基于非竞争的接入机制。该接入机制的优势主要是能够有效避免大量传输冲突导致的网络性能急剧恶化，能够在大规模用户接入情况下保障传输成功率和网络服务质量。

5G 网络采用的接入机制究竟是什么样呢？本章将以 5G 网络为例在真实网络上进行空口接入综合实验，带领读者亲自搭建一个开源 5G 基站，一步步完成 5G 信号的接收与解调，了解新一代的无线空口接入原理，并以此为基础了解无线空口资源管理技术。

3.2 实验场景创设

在 2022 年冬奥会期间使用的 5G 应急通信保障车，以及无线网络接入技术的演进让我们感受到了接入及资源使用在实际通信服务中的重要性。不仅在无线网络中，在传统路由交换网络、光纤通信网络、空天地一体化网络中，也面临着如何高效接入、高效使用通信资源的问题。

5G 空口接入与空口数据如图 3.6 所示。手机在使用 5G 基站所提供的网络服务时，在不同场景或者环节下使用无线资源的方式也不同。例如，当手机开机后，需要通过检测广播信号来识别周围的基站信息；当手机接入网络时，则需要使用随机接入信号与基站进行交互；当我们使用手机上传视频时，手机则利用上行信道发送数据。

手机对广播信号的接收与解析是手机入网的第一步，同时也涉及手机对无线空口资源的使用。此外，基站无时无刻不在广播信号，无须其他信令或流程触发。因此，为了帮助读者快速使用 5G 信号，理解 5G 空口接入和空口资源使用的机制，本章将基于 5G 网络开展实验，本章实验在多模态数智化通信与网络综合实验平台的全栈全网通信网络子平台上进行。

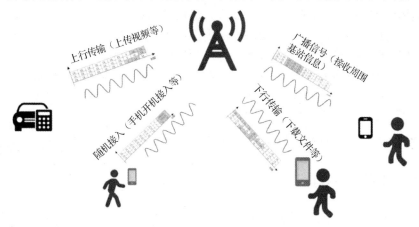

图 3.6　5G 空口接入与空口数据

3.2.1　场景描述

在本章中，我们将基于真实的 5G 信号开展 5G 接入与空口数据分析。本节将以 5G 空口接入过程中物理广播信道（Physical Broadcast Channel，PBCH）为例讲解正交频分复用（Orthogonal Frequency Division Multiplexing，OFDM）的原理及空口接入机制，帮助读者动手搭建"一人一网"开源 5G 基站，基于真实 5G 网络与真实 5G 信号开展空口接入实验。通过本章实验的开展，读者将掌握通信相关基础理论在新一代移动通信系统中的应用，能够动手编写程序实现对 5G 空口广播信号的接收与解调，并可探秘运营商 5G 网络信息。

OpenAirInterface（后续简称为 OAI）是由法国 EURECOM 发起，并由全球上百家单位参与的开源 4G/5G 项目，旨在建立一个符合 3GPP 标准的、端到端的、开源的、可灵活演进的软件化移动通信系统。由北京邮电大学发起建立的国内开源无线网络社区 OS-RAN 也是 OAI 项目的重要贡献者，本章实验将基于 OAI 项目在通用计算机上搭建开源 5G 基站和终端，实验场景如图 3.7 所示。本章实验使用一台主机或笔记本电脑（后文统一用通用计算机表示）和 SDR 平台，部署 OAI gNB 软件构成开源 5G 基站；使用另一台通用计算机和 SDR 平台，部署 OAI nrUE 软件构成开源 5G 终端，或运行 MATLAB 程序对 5G 信号进行接收和分析。

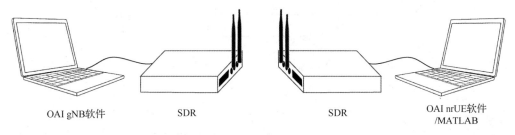

OAI gNB软件　　　　SDR　　　　　　　　SDR　　　　OAI nrUE软件
/MATLAB

图 3.7　5G 接入与空口数据分析综合实验场景

3.2.2　总体目标

在实验场景中，读者需要首先使用 SDR 平台搭建开源 5G 基站，理解并学会计算 5G 空口的主要参数，将开源 5G 终端接入开源 5G 基站；然后使用 SDR 平台接收 5G 信号，根据 5G 物理广播信道的调制与解调流程，一步步地完成对 5G 信号的解调与分析，在真实 5G 网络中掌握信号的处理与分析方法。本章实验预期达到的总体目标为：

- 了解空口接入的基本作用与原理，熟悉常用的接入机制。
- 掌握 OFDM 原理与 5G 空口时频资源概念，了解 OFDM 调制与解调流程。
- 能够综合运用所学知识对 5G 空口广播的信号进行接收与解调，掌握 5G 时频资源的提取与解析方法。
- 理解 5G 空口接入流程，具备进行空口接入技术创新与实践的能力。

基础实验环境准备

3.2.3　基础实验环境准备

本章实验需要使用 SDR 平台，并配合 OAI 项目及 MATLAB 软件环境开展，其中 MATLAB 软件环境与第 2 章一致，本章不再赘述。除此之外，还需要准备如下环境：

（1）通用计算机：2 台，建议 CPU 为 i7 8 代及以上，内存大小为 16 GB。

（2）SDR 平台：2 块 USRP B210 板卡或其他 SDR 平台，采样率支持 30.72 Msps 及以上。

（3）操作系统：建议 Ubuntu 22.04。

（4）UHD 驱动：4.0 版本及以上。

（5）MATLAB 软件：建议 MATLAB 2020b 及以上版本，安装 USRP 相关支持包，相关教程已托管在本书对应的 Gitee 代码库。

Gitee 代码库

3.2.4　实验任务分解

在 5G 空口接入场景中，开源 5G 基站通过 SDR 平台射频产生真实的 5G 信号，读者可以使用信号接收终端接收并尝试解调广播信息。本章将在 3.3 节到 3.5 节中，依次带领读者开展部署开源 5G 基站和 5G 终端、下行空口时间同步、信道估计及解调译码等任务，从而使读者了解 5G 空口接入所涉及的基础知识和技术，掌握 5G 信号分析和处理方法，支撑读者以此为基础理解 5G 空口接入的完整流程。5G 接入与空口数据分析综合实验的任务分解及任务执行过程如图 3.8 所示。

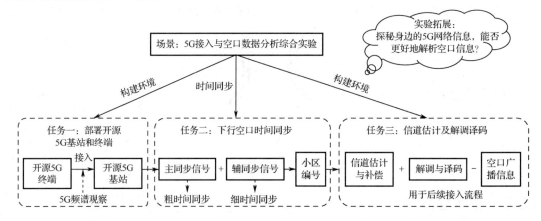

图 3.8　5G 接入与空口数据分析综合实验的任务分解及任务执行过程

3.2.5　知识要点

为了顺利完成 5G 接入与空口数据分析综合实验的各项任务，读者需要储备 OFDM 原理、时频资源与参数设计、5G 下行同步流程、5G 同步信号块、5G 物理广播信道等知识。相关知识结构如图 3.9 所示。

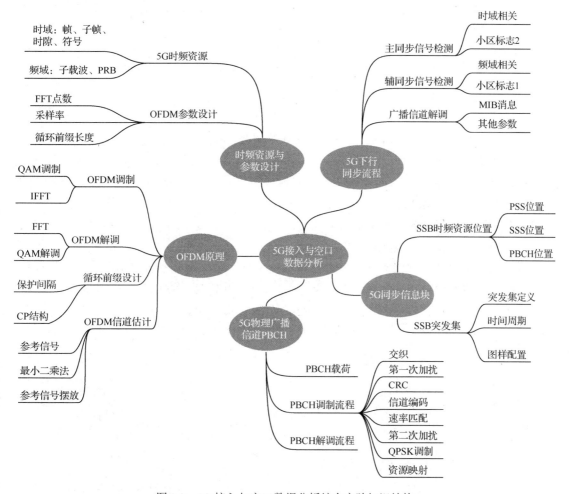

图 3.9　5G 接入与空口数据分析综合实验知识结构

3.2.5.1　OFDM 原理

OFDM 是一种多载波调制技术，它通过频分复用实现高速串行数据的并行传输，能够有效对抗多径衰落，提高系统的频谱效率。OFDM 的基本思想是将一个宽带信道分成若干较窄的子信道，这些子信道之间彼此相互正交，在传输信息时互不干扰。通过将信息并行地在多个子信道上传输，可以使每个子信道的带宽小于信道的相关带宽，这样每个子信道上的衰落可以近似为平坦性衰落。OFDM 技术在保证子信道之间相互正交的同时，允许子信道相互重叠，大大提升了系统频谱效率。目前 OFDM 技术已经广泛应用于多种无线通信系统中，如 Wi-Fi、4G LTE、5G 等。OFDM 技术最早应用在 4G LTE 中，被用作下行链路的调制技术，提供了数据高速传输的能力和更好的接入性能。在 5G 中，OFDM 技术被进一步扩展至上行链路，同时可以将 OFDM 技术与大规模 MIMO 技术高效结合，大大提升数据传输能力。

1. OFDM 调制

OFDM 调制的原理框图如图 3.10 所示。

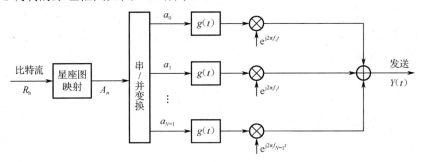

图 3.10　OFDM 调制的原理框图

假设待发送的比特流为 R_b，该比特流首先经过星座图映射后形成了符号序列 A_n；然后经过串/并变换后得到 N 路并行的符号 a_n，$n \in (0,1,\cdots,N-1)$；最后完成 QAM 调制。$g(t)$ 为矩形脉冲成形滤波器，每一路子载波的频率均为 f_n，$n \in (0,1,\cdots,N-1)$。与传统的频分复用（Frequency-Division Multiplexing，FDM）调制不同，OFDM 调制中的各子载波之间可以重叠且相互正交，最终形成的调制信号 $Y(t)$ 为：

$$Y(t) = a_0 g(t) e^{j2\pi f_0 t} + a_1 g(t) e^{j2\pi f_1 t} + \cdots + a_{N-1} g(t) e^{j2\pi f_{N-1} t} \tag{3.1}$$

我们以 a_0 和 a_1 为例来分析各子载波之间的正交性，如图 3.11（a）所示，符号周期为 T_s，在矩形脉冲成形滤波器 $g(t)$ 的作用下，每路子载波的频谱均为 Sinc 函数，因此两个子载波之间相互正交（即在某子载波能量最大处，其他子载波能量为 0），子载波的最小间隔 $\Delta f = f_1 - f_0 = 1/T_s$。当各子载波间隔均满足该条件时，即形成 OFDM 调制信号，如图 3.11（b）所示。

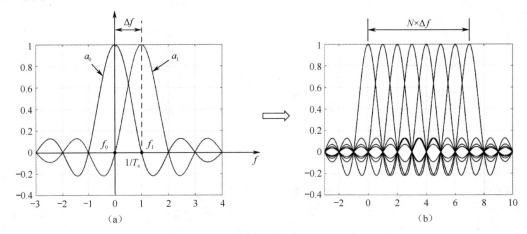

图 3.11　OFDM 系统的子载波频谱

由上可知，OFDM 调制信号 $Y(t)$ 可重写为：

$$\begin{aligned}
Y(t) &= a_0 g(t) e^{j2\pi f_0 t} + a_1 g(t) e^{j2\pi f_1 t} + \cdots + a_{N-1} g(t) e^{j2\pi f_{N-1} t} \\
&= a_0 g(t) e^{j2\pi f_0 t} + a_1 g(t) e^{j2\pi (f_0 + \Delta f) t} + \cdots + a_{N-1} g(t) e^{j2\pi [f_0 + (N-1)\Delta f] t} \\
&= e^{j2\pi f_0 t} \left[a_0 + a_1 e^{j2\pi \Delta f t} + \cdots + a_{N-1} e^{j2\pi (N-1)\Delta f t} \right] g(t)
\end{aligned} \tag{3.2}$$

式中，[·] 中恰好为序列 a_n [$n \in (0,1,\cdots,N-1)$] 的离散傅里叶逆变换（Inverse Discrete Fourier Transform，IDFT），因此 OFDM 调制可以看成是先对序列 a_n 进行 IDFT 形成复包络信号，然后进行正交幅度调制的过程。在实际工程中，OFDM 调制多采用图 3.12 所示的方式实现，具体实现步骤如下：

（1）待传输的比特流通过星座图映射，形成复数形式的调制符号。

（2）进行串/并变换，相当于将待发送的调制符号放置到各路子载波上。

（3）进行 IFFT，得到时域的复包络信号。

（4）进行并/串变换，得到时域的串行信号。

（5）取出实部和虚部，进行正交幅度调制。

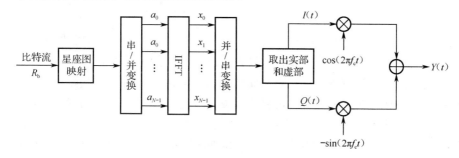

图 3.12　实际工程中常用的 OFDM 调制实现方式

2. OFDM 解调

OFDM 解调多采用如图 3.13 所示的方式实现，OFDM 解调是 OFDM 调制的逆过程，具体实现步骤如下：

（1）已调信号 $Y(t)$ 分别与两路载波信号相乘，可得到 $I(t)$ 和 $Q(t)$ 两路，形成复包络信号。

（2）对复包络信号进行串/并变换后再进行 FFT，可得到频域数据，即各子载波携带的信息。

（3）对频域数据进行并串变换后再进行星座图解映射，可得到比特流。

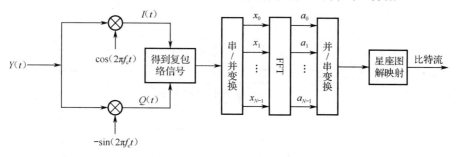

图 3.13　实际工程常用的 OFDM 解调实现方式

3. 循环前缀设计

在实际的通信系统中，多径信道带来的时延扩展会产生符号间干扰，影响通信的效率与可靠性。为避免上述问题，可在 OFDM 的各符号之间添加保护间隔 T_g（T_g 要大于多径时延扩展 τ 的最大值），这样可保证前一个 OFDM 符号的拖尾不会影响到下一个调制符号。但保护间隔并不是越大越好，保护间隔占用了时域资源，保护间隔越大，系统的频谱效率就越小。

保护间隔有多种添加形式，常见的有零前缀（Zero Prefix，ZP）和循环前缀（Cyclic Prefix，

CP）。ZP 是在 OFDM 符号的头部添加一段零序列，这种保护间隔会引入子载波间干扰，故在 OFDM 系统中一般使用 CP。CP 是把原来复包络信号中末端的一部分复制到 OFDM 符号头部，图 3.14 所示为添加 CP 后的 OFDM 符号的结构。

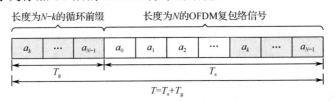

图 3.14   添加 CP 后的 OFDM 符号的结构

4. OFDM 信道估计

无线信道具有时变性、衰落特性等特点，信号在传播过程中会受到各种各样的干扰，可能会导致信号的幅度、相位和频率发生改变，从而使接收端难以将信息解析出来。信道估计是指通过特定的方法对信道进行测量，从而估计出信道特征。常用的信道估计方法可分为盲估计方法和非盲估计方法。非盲估计方法主要是基于导频信号的信道估计方法。

基于导频信号的信道估计流程如图 3.15 所示。发送端在发送信号中插入一种双方均已知的信号作为导频信号（也称为参考信号），导频信号本身不携带信息量，主要作用是在接收端估计当前信道特性。接收端接收到经过信道传输的导频信号后，结合接收端已知的导频信号，即可得到导频信号所在位置的信道估计，通过信道内插可得到其他位置的信道估计结果，完成信道估计。基于导频信号的信道估计具有算法复杂度较低、信道估计性能较好等优点，已广泛应用于 OFDM 系统中。

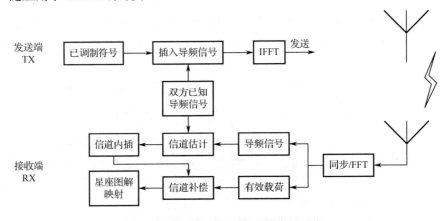

图 3.15   基于导频信号的信道估计流程

常用的信道估计方法主要有最小二乘（Least Square，LS）法、线性最小均方误差（Linear Minimum Mean Square Error，LMMSE）法、最大似然（Maximum Likelihood，ML）法，以及基于 DFT 的信道估计方法等。LS 法是信道估计中最简单常用的方法，它设计简单、复杂度低，不需要信道的任何先验统计特性。最小二乘法通过最小化误差的平方寻找数据的最佳匹配，此处的"二乘"即平方的意思。

假设真实信道传输的信号 $Y_p = X_p H + W$，其中 Y_p 为接收到的导频信号，X_p 为发送的导频信号，H 为真实信道响应，W 为加性噪声。假设估计得到的信道响应为 $\hat{H}$，并忽略信道噪声影响，那么基于 $\hat{H}$ 和参考信号 X_p，接收得到的参考信号 $\hat{Y}_p = X_p + \hat{H}$。最小二乘法的思

想就是最小化$\| Y_p - \hat{Y}_p \|$，即求

$$\arg\min_{\hat{H}} J(\hat{H}) = (Y_p - \hat{Y}_p)^H (Y_p - \hat{Y}_p) = (Y_p - X_p\hat{H})^H (Y_p - X_p\hat{H}) \tag{3.3}$$

对式（3.3）求导，其导数为 0 时即可得到$\| Y_p - \hat{Y}_p \|$最小值。

$$\frac{\partial J}{\partial \hat{H}} = \frac{\partial \{(Y_p - X_p\hat{H})^H (Y_p - X_p\hat{H})\}}{\partial \hat{H}} = 0 \tag{3.4}$$

由式（3.4）可得，$\hat{H} = (X_p^H X_p)^{-1} X_p^H X_p = X_p^{-1} Y_p$。$\hat{H}$仅为导频信号所在位置的信道响应，为获取非导频信号位置的信道响应，需要对$\hat{H}$进行信道内插，从而得到对应位置的信道响应$\tilde{H}$。对接收到有效载荷进行信道补偿，补偿后的载荷$\tilde{Y} = Y_p / \tilde{H}$，再对$\tilde{Y}$进行星座图解映射，即可得到比特流。

在 OFDM 符号上插入的导频信号按其位置和结构可分为块状导频信号、梳状导频信号及分散导频信号，常用的导频信号是块状导频信号和梳状导频信号，如图 3.16 所示。

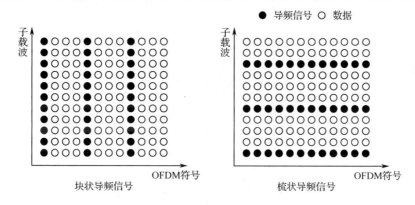

图 3.16　常用的导频信号

块状导频信号是指每隔一定的符号周期在所有的子载波上都插入的导频信号，接收端接收到导频信号后利用插值算法在时域进行插值操作，可得到后面几个 OFDM 符号的信道特性，之后进行信道估计与均衡。这种导频信号假定相邻几个 OFDM 符号的信道特性变化不大，适用于慢衰落信道。梳状导频信号是指在每个 OFDM 符号的特定位置的子载波上都插入的导频信号。与块状导频信号不同，梳状导频信号使用插值算法在频域进行插值操作，可得到其余子载波处的信道特性，之后便可进行信道估计与均衡。这种导频信号在每个 OFDM 符号上都存在，适用于快衰落信道，但由于这种导频没有插入到所有频率的子载波上，因此对频率选择性衰落比较敏感。

综上所述可知，一个完整的 OFDM 系统收发端结构如图 3.17 所示。不同 OFDM 系统中的导频信号、CP 的格式、实现方式有所不同，本书将在后续章节详细介绍 5G 网络中的 CP 与导频信号。

3.2.5.2　5G 时频资源与参数设计

1. 5G 时频资源

OFDM 为宽带频谱资源的多用户复用提供了一种高效且灵活的手段。在频域上，终端既可以使用多个连续的子载波，也可以使用分散的子载波；在时域上，不同终端可以使用不同的 OFDM 符号传输数据。这种接入机制称为正交频分多址接入（Orthogonal Frequency

Division Multiple Access，OFDMA）。得益于宽带射频器件的性能提升，5G 物理层的上、下行链路均可采用 OFDMA 技术，我们把用于传输数据的子载波与符号称为 OFDMA 的时频资源，如图 3.18 所示。

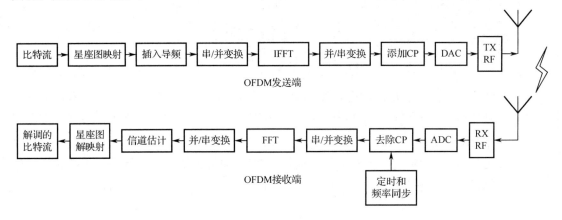

图 3.17　一个完整的 OFDM 系统收发端的结构

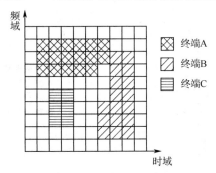

图 3.18　OFDMA 的时频资源

在时域上，5G 空口传输资源被划分为连续的、长度为 10 ms 的帧，每帧由 2 个等长的半帧组成，每个半帧包含 5 个 1 ms 的子帧。与 4G LTE 仅支持 15 kHz 的子载波间隔不同，5G 物理层具有非常大的灵活性，可支持的子载波间隔为 $2^u \times 15$ kHz，$u \in \{0,1,2,3,4\}$。每个子帧中时隙的数量为 2^u，每个时隙包含 14 个 OFDM 符号，每个符号由有用符号和循环前缀（CP）构成。例如，间隔为 30 kHz 的子载波空口帧格式如图 3.19 所示。

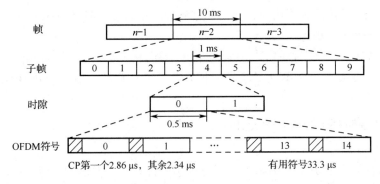

图 3.19　间隔为 30 kHz 的子载波空口帧格式

在频域上，5G 中把一个 OFDM 符号中连续 12 个子载波所对应的时频资源称为一个物理资源块（Physical Resource Block，PRB），物理资源块是频域的基本调度单位。5G 支持不同的系统带宽，常见的有 20 MHz、40 MHz、60 MHz、100 MHz 等，在不同的系统带宽和子载波配置下，可用的物理资源块的个数也不同。

2. OFDM 系统的参数设计

本书重点关注 OFDM 系统中的 FFT 点数、采样率、CP 时间长度等参数的设计与计算方式。

（1）FFT 点数。为了能够在调制或解调中使用快速傅里叶变换，FFT 点数需要满足两个条件：①FFT 点数大于或等于 OFDM 系统中的子载波数；②FFT 点数为 2 的整数次幂。由此 FFT 点数可以表示为：

$$N_{\text{FFT}} = 2\exp\left\{\left\lceil \log_2\left(\frac{B}{\Delta f}\right)\right\rceil\right\} \tag{3.5}$$

表 3.1 给出了子载波间隔为 30 kHz 时不同系统带宽的 FFT 点数。在 OFDM 调制过程中，需要对不使用的子载波填充 0。这些被填充 0 的子载波称为虚拟子载波，一般放在系统频带的边缘，能够显著降低信号的带外功率。

表 3.1　子载波间隔为 30 kHz 时不同系统带宽的 FFT 点数

系统带宽/MHz	20	40	60	100
FFT点数	1024	2048	2048	4096

（2）采样率：采样相当于对频谱进行周期性的搬移，因此不产生频谱混叠的最小频谱搬移距离就是采样率。对于 FFT 点数为 N_{FFT}、子载波间隔为 Δf 的 OFDM 信号，其采样率为：

$$f_{\text{s}} = N_{\text{FFT}} \times \Delta f \tag{3.6}$$

表 3.2 给出了子载波间隔为 30 kHz 时不同系统带宽的采样率。

表 3.2　子载波间隔为 30 kHz 时不同系统带宽的采样率

系统带宽/MHz	20	40	60	100
采样率/Msps	30.72	61.44	61.44	122.88

（3）CP 时间长度。3GPP 标准给出了 5G 中 CP 时间长度的计算公式，即：

$$T_{\text{CP}} = T_{\text{c}} \times N_{\text{CP},l}^{\mu} \tag{3.7}$$

式中，T_{c} 为 5G 中的最小时间划分单元，$T_{\text{c}} = 1/(\Delta f_{\max} \times N_f)$，$\Delta f_{\max} = 480\text{ kHz}$，$N_f = 4096$；$N_{\text{CP},l}^{\mu}$ 的定义为：

$$N_{\text{CP},l}^{\mu} = \begin{cases} 512\kappa \times 2^{-\mu}, & \text{扩展 CP} \\ 144\kappa \times 2^{-\mu} + 16\kappa, & \text{常规CP，} l = 0 \text{ 或者} l = 7 \times 2^{\mu} \\ 144\kappa \times 2^{-\mu}, & \text{常规CP，} l \neq 0 \text{ 且} l \neq 7 \times 2^{\mu} \end{cases} \tag{3.8}$$

式中，$\kappa = 64$；μ 取决于所采用的子载波间隔，$\mu = \log_2(f_{\text{sc}}/15\text{ kHz})$；$l$ 是一个时隙内的符号索引。由式（3.7）即可得到 CP 时间长度，因此可得到 CP 中的采样点数量 $N_{\text{CP}} = T_{\text{CP}}/T_{\text{sample}}$，其中 T_{sample} 为采样时间。

下面以间隔为 30 kHz 的子载波、系统带宽 20 MHz 为例，计算常规 CP 时间长度。

① 当 $l = 0$、$\mu = 1$ 时，CP 时间长度为：

$$T_{CP} = T_c \times N_{CP,l}^{\mu} = \frac{1}{\Delta f_{max} \cdot N_f} \times (144 \times 64 \times 2^{-1} + 16 \times 64) = 2.865 \text{ μs} \qquad (3.9)$$

采样时间 T_{sample} 为：

$$T_{sample} = \frac{1}{30 \times 10^3 \times 1024} = 32.55 \text{ ns} \qquad (3.10)$$

可得第一个符号的 CP 中采样点数量为：

$$N_{CP} = \frac{T_{CP}}{T_{sample}} = 88 \qquad (3.11)$$

② 当 $l \neq 0$、$\mu = 1$ 时，CP 时间长度为：

$$T_{CP} = T_c \times N_{CP,l}^{\mu} = \frac{1}{\Delta f_{max} \cdot N_f} \times (144 \times 64 \times 2^{-1}) = 2.343 \text{ μs} \qquad (3.12)$$

可得其他符号的 CP 中采样点数量为：

$$N_{CP} = \frac{T_{CP}}{T_{sample}} = 72 \qquad (3.13)$$

因此，在子载波间隔为 30 kHz、系统带宽 20 MHz 时，一个时隙内的 OFDM 符号分布如图 3.20 所示。一个时隙中的采样点数量为 $(88 + 1024) + (72 + 1024) \times 13 = 15360$，则一帧中的采样点数量为 $15360 \times 2 \times 10 = 307200$，1 s 内的采样点数量为 30720000，即 OFDM 信号采样率为 30.72 MHz，与之前通过子载波间隔与 FFT 点数相乘得到的采样率是一致的。

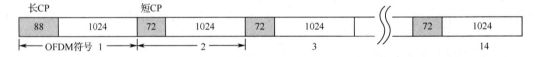

图 3.20　子载波间隔为 30 kHz、系统带宽 20 MHz 时一个时隙内的 OFDM 符号分布

3.2.5.3　5G 下行同步流程

5G 手机在开机后会进行小区搜索和随机接入的操作，之后才能接入 5G 小区。小区搜索是终端与基站建立通信的第一步，是通过对下行同步信道及相关信号的检测来实现的，主要解决终端与基站下行信号时间同步，以及获取基站配置信息等问题。通过小区搜索，终端可以获得基站的一些基本信息，如小区编号（Physical Cell ID，PCI）、频率同步（载波频率）、下行时间同步（帧定时、半帧定时、时隙定时、符号定时）。小区搜索的具体实现流程如图 3.21 所示。

1. 主同步信号检测

由于终端没有基站的任何先验信息，因此要在 5G NR 定义的工作频段内，在同步栅格的各个频点上搜索主同步信号（Primary Synchronization Signal，PSS）。在每个频点上，终端都需要盲检测 PSS。此时终端还不知道 OFDM 符号的开始位置，无法通过 FFT 得到一个完整 OFDM 符号的频谱信息，因此 PSS 检测一般是在时域上进行的。成功检测到 PSS 后，就完成了 OFDM 符号边界同步，即终端可以知道一个 OFDM 符号的开始位置与结束位置。

为了使终端能够准确地检测出 PSS，要求 PSS 序列具有很强的自相关性。5G NR 中使用长度为 127 的经过 BPSK 调制的 m 序列作为 PSS 序列，m 序列在时域和频域都具有很强的自相关性，因此 PSS 也具有很强的自相关性。5G NR 中定义了三种不同的 PSS 序列，终端检测出基站使用的是哪一种 PSS 序列后就可获得小区标志 2，即 $N_{\text{ID}}^{(2)}$（ $N_{\text{ID}}^{(2)} \in \{0,1,2\}$），也称为扇区标识（Sector ID，SID）。

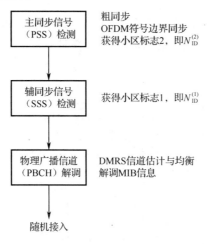

图 3.21　小区搜索的具体实现流程

2．辅同步信号检测

在完成 PSS 的检测后，终端要进一步检测辅同步信号（Secondary Synchronization Signal，SSS）。由于在 PSS 检测中已经完成了 OFDM 符号边界的同步，因此可先对 OFDM 符号进行 FFT 得到频域信号，在频域对 SSS 进行检测。

5G 中 SSS 序列由长度为 127 的 Gold 序列经过 BPSK 调制后得到，也有着很好的自相关性。5G NR 中定义了 336 种不同的 SSS 序列，终端检测出基站使用的是哪一种 SSS 序列后就可获得小区标志 1，即 $N_{\text{ID}}^{(1)}$（ $N_{\text{ID}}^{(1)} \in \{0,1,2,\cdots,335\}$）。结合 PSS 检测得到的 $N_{\text{ID}}^{(2)}$，终端可以获得小区编号的值 $N_{\text{ID}}^{\text{cell}}$，即：

$$N_{\text{ID}}^{\text{cell}} = 3N_{\text{ID}}^{(1)} + N_{\text{ID}}^{(2)} \tag{3.14}$$

由式（3.14）可知，$N_{\text{ID}}^{\text{cell}} \in \{0,1,2,\cdots,1007\}$，共有 1008 种取值，在后续解调 PBCH 时要多次利用 $N_{\text{ID}}^{\text{cell}}$。

3．解调物理广播信道

完成 PSS 检测和 SSS 检测后，终端开始解调物理广播信道（Physical Broadcast Channel，PBCH）。在解调 PBCH 前需要使用解调参考信号（Demodulation Reference Signal，DMRS）进行信道估计与补偿，DMRS 在 PBCH 中的位置由 PCI 决定。PBCH 中包含的信息是终端访问 5G NR 所需要的最小系统信息的一部分，包括主信息块（Master Information Block，MIB），以及与 SSB（见 3.2.5.4 节）传输有关的信息。终端接收并解调 PBCH（见 3.2.5.5 节）后，可以获得当前同步信号所处的系统帧号（System Frame Number，SFN）和半帧位置，从而完成帧定时和半帧定时。在确定了帧和半帧的位置后，终端可根据当前使用的 SSB 的图样，以及 MIB 消息中的 SSB 索引，确定当前同步信号在半帧中的时隙和 OFDM 符号位置，从而完成时隙定时和符号定时。终端成功接收并解调 PBCH 后，即完成了小区搜索、下行同步的过程。接下来如果 5G 小区允许终端接入，则终端可以尝试进行随机接入。

3.2.5.4 5G 同步信号块（SSB）

1. SSB 时频资源位置

在 5G 中，PSS、SSS、PBCH 及其解调参考信号 PBCH-DMRS 共同构成一个 5G NR 同步信号块（Synchronization Signal Block，SSB）。在时域上，SSB 跨越了 4 个 OFDM 符号；在频域上，SSB 占用了 20 个连续的 PRB，即 240 个连续的子载波，子载波编号按 0 到 239 的顺序递增。SSB 在时频资源中的位置如图 3.22 所示。

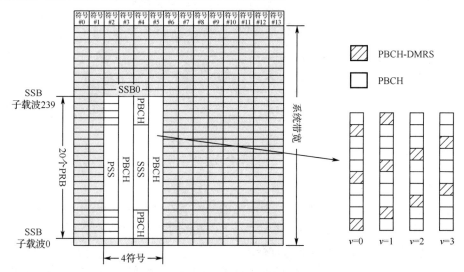

图 3.22　SSB 在时频资源中的位置

具体来说，PSS、SSS 在频域上占用了 127 个子载波，PSS、SSS、PBCH 和 PBCH-DMRS 占用的时域和频域位置如表 3.3 所示，其中 v 指示了 DMRS 在 PBCH 中的位置，可由式（3.15）得到。

$$v = \mathrm{mod}(N_{\mathrm{ID}}^{\mathrm{cell}}, 4) \tag{3.15}$$

表 3.3　PSS、SSS、PBCH 和 PBCH-DMRS 占用的时域和频域位置

信　　号	OFDM 符号	占用子载波编号
PSS	0	56～182
SSS	2	56～182
PBCH	1、3	0～239
	2	0～47，192～239
PBCH-DMRS	1、3	$0+v$、$4+v$、$\cdots$、$236+v$
	2	$0+v$、$4+v$、$\cdots$、$44+v$，$192+v$、$196+v$、$\cdots$、$236+v$

2. SSB 突发集

在 5G 中，基站采用波束扫描的方式在不同时刻和不同方向上向 5G 小区发送波束，以达到覆盖整个 5G 小区的目的。针对波束扫描，5G NR 中定义了 SSB 突发集（SSB Burst Set），一次波束扫描包含的 SSB 组成了一个 SSB 突发集。在一个 SSB 突发集内，每个 SSB 对应一个波束方向。SSB 突发集是周期向外发送的，其周期可以配置为 5 ms、10 ms、20 ms、40 ms、

80 ms 或 160 ms，SSB 突发集的周期可以通过参数 ssb-periodicityServingCell 获取。波束扫描和 SSB 突发集的关系如图 3.23 所示。

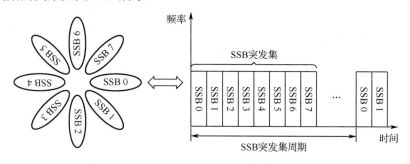

图 3.23　波束扫描与 SSB 突发集的对应关系

一个 SSB 突发集包含在一个 5 ms 的半帧内，每个 SSB 都对应一个 SSB 索引，用来标识当前 SSB 在 SSB 突发集中的位置。为了规定 SSB 突发集中 SSB 在半帧里的位置，以及可配置 SSB 的最大数量 L_{max}，5G NR 中定义了 5 种 SSB 图样，分别为 Case A～Case E，其配置如表 3.4 所示。

表 3.4　SSB 图样的配置

SSB 图样	SSB 子载波的间隔/kHz	SSB 第一个 OFDM 符号的索引	不同载波频率 f_c 下的 n
Case A	15	$\{2,8\}+14n$	$n=0,1$（$f_c \leqslant 3$ GHz） $n=0,1,2,3$（3 GHz< $f_c \leqslant 6$ GHz）
Case B	30	$\{4,8,16,20\}+28n$	$n=0$（$f_c \leqslant 3$ GHz） $n=0,1$（3 GHz< $f_c \leqslant 6$ GHz）
Case C	30	$\{2,8\}+14n$	对于 FDD： $n=0,1$（$f_c \leqslant 3$ GHz） $n=0,1,2,3$（3 GHz< $f_c \leqslant 6$ GHz） 对于 TDD： $n=0,1$（$f_c \leqslant 1.88$ GHz） $n=0,1,2,3$（1.88 GHz< $f_c \leqslant 6$ GHz）
Case D	120	$\{4,8,16,20\}+28n$	$n=0\sim8,10\sim18$（$f_c >6$ GHz）
Case E	240	$\{8,12,16,20,32,36,40,44\}+56n$	$n=0\sim8$（$f_c >6$ GHz）

3.2.5.5　5G 物理广播信道（PBCH）

1. PBCH 载荷

PBCH 是终端完成 PSS 和 SSS 检测后需要解码的第一个信道。为了提升终端在初始接入时的 PBCH 解码成功率，要尽可能减小 PBCH 的有效载荷。在 5G 中，PBCH 的载荷为 56 bit，其中有效载荷为 32 bit。载荷包括如下部分：高层提供的 23 bit 的 MIB 信息和 1 bit 的载荷（消息扩展备用），物理层提供了 32 bit 的载荷 [包含 8 bit 的信息和 24 bit 的循环冗余校验（Cyclic Redundancy Check，CRC）]。本章实验仅考虑 5G FR1 中的 PBCH，其载荷如表 3.5 所示。

表 3.5   5G FR1 中的 PBCH 载荷

序 号	参 数 名 称	备 注	大小/bit
0	messageClassExtension	消息扩展备用	1
1～6	systemFrameNumber(MIB)	10 bit 系统帧号（SFN）中的 6 个最高有效位（MSB）	6
7	subCarrierSpacingCommon(MIB)	用于设置 CRB 子载波间隔，对于 FR1 频段，0 和 1 分别对应 15 kHz 和 30 kHz 的间隔	1
8～11	ssb-SubcarrierOffset(MIB)	SSB 第 0 个子载波相对于公共资源块的偏移 CRB_{SSB}，即 k_{SSB}，本字段可以表示 k_{SSB} 的 4 LSB。对于 FR1，偏移的单位是 15 kHz，k_{SSB} 的取值范围为 0～23，若超出了 k_{SSB} 字段表示的范围，则还需要在 PBCH 信息中额外增加 1 bit 的信息作为 MSB	4
12	dmrs-TypeA-Position(MIB)	PDSCH SIB1 的第一个 DMRS（TypeA）在时隙中的符号位置，0 对应 Pos2（位置 2），表示第 3 个 OFDM 符号；1 对应 Pos3（位置 3），表示第 4 个 OFDM 符号	1
13～20	pdcch-ConfigSIB1(MIB)	用于配置公共 CORESET、公共搜索空间和必要的 PDCCH 参数，取值为 0～255 之间的整数。如果参数 ssb-SubcarrierOffset 指示的 SIB1 不存在，则 pdcch-ConfigSIB1 参数指示的终端可能搜索到带有 SIB1 的 SS/PBCH 块的频率位置，或者网络不提供带有 SIB1 的 SS/PBCH 块的频率范围	8
21	cellBarred(MIB)	指示小区是否允许终端接入，1 表示允许终端接入，0 表示禁止终端接入	1
22	intraFreqReselection(MIB)	当前小区禁止终端接入时，指示其他同频小区是否允许终端接入，1 表示禁止终端接入，0 表示允许终端接入	1
23	Spare(MIB)	保留位	1
24～27	SFN LSB（由物理层提供）	10 bit 系统帧号中的 4 个最低有效位（LSB）	4
28	HRF（由物理层提供）	半帧指示位	1
29	k_ssb MSB（由物理层提供）	k_{SSB} 的最高有效位（MSB）	1
30～31	PHY Spare（由物理层提供）	物理层备用（FR1）	2
32～55	CRC	循环冗余校验（CRC）	24
合 计			56

2. PBCH 调制流程

在 5G NR 中，PBCH 一共占用了 576 个子载波，每个子载波上都承载了一个 QPSK 符号，由 32 bit 的 PBCH 有效载荷到最终 576 个 QPSK 符号，需要经过交织、第一次加扰、添加 CRC、极化编码、速率匹配、第二次加扰、QPSK 调制、资源映射等操作。PBCH 调制流程如图 3.24 所示，接下来我们将介绍主要的环节与原理。

（1）交织。交织将连续信息按照一定规则打散后再进行传输，有利于将信道产生的突发连续错误转化为不连续的分散错误，从而使译码器可以将这些错误当成随机错误来处理，进而降低误码率。假设有效载荷序列为 $a_i(i = \{0,1,\cdots,31\})$，交织之后的序列为 $b_{G(j)}(j = \{0,1,\cdots,31\})$，交织规则如下：

令 $j_{SFN} = 0$， $j_{HRF=10}$， $j_{SSB} = 11$， $j_{other} = 14$

如果 a_i 为系统帧号，即 $i = \{1,2,3,4,5,6,24,25,26,27\}$，则 $b_{G(j_{SFN})} = a_i$、$j_{SFN} = j_{SFN} + 1$，也

就是 $b_{G(0)}, b_{G(1)}, \cdots, b_{G(9)}$ 别分存储 $a_1, a_2, a_3, a_4, a_5, a_6, a_{24}, a_{25}, a_{26}, a_{27}$。

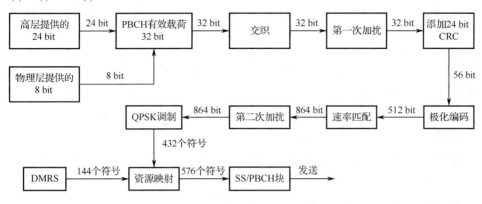

图 3.24　PBCH 调制流程

如果 a_i 为半帧指示比特，即 $i = 28$，则 $b_{G(j_{\text{HRF}})} = a_{28}$。

如果 $i = \{29, 30, 31\}$，则 $b_{G(j_{\text{SSB}})} = a_i$、$j_{\text{SSB}} = j_{\text{SSB}} + 1$。

如果 i 不取上述值，则 $b_{G(j_{\text{other}})} = a_i$、$j_{\text{other}} = j_{\text{other}} + 1$。

其中 $G(j)$ 与 j 的映射关系如表 3.6 所示。

表 3.6　$G(j)$ 与 j 的映射关系

j	$G(j)$	j	$G(j)$	j	$G(j)$	j	$G(j)$	j	$G(j)$	j	$G(j)$	j	$G(j)$	j	$G(j)$
0	16	4	8	8	24	12	3	16	9	20	14	24	21	28	27
1	23	5	30	9	7	13	2	17	11	21	15	25	22	29	28
2	18	6	10	10	1	14	1	18	12	22	19	26	25	30	29
3	17	7	6	11	5	15	4	19	13	23	20	27	26	31	31

（2）第一次加扰。加扰可以降低不同 5G 小区的 PBCH 相关性，进而减少 5G 小区间的相互干扰。PBCH 调制发送流程的第一次加扰使用的是由阶数为 31 的 Gold 序列产生的长度为 $4M$ 的随机加扰序列，其中 Gold 序列是利用小区编号 $N_{\text{ID}}^{\text{cell}}$ 进行初始化的。对于 FR1 来说，M 为 29，系统帧号的第 2 个和第 3 个最低有效位（LSB）、半帧指示位不需要加扰，即对于交织过后的序列 $b_0, b_1, b_2, \cdots, b_{31}$ 来说，索引为 6、24、0 的数据无须加扰。将上述长度为 $4M$ 的随机加扰序列等分为 4 个序列，利用系统帧号的第 2 个和第 3 个最低有效位决定使用哪一个序列，需要加扰的数据直接和随机加扰序列逐位进行模二加即可。

（3）添加 CRC。32 bit 的有效载荷在传输时可能会发生错误，可以在有效载荷后面添加 24 bit 的 CRC，用于错误检测。PBCH 使用的 CRC 格式为 CRC-24C，其生成多项式为：

$$G(x) = x^{24} + x^{23} + x^{21} + x^{20} + x^{17} + x^{15} + x^{13} + x^{12} + x^{8} + x^{4} + x^{2} + x + 1 \tag{3.16}$$

（4）极化编码。信道编码的目的是通过增加冗余信息来提高信道传输的可靠性，在 5G 中，控制信道采用的是极化编码（Polar 码），数据信道采用的是低密度奇偶校验编码（LDPC 码）。PBCH 属于控制信道的一种，因此采用 Polar 码。将添加 CRC 后的 56 bit 的载荷进行极化编码，可得到 512 bit 的数据。

（5）速率匹配。速率匹配的目的是使待发送的数据与可用的时频资源匹配，PBCH 可用的子载波数量（除去 DMRS）为 432，由于 PBCH 采用的是 QPSK 调制，因此最多可以发送 864 bit 的数据。通过速率匹配可将极化编码后的 512 bit 数据转化为 864 bit 数据。

（6）第二次加扰。第一次加扰是针对 32 bit 的有效载荷进行的，由于随机加扰序列较短，故加扰效果有限。第二次加扰使用的是由阶数为 31 的 Gold 序列生成的长度为 $864N$ 的随机加扰序列，其中 Gold 序列是利用小区编号 $N_{\mathrm{ID}}^{\mathrm{cell}}$ 进行初始化的，将随机加扰序列等分为 N 个序列。当一个 SSB 突发集中最多可配置的 SSB 数量 $L_{\max}=4$ 时，$N=4$，根据 SSB 索引的 2 个最低有效位（LSB）决定使用哪个序列。当 $L_{\max}=8$ 或者 $L_{\max}=64$ 时，$N=8$，根据 SSB 索引的 3 个最低有效位（LSB）决定使用哪个序列。最后将 864 bit 的数据与随机加扰序列逐位进行模二加即可。

（7）QPSK 调制。对经过第二次加扰的 864 bit 的数据进行 QPSK 调制，即星座图映射，可得到 432 个符号。

（8）资源映射。将 432 个符号与 DMRS 提供的 144 个符号映射到 PBCH 对应的子载波（SS/PBCH 块，也称 SSB）上，与其他信道的数据拼接在一起，即可完成 OFDM 调制。

3. PBCH 解调流程

PBCH 解调流程如图 3.25 所示。

（1）在时域上对接收信号进行 PSS 检测，完成同步后即可得到 OFDM 符号的时域边界。

（2）通过移除 CP、FFT 可得到 5G 时频资源上原本承载的信息。

（3）在频域上进行 SSS 检测，完成检测后可得到小区编号（PCI）$N_{\mathrm{ID}}^{\mathrm{cell}}$。$N_{\mathrm{ID}}^{\mathrm{cell}}$ 是下行同步中的一个重要参数，后续会应用在参考信号提取、两次解扰等环节中。通过 PSS 和 SSS 检测可以确定 SSB 位置，从而将 PBCH、PBCH-DMRS 提取出来。

（4）得到 PBCH-DMRS 后，结合本地生成的 DMRS，即可完成信道估计。

（5）通过对 PBCH 进行信道补偿，得到矫正后的 PBCH 符号。

（6）依次完成 QPSK 解调、解扰、速率解匹配、Polar 译码、去除 CRC、解扰、解交织等过程，即可得到 PBCH 的有效载荷，此时终端就可获得接入 5G 网络的相关信息。

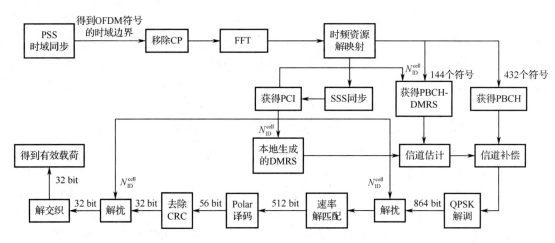

图 3.25　PBCH 接收解调流程框图

部署开源 5G
基站和终端

3.3 任务一：部署开源 5G 基站和终端

3.3.1 任务目标

本章实验是在真实的 5G 信号上开展的，因此在任务一中将基于 OAI 项目部署开源 5G 基站和终端，为后续实验提供基础的 5G 网络环境。

本节任务的目标包括：

- 完成基于 OAI 项目和 USRP 的开源 5G 基站和终端的部署。
- 掌握开源 5G 基站在 5G 下行同步时所需要的参数配置，能够使用 phy-test 模式运行开源 5G 基站。
- 能够使用 Simulink 或 GNURadio 平台观察开源 5G 基站发送的 5G 信号频谱。

3.3.2 要求和方法

3.3.2.1 要求

本节任务建议的软硬件环境如下：

（1）通用计算机：2 台，建议 CPU 为 i7 8 代及以上，内存为 16 GB。

（2）软件定义无线电设备：2 块 USRP B210 或其他 SDR 平台，采样率支持 30.72 Msps 及以上。

（3）操作系统：建议 Ubuntu 22.04。

（4）UHD 驱动：4.0 版本及以上。

（5）MATLAB 软件：建议 MATLAB 2020b 版本及以上，并已安装 USRP 相关支持包，相关教程已托管在本书对应的 Gitee 代码库。

3.3.2.2 方法

本节任务是软硬件相结合的实验，读者需要在配置好操作系统、UHD、MATLAB 等软件环境后，首先使用一台通用计算机和 USRP 部署开源 5G 基站，配置开源 5G 基站相关参数并完成运行；然后使用另一台通用 phy-test 模式和 USRP 部署开源 5G 终端，计算开源 5G 终端的相关参数，并使开源 5G 终端接入开源 5G 基站；最后使用 MATLAB 和 USRP 搭建一个模拟频谱仪，观测开源 5G 基站发送的 5G 信号频谱，有条件情况下也可使用频谱仪直接观测 5G 信号频谱。

3.3.3 内容和步骤

3.3.3.1 编译开源 5G 基站

本节任务案例基于 OAI 24w24b 分支，为实现对国产化 SDR 平台的兼容，OS-RAN 社区基于该版本增加了对 OXGRF 等板卡的支持，为方便读者使用，相关代码已托管至 Gitee 代码库，可扫描右侧二维码获取。本节任务中使用的

Gitee 代码库

SDR 平台为 USRP B210 板卡，也可使用 OXGRF 板卡等其他 SDR 平台。

步骤 1：配置 USRP B210 板卡的驱动（UHD）环境。

本节任务在 Ubuntu 22.04 下进行的，首先通过 USB 3.0 接口将 USRP B210 板卡连接到通用计算机，接着安装 USRP 驱动环境。具体命令如下：

```
#安装依赖工具包
sudo apt install -y autoconf automake build-essential ccache cmake cpufrequtils doxygen ethtool g++ git inetutils-tools libboost-all-dev libncurses5 libncurses5-dev libusb-1.0-0 libusb-1.0-0-dev libusb-dev python3-dev python3-mako python3-numpy python3-requests python3-scipy python3-setuptools python3-ruamel.yaml
#下载 UHD 驱动源码
git clone https://gitee.com/openxg/uhd.git ~/uhd
cd ~/uhd
#切换目标分支
git checkout v4.0.0.0
cd host
#编译安装驱动
mkdir build
cd build
cmake ../
make -j $(nproc)
make test
sudo make install
sudo ldconfig
sudo uhd_images_downloader
```

完成驱动安装后，运行"sudo uhd_find_devices"，可以看到 USRP 相关信息，如图 3.26 所示。

图 3.26　USRP 相关信息

步骤 2：下载并编译 OAI 项目的代码。

从 Gitee 代码库上下载 OAI 项目代码，本节任务使用的是 24w24b 分支，成功下载后即可进行编译，编译成功后可以在"openxg-ran/cmake_targets/ran_build/build"目录下生成 nr-softmodem 等可执行文件，如图 3.27 所示。

图 3.27　编译成功后生成的可执行文件

下载代码、切换分支、安装依赖包、编译代码的命令如下：

```
#下载代码
git clone https://gitee.com/openxg/openxg-ran.git
# 切换分支
cd openxg-ran/
git checkout 24w24b
#安装依赖包
cd cmake_targets/
sudo ./build_oai -I
#编译代码
sudo ./build_oai --ninja -c --gNB -w USRP
```

3.3.3.2　配置并运行开源 5G 基站

接下来我们需要配置开源 5G 基站的相关参数。OAI 项目使用配置文件的方式来配置开源 5G 基站各项参数，目录"openxg-ran/ci-scripts/conf_files"下有很多关于开源 5G 基站的配置文件，本节任务使用的配置文件为 gnb.sa.band78.51prb.usrpb200.conf，从配置文件的名字可以看到开源 5G 基站所使用的频段为 Band 78，工作带宽为 51 个 PRB（即 20 MHz）。配置文件中包含的参数众多，本节任务在配置开源 5G 基站时使用的主要参数如表 3.7 所示。

表 3.7　本节任务在配置开源 5G 基站时使用的主要参数

参 数 名 称	取　值	说　明
physCellId	0	小区编号 $N_{\text{ID}}^{\text{cell}}$
absoluteFrequencySSB	620736	SSB 中心频率对应的 ARFCN 值
frequencyBand	78	下行频段号
absoluteFrequencyPointA	620052	下行 PointA 对应的 ARFCN 值
OffsetToCarrier	0	PointA 与 5G 的系统带宽最低子载波的间隔，间隔为 15 kHz（FR1）
subcarrierSpacing	1	子载波间隔，1 对应 30 kHz（FR2）
carrierBandwidth	51	系统带宽中的可用 PRB 数量
PositionsInBurst_Bitmap	1	一个 SSB 突发集中包含的 SSB 数量
periodicityServingCell	1	SSB 突发集的发送周期，2 对应 20 ms
dmrs_TypeA_Position	0	PDSCH SIB1 的第 1 个 DMRS（TypeA）在时隙中的符号位置，0 代表 Pos2

5G 使用的带宽资源非常广阔，为了方便对带宽资源进行管理和配置，定义了绝对射频信道号（Absolute Radio Frequency Channel Number，ARFCN），绝对频率和 ARFCN 一一对应，它们之间的对应关系为：

$$F_{\text{REF}} = F_{\text{REF-Offset}} + \Delta F_{\text{Global}}(N_{\text{REF}} - N_{\text{REF-Offset}}) \tag{3.17}$$

计算绝对频率所需的各参数取值如表 3.8 所示。

表 3.8　计算绝对频率所需的各参数取值

绝对频率范围/MHz	ΔF_{Global} /kHz	$F_{\text{REF-Offs}}$ /kHz	$N_{\text{REF-Offs}}$	N_{REF} 的范围
0～3000	5	0	0	0～599999
3000～24250	15	3000	600000	600000～2016666
24250～100000	60	24250.08	2016667	2016667～3279165

表 3.7 中的 absoluteFrequencySSB 和 absoluteFrequencyPointA 的取值均为 ARFCN，根据式（3.17）可以得到其频率分别为 3311.04 MHz 和 3300.78 MHz。为方便读者理解表 3.7 中的各项参数，图 3.28 给出了相关参数的作用，接下来我们介绍一下 5G 中的两个基本概念。

（1）公共资源块（Common Resource Block，CRB）。5G 中的不同信号或信道可能使用不同的子载波间隔，CRB 相当于一个参考标尺，用于定位这些资源的位置。一个 CRB 中有 12 个子载波。

（2）PointA。PointA 相当于频域上的一个参考点，PointA 的频率等于第 0 个 CRB 的第 0 个子载波的中心频率，可以使用 PointA 作为频域上的参考点来分配其他资源。例如，OffsetToCarrier 表示 5G 所使用的频带开始位置与 PointA 之间的偏移量，本节任务中该值为 0 表示二者重合。OffsetToPointA 是 PointA 与 SSB 第 0 个子载波对应 CRB（即 CRB_{SSB}）的第 0 个子载波之间的频率偏移，如果当前工作频段是 FR1，则子载波间隔为 15 kHz；如果工作频段为 FR2，则子载波间隔为 30 kHz。

基于以上两个基本概念，我们就可以较为容易地理解表 3.7 中的各项参数了。

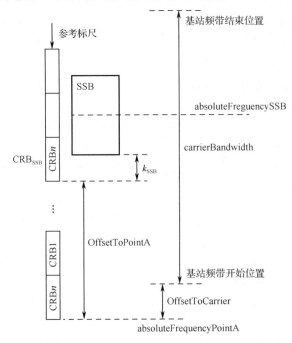

图 3.28　相关参数的作用

OAI 项目支持多种运行模式，包括独立组网模式（SA 模式）、无核心网模式（noS1 模式）、仅物理层模式（phy-test 模式）。本节任务仅涉及开源 5G 终端与开源 5G 基站间的下行同步，因此可使用 phy-test 模式。读者可根据自己的需求修改上述提到的参数，完成参数配置后，执行如下命令运行开源 5G 基站：

```
sudo ./ran_build/build/nr-softmodem --phy-test -O ../ci-scripts/conf_files/gnb.sa.band78.51prb.usrpb200.conf --gNBs.[0].min_rxtxtime 6
```

在上述命令中，--phy-test 表示使用 phy-test 模式；-O 后面跟着开源 5G 基站的配置文件路径；--gNBs.[0].min_rxtxtime 6 表明 OAI 项目的终端收发最小时间间隔。

使用 phy-test 模式运行开源 5G 基站的结果如图 3.29 所示。可以看到，在 phy-test 模式下，开源 5G 基站的上、下行数据信道（DLSCH、ULSCH）在持续收发数据。由于此时没有开源 5G 终端接入开源 5G 基站，因此 DLSCH 无法确认数据是否被开源 5G 终端接收。与此同时，ULSCH 接收的信号是随机噪声，因此 dlsch_errors 和 ulsch_errors 持续增大。需要注意的是，开源 5G 基站成功运行 phy-test 模式后，会在"openxg-ran/cmake_targets"目录下生成 rbconfig.raw 和 reconfig.raw 两个文件。phy-test 模式不涉及高层协议的资源控制，这两个文件用来指示开源 5G 基站发送数据所占用的时频资源位置，后续需要将这两个文件复制到开源 5G 终端的代码文件中，即告知开源 5G 终端在哪些时频位置上接收开源 5G 基站的数据。

实验结果

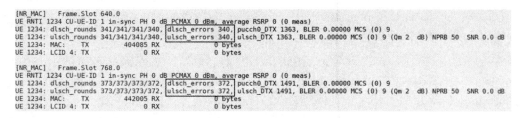

```
[NR_MAC]    Frame.Slot 640.0
UE RNTI 1234 CU-UE-ID 1 in-sync PH 0 dB PCMAX 0 dBm, average RSRP 0 (0 meas)
UE 1234: dlsch_rounds 341/341/341/340, dlsch_errors 340, pucch0_DTX 1363, BLER 0.00000 MCS (0) 9
UE 1234: ulsch_rounds 341/341/341/340, ulsch_errors 340, ulsch_DTX 1363, BLER 0.00000 MCS (0) 9 (Qm 2  dB) NPRB 50  SNR 0.0 dB
UE 1234: MAC:   TX       404085 RX          0 bytes
UE 1234: LCID 4: TX         0 RX          0 bytes

[NR_MAC]    Frame.Slot 768.0
UE RNTI 1234 CU-UE-ID 1 in-sync PH 0 dB PCMAX 0 dBm, average RSRP 0 (0 meas)
UE 1234: dlsch_rounds 373/373/373/372, dlsch_errors 372, pucch0_DTX 1491, BLER 0.00000 MCS (0) 9
UE 1234: ulsch_rounds 373/373/373/372, ulsch_errors 372, ulsch_DTX 1491, BLER 0.00000 MCS (0) 9 (Qm 2  dB) NPRB 50  SNR 0.0 dB
UE 1234: MAC:   TX       442005 RX          0 bytes
UE 1234: LCID 4: TX         0 RX          0 bytes
```

图 3.29　使用 phy-test 模式运行开源 5G 基站的结果

3.3.3.3　配置并运行开源 5G 终端

3.3.3.2 节完成了开源 5G 基站的部署，现在编译并运行开源 5G 终端，将开源 5G 终端接入开源 5G 基站。首先，我们需要另外一台安装 Ubuntu 的通用计算机和一块 USRP B210，开源 5G 终端的环境配置及代码下载和开源 5G 基站一致，只是在编译时的命令不同。编译开源 5G 终端的命令如下：

```
cd cmake_targets/
sudo ./build_oai --ninja -c --nrUE -w USRP
```

开源 5G 终端编译成功后，同样可以在"openxg-ran/cmake_targets/ran_build/build"目录下生成 nr-uesoftmodem 等可执行文件。

一般来说，5G 手机在开机后会在不同的频点上搜索开源 5G 基站的广播信息，但是当前 OAI 项目的开源 5G 终端尚不支持搜索频点功能，为了让读者理解开源 5G 终端与开源 5G 基站的同步过程，本节任务将通过命令行参数的方式为开源 5G 终端传输接入开源 5G 基站所必要的空口参数配置。开源 5G 终端与开源 5G 基站完成下行同步主要需要子载波间隔、系统带宽、中心频点、SSB 位置等参数。由 3.3.3.2 节中的配置文件可知，本节任务所使用的子载波间隔为 30 kHz，系统带宽为 20 MHz（51 个 PRB），中心频点和 SSB 位置则需要计算得出。

由图 3.28 可知，中心频点可采用以下方式计算得到：

$$
\begin{aligned}
\text{CenterFreq} &= \text{absoluteFrequencyPointA} + \text{OffsetToCarrier} \times 12 \times 15 \\
&\quad + \text{CarrierBandwidth}/2 \times 0.12 \times 3 \\
&= 3300.78 + 0 + 51/2 \times 0.12 \times 3 \\
&= 3309.96\,\text{MHz}
\end{aligned}
\tag{3.18}
$$

开源 5G 终端以 SSB 第 0 个子载波和 PointA 之间相差的子载波数表示 SSB 的位置，首先计算 SSB 第 0 个子载波和 PointA 之间的频偏：

$$\begin{aligned}
\text{ssb\_offset} &= \text{absoluteFrequencySSB} - \text{absoluteFrequencyPointA} - 10 \times 0.12 \times 3 \\
&= 3311.04 - 3300.78 - 10 \times 0.12 \times 3 \\
&= 6.66\ \text{MHz}
\end{aligned} \tag{3.19}$$

频偏对应的子载波数为 $6.66\ \text{MHz} / 30\ \text{kHz} = 222$。

接下来进入"openxg-ran/cmake_targets"目录运行开源 5G 终端。在运行开源 5G 终端前，需要将开源 5G 基站服务器所在的"openxg-ran/cmake_targets"目录中的 rbconfig.raw 和 reconfig.raw 两个文件复制到开源 5G 终端服务器所在的"openxg-ran/cmake_targets"目录中，运行下面的命令可启动开源 5G 终端。

```
sudo ./ran_build/build/nr-uesoftmodem -r 51 --numerology 1 -C 3309960000 --ssb 222 --ue-fo-compensation
--nokrnmod --phy-test
```

在上面的命令中，-r 表示 carrierBandwidth 为 51；-C 表示系统带宽的中心频率为 3309960000Hz；--ssb 表示 PointA 与 SSB 第 0 个子载波的频偏对应的子载波数量为 222；--numerology 指明 $\mu = 1$，即子载波间隔为 30 kHz；--ue-fo-compensation 表示使用频率补偿；--nokrnmod 表示使用 noS1（非内核）模式；--phy-test 表明使用 phy-test 模式运行开源 5G 终端。

成功运行开源 5G 终端后，开源 5G 终端运行窗口的输出信息如图 3.30 所示，由该图可以看到开源 5G 终端依次完成了 PSS 检测、SSS 检测，以及 PBCH 检测和解码。

```
[PHY]      SSB position provided
[NR_PHY]     Starting sync detection
[PHY]      [UE thread Synch] Running Initial Synch
[NR_PHY]     Starting cell search with center freq: 3309960000, bandwidth: 51. Scanning for 1 number of GSCN.
[NR_PHY]     Scanning GSCN: 0, with SSB offset: 222, SSB Freq: 0.000000
[PHY]      Initial sync: pbch not decoded, ssb index 0
[PHY]      Initial sync: pbch decoded sucessfully, ssb index 0
[NR_PHY]     Cell Detected with GSCN: 0, SSB_SC offset: 222, SSB Ref: 0.000000, PSS Corr peak: 99 dB, PSS Corr Average: 67
[PHY]      In synch, rx_offset 237240 samples
[UE0] [UE 0] Measured Carrier Frequency offset -667 Hz
[PHY]      Initial sync successful. PCI: 0
[PHY]      HW: Configuring channel 0 (rf_chain 0): setting tx_freq 3309959333 Hz, rx_freq 3309959333 Hz, tune_offset 0
[PHY]      Got synch: hw_slot_offset 31, carrier -667 Hz, rxgain 110.000000 (DL 3309959333.000000 Hz, UL 3309959333.000000 Hz)
Setting USRP TX Freq 3309959333.000000, RX Freq 3309959333.000000, tune_offset 0.000000
[PHY]      UE synchronized! decoded_frame_rx=630 UE->init_sync_frame=0 trashed_frames=12
[PHY]      Resynchronizing RX by 237240 samples
[HW]       received write reorder clear context
[NR_PHY]     ======================================
[NR_PHY]     Harq round stats for Downlink: 61/0/0
[NR_PHY]     ======================================
[NR_MAC]     [704.1] Received TA_COMMAND 45 TAGID 0 CC_id 0
[NR_PHY]     ======================================
[NR_PHY]     Harq round stats for Downlink: 125/0/0
```

图 3.30　开源 5G 终端运行窗口的输出信息

开源 5G 基站运行窗口的输出信息如图 3.31 所示，由该图可以看到，开源 5G 基站和开源 5G 终端之间 DLSCH 和 ULSCH 持续在收发数据，dlsch_errors 和 ulsch_errors 不增加或有少许变大，表明开源 5G 基站与开源 5G 终端已经成功建立了通信链路。

```
[NR_MAC]     Frame.Slot 768.0
UE RNTI 1234 CU-UE-ID 1 in-sync PH 0 dB PCMAX 0 dBm, average RSRP 0 (0 meas)
UE 1234: dlsch_rounds 2495/1347/1347/1347, dlsch_errors 1346, pucch0_DTX 5387, BLER 0.00000 MCS (0) 9
UE 1234: ulsch_rounds 2447/1363/1363/1363, ulsch_errors 1362, ulsch_DTX 5449, BLER 0.00000 MCS (0) 9 (Qm 2  dB) NPRB 50 SNR 22.5 dB
UE 1234: MAC:    TX      2956575 RX      1251005 bytes
UE 1234: LCID 4: TX            0 RX            0 bytes

[NR_MAC]     Frame.Slot 896.0
UE RNTI 1234 CU-UE-ID 1 in-sync PH 0 dB PCMAX 0 dBm, average RSRP 0 (0 meas)
UE 1234: dlsch_rounds 2623/1347/1347/1347, dlsch_errors 1346, pucch0_DTX 5387, BLER 0.00000 MCS (0) 9
UE 1234: ulsch_rounds 2575/1363/1363/1363, ulsch_errors 1362, ulsch_DTX 5449, BLER 0.00000 MCS (0) 9 (Qm 2  dB) NPRB 50 SNR 22.5 dB
UE 1234: MAC:    TX      3108255 RX      1398589 bytes
UE 1234: LCID 4: TX            0 RX            0 bytes
```

图 3.31　开源 5G 基站运行窗口的输出信息

3.3.3.4　观察 5G 信号频谱

观察 5G 信号频谱

通过以上实验步骤，开源 5G 终端通过无线空口连接到了开源 5G 基站。接下来我们将观察开源 5G 基站发送的 5G 信号频谱。读者可以通过频谱仪观察 5G 信号频谱，也可以基于 SDR 平台搭建一个简易的软件化频谱仪来观察 5G 信号频谱。本节任务将基于 USRP B210 和 Simulink 平台搭建一个简易的软件化频谱仪，进而观察开源 5G 基站发送的 5G 信号频谱。

使用 USRP B210 和 Simulink 平台搭建的软件化频谱仪结构如图 3.32 所示，主要包括三个模块，分别为 USRP 接收模块（SDRu）、移除直流模块（Remove DC）、频谱仪模块（Spectrum），其中 USRP 接收模块需要安装第三方库，其他模块均为 Simulink 的内置模块。

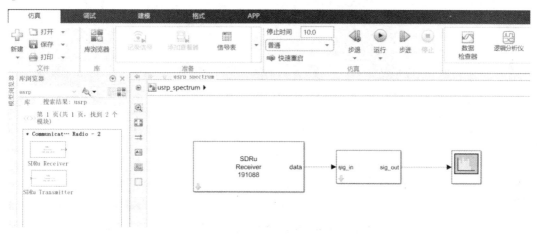

图 3.32　使用 USRP B210 和 Simulink 平台搭建的软件化频谱仪结构

为了使 USRP B210 正确接收开源 5G 基站发送的 5G 信号，需要对 SDRu 模块进行配置，主要的配置参数如表 3.9 所示，具体参数配置可参考图 3.33。

表 3.9　SDRu 模块的主要配置参数

参 数 名	取 值	说 明
Platform	B210	所使用的 USRP 型号为 B210
Serial number	通过下拉框加载	使用 USRP B210 的串码
Center frequency	3309.96e6	USRP B210 的工作的中心频率，与开源 5G 基站配置一致
Gain(dB)	32	USRP B210 的接收增益，可根据实际情况调节大小
Master clock rate(Hz)	30.72e6	大于 5G 信号的采样率（30.72 MHz）即可
Decimation factor	1	Master clock rate 除以 Decimation factor，其结果为 USRP B210 的采样率
Transport data type	int16	USRP B210 传输的数据类型为 16 位整型
Samples per frame	1536	USRP B210 每帧数据中采样点数量

完成参数配置后，单击图 3.32 中的"运行"按钮即可启动软件化频谱仪。如果此时没有运行开源 5G 基站，则会在频谱仪中看到如图 3.34（a）所示的频谱图；运行开源 5G 基站后，则会在频谱仪上看到非常规整的 OFDM 频谱图，如图 3.34（b）所示，开源 5G 基站仅在特定的下行时隙上发送数据，因此频谱仪上看到的频谱图会动态变化，OFDM 频谱时有时无。

实验结果

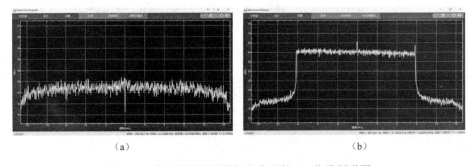

图 3.33　SDRu 模块在 Simulink 中的参数设置

（a）　　　　　　　　　　　　　　　（b）

图 3.34　使用软件化频谱仪观察到的 5G 信号频谱图

3.3.4　任务小结

通过本节任务，读者可掌握基于 OAI 项目搭建的开源 5G 基站和开源 5G 终端的编译和运行方法，学会 5G 空口主要参数的计算，完成开源 5G 基站和开源 5G 终端的参数配置，并将开源 5G 终端接入开源 5G 基站。最后，通过动手搭建简单的软件化频谱仪，实现对 5G 信号频谱的观察。

3.4 任务二：下行空口时间同步

3.4.1　任务目标

下行空口时间同步

任务一完成了开源 5G 基站和终端的部署，本节任务将通过 SDR 平台接收 5G 信号，并结合专业基础知识在真实的 5G 信号上开展下行时间同步实验，让读者了解通信基础理论和方法在真实 5G 网络中的应用。

本节任务的目标包括：

- 学会基于 SDR 平台接收并存储 5G 信号的方法。
- 掌握在时域中进行主同步信号（PSS）的检测方法。
- 掌握在频域中进行辅同步信号（SSS）的检测方法，得到小区编号 $N_{\mathrm{ID}}^{\mathrm{cell}}$。

3.4.2　要求和方法

3.4.2.1　要求

本节任务中软硬件环境与任务一环境相同，这里不再赘述。

3.4.2.2　方法

本节任务需要首先使用 Simulink 接收并存储开源 5G 基站的空口信号；接着使用 MATLAB 离线分析该 5G 信号，并通过本地生成的 PSS 完成时域同步，得到 $N_{\mathrm{ID}}^{(2)}$，定位出 5G 信号 OFDM 符号边界；最后在频域完成对 SSS 的检测，得到 $N_{\mathrm{ID}}^{(1)}$，最终得到小区编号 $N_{\mathrm{ID}}^{\mathrm{cell}}$。

3.4.3　内容和步骤

3.4.3.1　存储 5G 信号

为方便对 5G 信号进行数据分析，我们使用图 3.35 所示的 Simulink 模型接收并存储 5G 信号，该模型主要包括 USRP 接收模块（SDRu）、缓存模块（Buffer）、文件存储模块（To file）。考虑到通用计算机运行的非实时性，可能存在部分数据丢失的问题，因此在程序中引入缓存模块，先将接收到的采样点缓存为特定长度的数据，然后存储到文件中，这样可以确保文件中存储的是完整的帧数据。

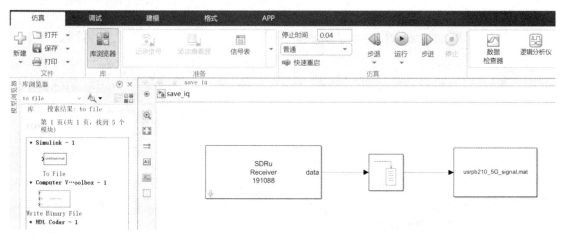

图 3.35　用于接收并存储 5G 信号的 Simulink 模型

USRP 接收模块的主要参数与任务一相同，详见表 3.9。缓存模块的参数配置如图 3.36 所示，缓存大小为 10 ms 的采样点数量，即 307200。文件存储模块的参数设置如图 3.37 所示，需指明存储的文件名和路径，本节任务中的文件名为 usrpb210_5G_signal.mat，设置的存储变量名称为 dataT，保存格式为时间序列，抽取设置为 1。

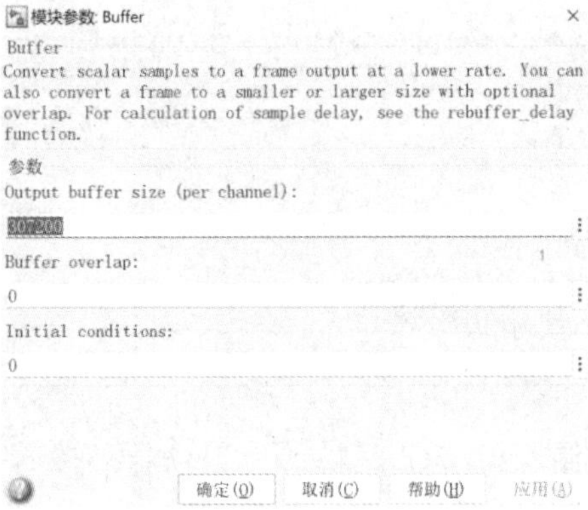

图 3.36　缓存模块的参数配置 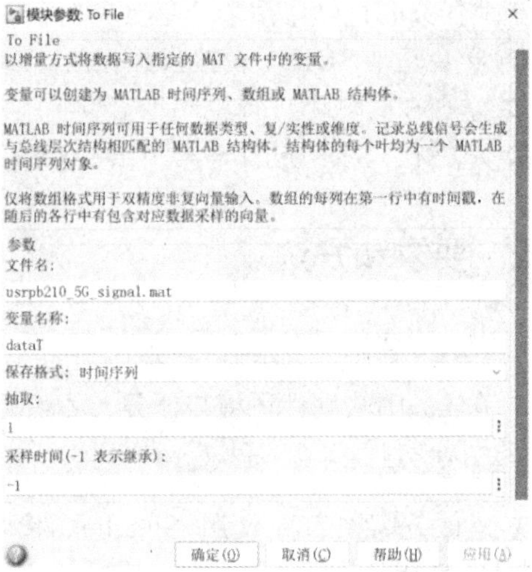　　　　图 3.37　文件存储模块的参数设置

在任务一中部署的开源 5G 基站的 SSB 发送周期为 20 ms，为确保所保存的 5G 信号中至少有一个 SSB，同时避免保存过多数据导致文件过大，因此用于接收并存储 5G 信号的 Simulink 模型的运行时间设置为 40 ms。完成以上参数配置后，首先运行开源 5G 基站，待开源 5G 基站稳定运行后，运行 Simulink 模型即可将 5G 信号保存在文件 usrpb210_5G_signal.mat 中。

将文件 usrpb210_5G_signal.mat 导入 MATLAB，可在 MATLAB 工作空间中看到名称为 dataT 的变量，如图 3.38（a）所示。双击 dataT 变量可看到其内部属性，如图 3.38（b）所示，其中 Time 字段为每帧数据的存储时间，第一帧存储时间为 0 时刻，单位为 s；Data 字段为一个 3 维数组，第一个维度是对每帧内各采样点的索引，第二个维度为 1（可忽略），第三个维度是对各帧的索引。

（a）　　　　　　　　　　（b）

图 3.38　查看存储的 5G 信号

3.4.3.2　主同步信号的检测

主同步信号（PSS）的检测是在时域中进行的，具体实现步骤如下：

步骤 1：生成 PSS 序列。

在本地生成 3 种 PSS 序列，利用 MATLAB 提供的 nrPSS 函数可以很方便地生成 PSS 序列，nrPSS 函数的输入参数为小区标志 2，实现代码如下：

```
dedicated_PSS=zeros(3,127);
for i=0:2
    dedicated_PSS(i+1,:)=nrPSS(i);
end
```

步骤 2：计算 PSS 在时域中的位置。

按照表 3.7 中的配置计算 PSS 在时域中的位置，并将其放在对应的子载波上。图 3.39（b）中展示了 PSS 在整个 5G 工作频段中的位置示意图，图中子载波按照频率由低到高从下至上依次排列，共 1024 个子载波，两端白色部分为虚拟子载波，不承载信息。因此 PSS 开始位置的计算公式为：

$$k = \text{first\_carrier\_offset} + \text{ssb\_offset} + 56 \qquad (3.20)$$

式中，first_carrier_offset 为第 0 个可用子载波的频移。由于在系统带宽为 20 MHz 的 5G 中可用的 PRB 数为 51，可用的子载波数量为 $51 \times 12 = 612$，两端的虚拟子载波数量相等，因此可以得到第 0 个可用子载波与第 0 个子载波相差 206 个子载波。那么 first_carrier_offset 就是 206 吗？其实不然，因为在计算 IFFT 过程中需要将图 3.39（b）转换为图 3.39（a）中的排列方式，因此可得：

$$\text{first\_carrier\_offset} = 512 + 206 = 718 \qquad (3.21)$$

式中，ssb_offset 为 SSB 与第 1 个可用子载波相隔的子载波数，由式（3.19）可知，本章实验中 ssb_offset=222。

式（3.20）中的最后一项 56 表示 PSS 第 0 个子载波距离 SSB 的第 0 个子载波相差 56 个子载波。因此可得 PSS 的开始位置为：

$$\begin{aligned} k &= \text{first\_carrier\_offset} + \text{ssb\_offset} + 56 \\ &= 718+222+56 \qquad\qquad\qquad (3.22) \\ &= 996 \end{aligned}$$

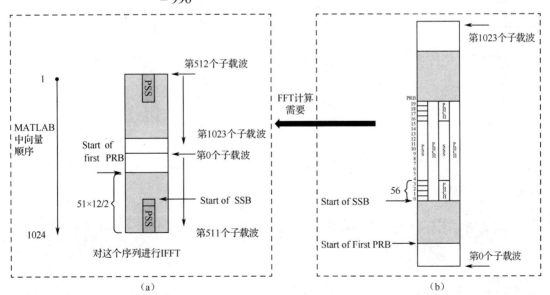

图 3.39　计算 PSS 在频域中的位置

由此可以看到，PSS 序列最终被分为了两部分，PSS 序列中第 0～27 个信号被放在重新排列后的序列的位置 996～1023，PSS 序列中的第 28～126 个信号被放置在重新排列后序列的位置 0～98。

上述过程的实现代码如下：

```
%在频域放置 PSS
f_domain_PSS = zeros(3,1024);
t_domain_PSS = zeros(3,1024);
for i=0:2
    f_domain_PSS(i+1,(0:98)+1) = dedicated_PSS(i+1,(28:126)+1);
    f_domain_PSS(i+1,(996:1023)+1) = dedicated_PSS(i+1,(0:27)+1);
end
%通过 IFFT 得到 PSS 时域幅值波形
for i=0:2
    t_domain_PSS(i+1,:) = ifft(f_domain_PSS(i+1,:));
end
```

通过下面的代码可画出 PSS 频域波形和 PSS 时域幅值波形，如图 3.40 所示。

```
%画出 PSS 频域波形和时域幅值波形
figure
for i=0:2
    subplot(2,3,i+1)
    stem(f_domain_PSS(1+i,:))
    title(sprintf("N_{ID}^{(2)} = %d，  PSS 频域波形",i))
    subplot(2,3,i+4)
    plot(abs(t_domain_PSS(1+i,:)))
    title(sprintf("N_{ID}^{(2)} = %d，  PSS 时域幅值波形",i))
end
```

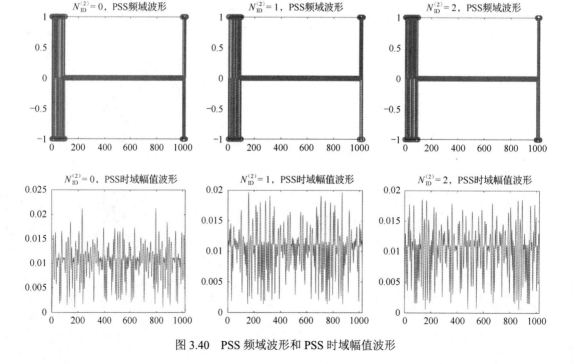

图 3.40　PSS 频域波形和 PSS 时域幅值波形

步骤 3：在时域中检测 PSS。

接下来分别使用 3 个 PSS 序列与接收到的 5G 信号进行相关计算，只有当接收端所使用的 PSS 与发送端对应时，相关系数才会出现尖锐的峰值，并且相关系数最大处即本地生成的 PSS 在 5G 信号中对应的位置，从而可以得到 $N_{\mathrm{ID}}^{(2)}$ 以及 5G OFDM 符号的边界。具体实现代码如下：

```
%加载 5G 信号，并进行相关计算
load("usrpb210_5G_signal.mat");
peak_value = 0;
peak_index = 0;
N_id_2 = -1;
figure
for i=0:2
    rx_ofdm_frame = dataT.Data(1:307200,1,2);                    %取第 2 帧数据
    rx_pss_corr = xcorr(rx_ofdm_frame,t_domain_PSS(i+1,:));      %进行相关计算
    remove_zero_corr = rx_pss_corr((length(rx_ofdm_frame)- length(t_domain_PSS)) :
                        length(rx_pss_corr));         %移除因补 0 而产生的值为 0 的相关系数
    [tmp_peak, tmp_index] = max(abs(remove_zero_corr));
    if tmp_peak > peak_value
        peak_value = tmp_peak;
        peak_index = tmp_index;
        N_id_2 = i;
    end
    subplot(3,1,i+1)
    plot(abs(remove_zero_corr));
end
pss_peak = peak_index - length(t_domain_PSS) +1;
fprintf("N_id_02 为%d, 最大值为%d, 最大值位置为%d \n",N_id_2, peak_value, pss_peak);
```

图 3.41 所示为 3 个 PSS 序列与接收到的 5G 信号进行相关计算后的结果，可以看到，仅有 PSS 序列 0 在进行相关计算后有尖锐的峰值，而其他两个 PSS 序列没有明显的相关峰，因此 $N_{\mathrm{ID}}^{(2)} = 0$，并且可以得到相关峰的位置在 211588，意味着该采样序列的第 211588 个采样点是本次检测的 PSS 所在 OFDM 符号的开始位置。

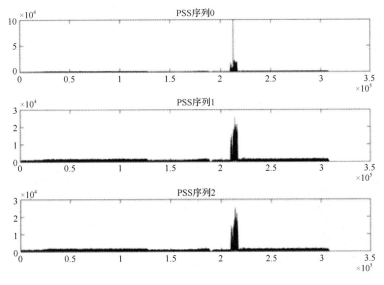

图 3.41　3 个 PSS 序列与接收到的 5G 信号进行相关计算后的结果

3.4.3.3 辅同步信号检测

辅同步信号（SSS）有 336 种不同的序列，如果在时域上检测 SSS 将会非常耗时，因此在得到 PSS 序列以及 OFDM 符号边界后，可以先将信号变换到频域，从频域信号中取出 SSS 序列与本地生成的 SSS 序列相关计算，只有当接收端所使用的 SSS 与发送端一致时，相关系数才会出现尖锐的峰值，就可以得到 $N_{\mathrm{ID}}^{(1)}$。实现步骤如下：

步骤 1：取出 5G 信号中 SSS 所在的 OFDM 符号。

PSS 与 SSS 在时域中的位置如图 3.42 所示，PSS 与 SSS 相隔一个 OFDM 符号，在 PSS 检测中得到的峰值索引是 PSS 所在 OFDM 符号的开始位置，根据式（3.8）可以得到时隙中非第 1 个 OFDM 符号的 CP 长度为 72。在本节任务中，SSS 所在的 OFDM 符号的开始位置为：

$$\mathrm{Pos}_{\mathrm{sss\_start}} = 211588 + (1024 + 72) \times 2 = 213780 \tag{3.23}$$

```
%取出 SSS 所在 OFDM 符号的 1024 个采样点
pos_sss_start = pss_peak + (1024+72)*2;
rx_SSS_ofdm = rx_ofdm_frame(pos_sss_start : pos_sss_start+1024);
```

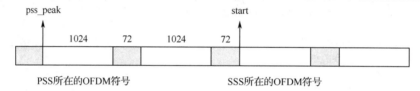

图 3.42 PSS 与 SSS 在时域中的位置

步骤 2：从频域中取出 SSS 序列。

对上述取出的 OFDM 符号进行 FFT，得到频域上的 SSS 序列，该数据是按照图 3.39（a）所示的方式排列的。为了方便提取频域中的 SSS 序列，可通过 fftshift(·) 函数将其转换为图 3.39（b）中的排列方式，并可得到 SSS 相对于第 0 个子载波的位置，即 $\mathrm{Pos}_{\mathrm{ssb\_f}} = 206 + 222 + 56 = 484$，取出 SSB 的代码如下：

```
%通过 FFT 得到频域信号
f_domain_ofdm = fftshift(fft(rx_SSB_ofdm));
%取出长度为 127 的 SSS 序列
f_domain_SSB = f_domain_ofdm(484:484+127);
```

步骤 3：寻找相关系数最大的 SSS。

使用 nrSSS(·) 函数生成候选的 SSS 序列，分别与提取的 SSS 序列进行相关计算，寻找相关系数最大的 SSS，即可得到 $N_{\mathrm{ID}}^{(1)}$，具体实现代码如下：

```
ssb_peak_value = 0;
N_id_1 = -1;
for i=0:335
    dedicated_SSS = nrSSS(i);
    rx_sss_corr = xcorr(f_domain_SSS,dedicated_SSS);
    %寻找 SSS 相关系数峰值的最大值及 SSS 序列号
    tmp_peak = max(abs(rx_sss_corr));
    if tmp_peak>sss_peak_value
        sss_peak_value = tmp_peak;
        N_id_1=i;
    end
```

```
end

figure
subplot(1,2,1)
ylim([0 10*10^7]);
plot(abs(xcorr(f_domain_SSS,nrSSS(N_id_1))));
title('与正确的 SSS 序列进行相关计算得到的相关系数')
subplot(1,2,2)
plot(abs(xcorr(f_domain_SSS,nrSSS(1))));
ylim([0 10*10^7]);
title('与其他 SSS 序列进行相关计算得到的相关系数')
fprintf("N_id_01 为%d, 最大值为%d \n",N_id_1, sss_peak_value);
```

SSS 序列的相关计算结果如图 3.43 所示，其中左侧的图是与正确 SSS 序列进行相关计算的结果，右侧的图是与其他 SSS 序列进行相关计算的结果。对比这两个图可以发现，当找到正确的 SSS 序列时，会得到很大的相关系数。本章实验的 $N_{\text{ID}}^{(1)} = 0$。根据式（3.14）得到的小区编号 $N_{\text{ID}}^{\text{cell}} = 3N_{\text{ID}}^{(1)} + N_{\text{ID}}^{(2)} = 0$，与表 3.7 中设置的小区编号 physCellId 一致。

实验结果

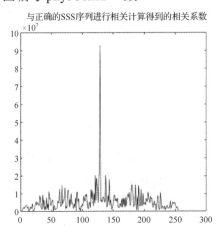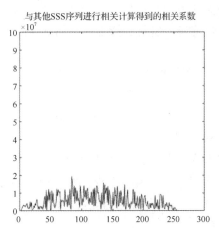

图 3.43　SSS 序列的相关计算结果

3.4.4　任务小结

在本节任务中，我们在所部署的开源 5G 基站和终端中接收并存储了 5G 信号，基于真实的 5G 信号实现了 PSS 和 SSS 的检测，得到了小区编号 $N_{\text{ID}}^{\text{cell}}$，为后续解调 PBCH 及其他信息提供了基础。

3.5 任务三：信道估计及解调译码

信道估计及
解调译码

3.5.1　任务目标

在前面实验中，我们已经实现了对 5G 信号的接收与检测，并得到了小区编号。本节任务将进一步提取 PBCH 信号，实现对 PBCH 的解调与译码，最终得到开源 5G 基站主要参数配置。

本节任务的目标包括：

- ➲ 掌握基于参考信号的信道估计方法，实现信道估计。
- ➲ 了解信道响应内插、信道补偿方法，实现信道补偿。
- ➲ 熟悉 PBCH 译码、解扰、解交织等流程，得到 PBCH 有效载荷。

3.5.2 要求和方法

3.5.2.1 要求

本节任务使用任务二中采集到的 5G 信号，实验环境为 MATLAB 软件。

3.5.2.2 方法

本节任务需要首先定位 PBCH 所在 OFDM 符号的位置，从存储的 5G 信号中提取 PBCH 和 PBCH-DMRS；然后基于本地生成的 DMRS 序列与所接收到的信号计算信道响应，通过内插的方式得到其他位置的信道响应；接着对 PBCH 进行信道补偿，得到 PBCH 调制符号；最后通过译码、解扰、解交织等得到 PBCH 有效载荷。

3.5.3 内容和步骤

3.5.3.1 PBCH 信道估计与补偿

步骤 1：取出 PBCH 数据。

由表 3.3 可知，PBCH 位于 SSB 的第 2、3、4 符号中，与任务二中提取 SSS 信号的方法类似，我们可以按照图 3.39（b）所示的 PSS 位置提取 PBCH 数据，具体实现代码如下：

```
%提取出 PBCH 所处的 OFDM 符号
N_fft = 1024;
N_cp =72;
start_of_first_sc = 206;
ssb_offset = 222;
% s2_index、s3_index、s4_index 表示 SSB 中占用的第 2、3、4 个符号起始位置
s2_index = pss_peak+(N_fft+N_cp);
s3_index = pss_peak+(N_fft+N_cp)*2;
s4_index = pss_peak+(N_fft+N_cp)*3;
s234 = [rx_ofdm_frame(s2_index:s2_index+N_fft-1),...
        rx_ofdm_frame(s3_index:s3_index+N_fft-1),...
        rx_ofdm_frame(s4_index:s4_index+N_fft-1)];
% 对三个 OFDM 符号分别进行 FFT
fft_s234 =fftshift(fft(s234,N_fft),1);
% 从三个符号中提取 PBCH
k1 = start_of_first_sc + ssb_offset;
PBCH = zeros(576,1);
PBCH(1:240)    = fft_s234(k1+1:k1+240,1);
PBCH(241:288) = fft_s234(k1+1:k1+48,2);
```

```
PBCH(289:336) = fft_s234(k1+192+1:k1+239+1,2);
PBCH(337:576) = fft_s234(k1+1:k1+240,3);
```

步骤 2：取出 DMRS 和 PBCH 载荷。

由 3.2.5.4 节可知，PBCH-DMRS 的位置由小区编号 $N_{\mathrm{ID}}^{\mathrm{cell}}$ 决定，任务二中已经得到 $N_{\mathrm{ID}}^{\mathrm{cell}}=0$，故 $v=\mathrm{mod}(N_{\mathrm{ID}}^{\mathrm{cell}},4)=0$，由此可得知 DMRS 和 PBCH 载荷在子载波中的位置，具体实现如下：

```
% 计算 Dmrs 和 data 在 PBCH 中的位置
NiD =3*N_id_1+N_id_2;
v = mod(NiD,4);
data_index = [];
dmrs_index = [];
for i = 1:576
    if mod(i,4)~=mod(v+1,4)
        data_index = [data_index,i];
    else
        dmrs_index = [dmrs_index,i];
    end
end
% 提取 PBCH 中的 DMRS 和 DATA
PBCH_dmrs = PBCH(dmrs_index);
PBCH_data = PBCH(data_index);
scatterplot(PBCH_dmrs);
title("DMRS 星座图" );
scatterplot(PBCH_data);
title("PBCH 载荷星座图" );
```

画出 DMRS 和 PBCH 载荷星座图，如图 3.44 所示，由于接收端和发送端可能存在频偏，所以星座图类似圆环。

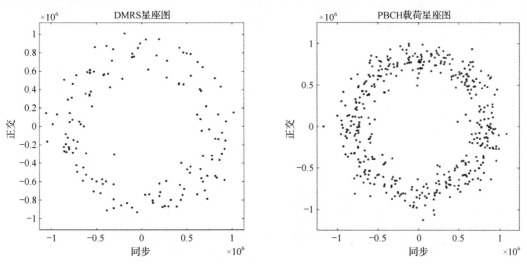

图 3.44　DMRS 和 PBCH 载荷星座图

步骤 3：信道估计与补偿。

PBCH-DMRS 序列的生成由小区编号 $N_{\mathrm{ID}}^{\mathrm{cell}}$ 和 SSB 的索引决定，本节任务不再具体介绍

DMRS 的生成算法，而是使用 MATLAB 的 nrPBCHDMRS 函数来生成 DMRS，该函数第一个参数为 NiD（即小区编号 $N_{\text{ID}}^{\text{cell}}$），第二个参数为 ssb_index（SSB 的索引），由于在本节任务中一个 SSB 突发集仅发送了一个 SSB，故其索引号为 0。

根据最小二乘法，信道响应可采用式（3.24）计算，即：

$$\hat{H} = \frac{Y_{\text{DMRS}}}{X_{\text{DMRS}}} \tag{3.24}$$

以上的信道响应仅为参考信号所在子载波位置的信道响应，我们还需要通过内插的方式预测其他子载波的信道响应，本节任务使用 MATLAB 内置的 interp1 函数实现内插。完成信道响应的计算后，就可以对 PBCH 载荷所在的子载波进行信道补偿，计算方法为：

$$\tilde{Y} = \frac{Y_{\text{payload}}}{\tilde{H}} \tag{3.25}$$

式中，Y_{payload} 表示接收到的 PBCH 载荷；$\tilde{H}$ 表示内插后得到的信道响应。信道估计与补偿的具体实现代码如下：

```
%生成原始的 DMRS
ssb_index = 0;
origin_dmrs = nrPBCHDMRS(NiD,ssb_index);
%采用最小二乘法计算信道响应
H = PBCH_dmrs ./ origin_dmrs;
%通过线性内插得到其他位置信道响应
H_intp = interp1('dmrs_index', H, 'data_index', 'linear', 'extrap');
%信道补偿
PBCH_data_eq = PBCH_data ./ H_intp;
scatterplot(PBCH_data_eq);
title("信道补偿后的 PBCH 星座图")
```

图 3.45 所示为信道补偿后的 PBCH 载荷星座图，由图可以看到，经过信道补偿后，星座图看上去很接近 QPSK 调制的星座图，后续可以对这些 QPSK 符号进行解调和译码。

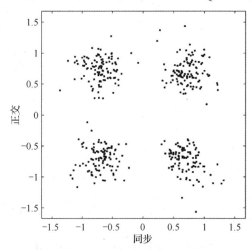

图 3.45　信道补偿后的 PBCH 载荷星座图

3.5.3.2　PBCH 译码

经过上面实验步骤，我们可以得到 PBCH 中的 432 个 QPSK 符号。根据 PBCH 的解调，PBCH 译码需要依次经过 QPSK 解调、第一次解扰、速率解匹配、Polar 译码、CRC 校验、第二次解扰、解交织等流程。本节任务不再一一介绍各步骤的实现方法，通过调用 MATLAB 中 nrPBCHDecode 函数与 nrBCHDecode 函数可实现 PBCH 的译码过程，代码如下：

```
% QPSK 解调，第一次解扰
pbchBits = nrPBCHDecode(PBCH_data_eq,NiD,0);
% 极化编码参数
polarListLength = 8;
% 一个 SSB 突发集中可配置的最大 SSB 数量
Lssb = 8;
% 解调信息：trblk 为 MIB 信息；sfn4lsb 为系统帧号的低 4 位；nHalfFrame 为半帧指示位；
% MAX_kssb 为 kssb 最高有效位
[~,crcBCH,trblk,sfn4lsb,nHalfFrame,MAX_kssb] = ...nrBCHDecode(pbchBits,polarListLength,Lssb,NiD);
% 最后 2 位为空闲位
mib32 = [trblk;sfn4lsb;nHalfFrame;double(MAX_kssb);0;0];
t1 = reshape(mib32,4,[])';
t2 = bi2de(t1,'left-msb');
message = dec2hex(t2);          % 32 bit 的信息，用十六进制数表示
disp("message: "+message');
```

完成译码后，可得到用十六进制数表示的 PBCH 载荷，即 3DC60680，对应的 32 bit 的二进制数为 00111101 11000110 00000110 10000000（从左到右依次是第 0 位到第 31 位）。对照表 3.5，可以对 PBCH 载荷进行译码，如表 3.10 所示。

表 3.10　PBCH 载荷译码

序号	参 数 名 称	备　注	值
0	messageClassExtension	消息扩展备用	0
1~6	systemFrameNumber(MIB)	10 bit 系统帧号（SFN）的 6 个最高有效位（MSB）	011110
7	subCarrierSpacingCommon(MIB)	表示 CRB 子载波间隔	1，代表 30 kHz
8~11	ssb-SubcarrierOffset(MIB)	SSB 第 0 个子载波相对于公共资源块的偏移 CRB_{SSB}，即 k_{SSB}，本字段可以表示 k_{SSB} 的 4 个 LSB（FR1）	1100
12	dmrs-TypeA-Position(MIB)	PDSCH SIB1 的第 1 个 DMRS（TypeA）在时隙中的符号位置	0 代表 PDSCH SIB1 的第 1 个 DMRS 在时隙内开始的符号为 Pos2
13~20	pdcch-ConfigSIB1(MIB)	指示参数 pdcch-ConfigSIB1	11000000
21	cellBarred(MIB)	指示小区是否允许终端接入	1 表示允许终端接入
22	intraFreqReselection(MIB)	当前小区禁止终端接入时，指示其他同频小区是否允许终端接入	1 表示禁止终端接入
23	Spare(MIB)	保留位	0

续表

序号	参 数 名 称	备　　注	值
24～27	SFN LSB（由物理层提供）	10 bit 系统帧号的 4 个最低有效位（LSB）	1000
28	HRF（由物理层提供）	半帧指示位	0 表示 SSB 在第 1 个半帧内传输
29	k_ssb MSB（由物理层提供）	k_{SSB} 的最高有效位（MSB）	0
30～31	PHY Spare（由物理层提供）	物理层备用（FR1）	0

实验结果

　　PBCH 载荷中的第 7 位代表子载波间隔，解析得到的数据为 1，代表 30 kHz，与开源 5G 基站配置一致；结合第 29 位和第 8～11 位，可以得到 ssb-SubcarrierOffset 对应的数据为 01100，即 k_{SSB} 为 12，与开源 5G 基站配置一致。此外还可以得到，系统帧号为 0111101000，对应的十进制数字为 488，该数值与 PBCH 所在的数据帧有关。

　　至此，已完成了 PBCH 的解调，根据 PBCH 载荷指示的 SIB1 相关信息，5G 手机可以进一步解调其他广播信息，并完成后续的接入流程。

3.5.4　任务小结

　　在本节任务中，我们首先从时频资源中提取到了 PBCH-DMRS 和 PBCH 载荷；然后结合本地生成的 DMRS 完成了信道响应的计算和信道补偿，得到了信道补偿后的 PBCH 载荷星座图；最后通过一系列比特级的处理，得到了 PBCH 载荷，从而得到了各项参数。

　　本章实验通过三个任务，完成了 SSB 同步检测与解调，虽然 SSB 中包含的信息不多，但其中所涉及的各种原理和算法可以应用到 5G 其他信道的接收与解调中。本章实验为读者深入探索 5G 信号的奥秘奠定了基础。

3.6 实验拓展

　　（1）本章实验使用最小二乘法计算信道响应，是否可以探索其他计算信道响应的方法，如基于机器学习计算信道响应？

　　（2）能否利用所学知识，根据身边运营商的 5G 信息，使用 USRP 解调开源 5G 基站小区编号、子载波间隔、系统帧号等信息呢？

第 4 章
开源 5G 组网综合实验

4.1 引子

2021 年 7 月，河南省突遭大规模极端降雨，部分区域发生洪涝灾害，多个村庄的通信中断。7 月 21 日，应急管理部紧急调派 "翼龙" 无人机空中应急通信平台（见图 4.1）奔赴受灾区域，利用 "翼龙" 无人机空中应急通信平台搭载的移动公网基站，实现了约 50 平方千米范围内的长时、稳定、连续的移动信号覆盖，打通了应急通信保障生命线。

图 4.1 "翼龙" 无人机空中应急通信平台

那么，我们不禁要问，"翼龙" 无人机空中应急通信平台是如何提供网络信号覆盖，并让受灾群众打通电话的呢？这里面就涉及移动通信组网技术问题。无人机搭载一台移动网络基站，对地面提供无线网络覆盖，无人机通过卫星回传技术与运营商核心网建立连接，这样无人机就可以将用户呼叫与数据请求转发至公网上。

无线组网问题由来已久。第一代移动通信系统（1G）首次以蜂窝结构进行组网，并在 20 世纪 70 年代末至 80 年代初开始商用化，这也是 "蜂窝移动通信" 名字的由来。1G 是对有线电话网络的扩展与补充，并不能进行数据通信。第二代移动通信系统（2G）开始由模拟通信转向数字通信，并提供数据通信服务。第三代移动通信系统（3G）的数据传输速率得到大幅提升。第四代移动通信系统（4G）全面抛弃电路域交换，转变为全 IP 网络。随着信息技术与通信技术的逐步融合，开放式、服务化等理念逐步引入移动通信系统中，基于服务化的 SBA 架构在 3GPP R15 中正式成为第五代移动通信系统（5G）的标准架构。1G 到 5G 的网络架构发展如图 4.2 所示。

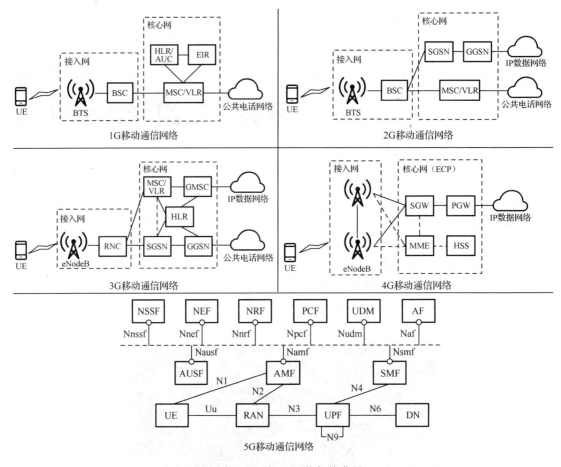

图 4.2　1G 到 5G 网络架构发展

　　为了进一步推动移动通信系统的开放性、智能性和互操作性，27 个全球移动运营商和
180 多个生态系统贡献者组建了开放式无线电接入网（Open Radio Access Network，O-RAN）
联盟，共同制定相关规范、参考架构，以及定义各个子组件之间的互操作接口。此外，开源
5G 项目 OpenAirInterface（OAI）、OpenXG 等也得到业界的广泛关注，其基于通用硬件和代
码开源的特性，极大地降低了研发及部署 5G 网络的成本，为学术研究、产品创新、测试验
证提供了开放公共服务平台，同时也为学术界、产业界和行业应用搭建了沟通的桥梁，极大
地促进了移动通信系统的创新发展。

4.2 实验场景创设

　　"翼龙"无人机空中应急通信平台的救灾通信场景让我们了解到提供通信服务除了需要
基站，还需要整个"看不见"的后端网络支撑，这就是我们所说的组网问题。组网不仅涉及
网络配置、网络拓扑、路由交换等技术，也涉及软件定义网络（Software Defined Network，
SDN）、网络功能虚拟化（Network Functions Virtualization，NFV）等新的概念。

　　图 4.3 所示为 5G 组网场景示意图。一般来说，真实的 5G 组网场景包括 5G 核心网、回
传网、5G 接入网等组成部分。5G 核心网由接入和移动性功能（Access and Mobility

Management Function，AMF）、用户面功能（User Plane Function，UPF）等网元组成，为手机终端提供接入鉴权、数据路由等服务。回传网主要负责 5G 接入网和 5G 核心网之间的数据交互。5G 接入网主要由基站（gNB）组成，此外，5G 接入网还可能通过卫星或无人机的方式提供网络覆盖。

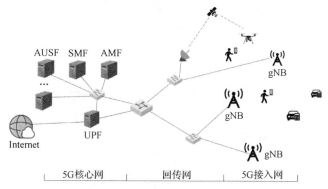

图 4.3　5G 组网场景示意图

实际部署的 5G 网络往往涉及的区域范围大、设备众多，而且出于安全和性能的考虑，通常无法探究设备内部的运行。为让读者深入了解 5G 组网机制、参数配置和内部数据流程，本章基于多模态数智化通信与网络综合实验平台的全栈全网通信网络子平台开展开源 5G 组网综合实验。

4.2.1　实验场景

本章将以开源 5G 项目为例，介绍 5G 网络架构及技术原理。与第 3 章的实验不同，本章实验将带领读者动手部署包括开源 5G 核心网、开源 5G 基站在内的完整 5G 网络，并最终实现 5G 手机的接入。

本章实验场景如图 4.4 所示。本章实验使用一台通用计算机和 SDR 平台，采用虚拟化容器的方式运行开源 5G 核心网的各个网元，同时运行开源 5G 基站；使用另外一台通用计算机和 SDR 平台运行开源 5G 终端，用于构建端到端的开源 5G 网络。此外，本章实验还将使用真实的 5G 手机接入开源 5G 网络。

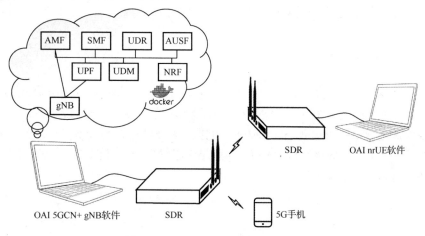

图 4.4　开源 5G 组网综合实验场景

4.2.2　总体目标

在开源 5G 组网综合实验场景中，读者将首先学习 5G 组网架构，熟悉 5G 核心网及 5G 接入网的各网元功能、协议标准等基础知识，根据实验内容逐步完成 5G 网络的部署，掌握常用的网络分析工具，并学会网络数据的分析。通过本章实验，读者将夯实 5G 组网的基础知识，建立网络的整体观念，培养创新理念及创新设计的实践能力。本章实验预期达到的总体目标为：

- ➲ 掌握开源 5G 核心网各网元之间的接口及交互关系，学会开源 5G 核心网的关键参数配置及部署运行。
- ➲ 掌握 5G 接入网的组网架构及关键参数配置，学会开源 5G 接入网的基站关键参数配置及部署运行。
- ➲ 掌握 5G 终端接入网络的关键流程和必要的参数配置，学会通过分析网络数据、查看网络日志等方式排查网络问题。
- ➲ 通过了解 OAI 开源 5G 网络的整体代码框架，具备对开源 5G 网络进行信号分析和拓展的能力。

4.2.3　基础实验环境准备

基础实验环境准备

本章实验是在第 3 章实验的软硬件环境上进行的，额外需要 5G 手机、空白 SIM 卡、写卡器及写卡器软件等，具体环境如下：

（1）通用计算机：2 台，建议 CPU 为 i7 8 代及以上，内存为 16 GB。

（2）SDR 平台：2 块 USRP B210 板卡或其他 SDR 平台，采样率支持 30.72 Msps 及以上。

（3）操作系统：建议 Ubuntu 22.04。

（4）UHD 驱动：4.0 版本及以上。

（5）Docker 环境：建议 24.0.7 版本，Docker Compose 版本 v2.23.3。

（6）5G 手机：支持 SA 模式，本章实验中使用的手机是红米 K50。

（7）写卡器软件：建议采用 GRSIMWriter 软件。

软硬件环境

4.2.4　实验任务分解

本章首先在 4.2.5 节中介绍包含核心网、5G 接入网基站（单体式、分离式）、终端在内的 5G 组网场景，并详细介绍 5G 组网架构、各网元功能及协议架构等。然后在 4.3 节到 4.5 节中依次带领读者完成搭建开源 5G 核心网、配置开源 5G 基站与开源 5G 终端、商用手机接入开源 5G 网络等实验，最终完成"一人一网"5G 组网实验。开源 5G 组网综合实验的任务分解及任务执行过程如图 4.5 所示。

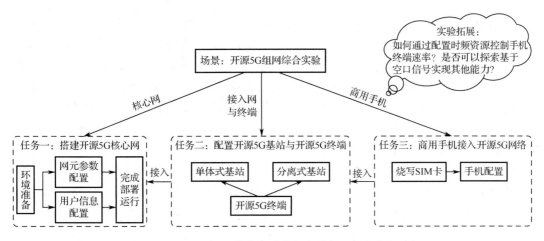

图 4.5　开源 5G 组网综合实验的任务分解及任务执行过程

4.2.5　知识要点

为了更好地完成开源 5G 组网综合实验的各项任务，读者需要储备 5G 整体架构、5G 核心网架构、5G 接入网架构等基础知识，相关知识结构如图 4.6 所示。

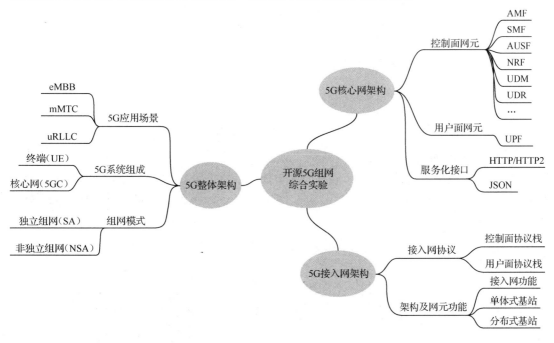

图 4.6　开源 5G 端到端组网实验知识结构

4.2.5.1　5G 整体架构

1. 5G 应用场景

近年来，随着移动通信需求的不断增长，各类新型通信业务和应用不断涌现，5G 面临着各种各样的应用场景。考虑到不同应用场景有着不同的业务需求与特性，ITU-R 定义了 5G 的三大主要应用场景，分别是增强移动宽带（enhanced Mobile BroadBand，eMBB）、大规模机器类通信（massive Machine-Type Communications，mMTC）和超高可靠低时延通信

（ultra-Reliable and Low-Latency Communications，uRLLC）。eMBB 大幅提升了数据传输速率，可以用于超高清视频传输、VR、AR 等场景。mMTC 可以支持大量设备接入网络，用于物联网设备的接入，可支撑智能家居、智慧城市等应用场景。uRLLC 可以降低端到端时延，同时提升通信传输的可靠性，可以用于车联网、远程医疗、工业机器控制等场景。以上三大应用场景显然并未囊括 5G 可能触及的所有应用领域，但它们为目前和未来预期的使用案例提供了一定参考。三大应用场景的界定对 5G 标准的制定、技术研究以及系统设计具有重要的指导意义，是推动 5G 技术发展和应用的重要参考。

ITU-R 定义了 5G 的 8 大关键性能指标，除了传统的峰值数据传输速率、移动性、时延和频谱效率，还提出了用户体验数据传输速率、连接密度、区域通信能力和网络能效四个新增的关键性能指标，以适应多样化的 5G 应用场景。5G 关键性能指标如图 4.7 所示。

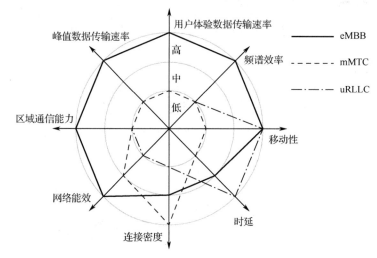

图 4.7　5G 关键性能指标

2. 5G 系统组成

5G 系统包括用户设备（User Equipment，UE，也称终端）、5G 接入网（Next generation-Radio Access Network，Ng-RAN）和 5G 核心网（5G Core network，5GC）三大部分，如图 4.8 所示。

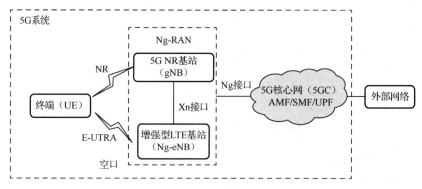

图 4.8　5G 系统组成

在 5G 网络建设初期阶段，5G 接入网中使用了两种节点，分别为 5G NR 基站（gNB）和增强型 LTE 基站（Ng-eNB），不同基站之间通过 Xn 接口连接。Xn 接口是由一系列协议接口组成的逻辑接口，可以分为 Xn-U 接口和 Xn-C 接口两种。Xn-C 接口用于传输控制面的数据，Xn-U 接口传输用户面数据。

UE 与 Ng-RAN 之间通过空口（Uu）交换信令和数据，UE 与 gNB 之间的空口为新空口（New Radio，NR），UE 与 Ng-eNB 之间的空口是演进的通用陆地无线接入（Evolved Universal Terrestrial Radio Access，E-UTRA）。5GC 与 Ng-RAN 之间的接口为 Ng 接口，Ng 接口也可以分为两种类型，即 Ng-C 接口和 Ng-U 接口，分别传输控制面和用户面的数据。5G 核心网一端连接基站，另一端连接外部网络（如互联网）。可以说，整个 5G 网络是一张巨大的局域网，5G 核心网是局域网连接外部网络的网关，5G 接入网是局域网中的接入节点，终端通过该局域网即可访问外部网络。

3. 5G 组网模式

5G 组网模式包括两种：独立组网（StandAlone，SA）模式和非独立组网（Non-StandAlone，NSA）模式。在 SA 模式下，5G 组网是完全基于 5G 核心网（5GC）和 5G 基站（gNB）完成的，不依赖于现有的 4G 基础设施。SA 模式能够更好地支撑 5G 提出的应用场景，但由于需要重新搭建一套网络，初期的部署成本相对较高，并且无法有效利用现有 4G 基础设施。在 NSA 模式下，5G 组网仍需使用 4G 核心网（EPC）和 4G 基站（Ng-eNB），利用现有的 4G 基础设施。NSA 模式可以很快地部署 5G 网络并提供 5G 服务，但受限于 4G 核心网和 4G 基站的性能，NSA 模式可能无法完全发挥 5G 的所有性能优势，特别是与时延和峰值数据传输速率相关的服务；另外，由于 4G 和 5G 使用一套基础设施，网络设计和管理较为复杂。针对以上两种不同的组网模式，在 5G 网络部署的初期阶段，3GPP 提出了 8 种组网选项，选项 1、2、5、6 是 SA 组网模式，选项 3、4、7、8 是 NSA 组网模式，其中选项 3、4、7 还有不同的子选项。

目前主流的 NSA 模式为选项 3，在这种组网模式下，控制信令由 4G 空口传输，用户数据由 5G 空口传输，其网络架构如图 4.9 所示。主流的 SA 模式为选项 2，这是 5G 网络架构的终极形态，可以支撑 5G 的所有功能和业务，其网络架构如图 4.10 所示。

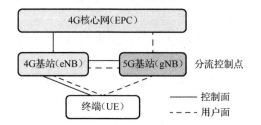 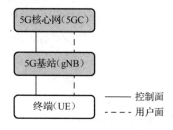

图 4.9　NSA 模式选项 3 的网络架构　　　　图 4.10　SA 模式选项 2 的网络架构

4.2.5.2　5G 核心网的架构

5G 核心网是基于服务化架构（Service-Based Architecture，SBA）构建的，提供了更高的灵活性、可扩展性和安全性。5G 对核心网的功能进行了拆分，把不同的网络功能划分给不同的网元，不同的网元实现的功能相对独立，网元间的相互协作共同实现了 5G 核心网的功能。与此同时，5G 核心网实现了控制面和用户面功能的解耦，控制面主要负责终端身份鉴权、移动性管理、会话的建立与释放、策略控制、网络功能的配置和管理等；用户面主要负责用户数据的传输和转发，承载用户数据流量传输，同时还包括数据的加密解密、数据包的路由和转发、QoS 管理等。这种控制面与用户面的解耦，可以使用户面网元摆脱"中心化"的约束，既可灵活部署在核心侧，也可部署在接入侧。

在服务化架构下，控制面的网元摒弃了传统的专用接口协议和点对点的通信模式，引入了更加开放的基于 HTTP/HTTP2 的服务化接口（Service Based Interface，SBI），使用 JSON 作为数据序列化格式，每个网元通过各自的 SBI 对外提供服务，并通过订阅的方式或直接访问的方式使用其他网元提供的数据服务。以服务化形式表示的 5G 网络架构如图 4.11 所示。

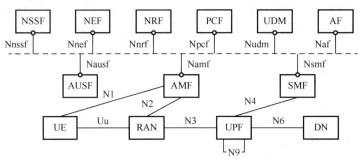

图 4.11　以服务化形式表示的 5G 网络架构

5G 核心网控制面的网元主要包括以下方面：

（1）接入和移动性管理功能（Access and Mobility Management Function，AMF）网元：负责接入控制、移动性管理、NAS 信令的加密和完整性保护。

（2）会话管理功能（Session Management Function，SMF）网元：管理 PDU 会话，包括会话的建立、修改和释放，负责终端 IP 地址的分配。

（3）认证服务器功能（Authentication Server Function，AUSF）网元：负责对用户身份进行认证，确保用户的合法性。

（4）网络切片选择功能（Network Slice Selection Function，NSSF）网元：支持网络切片管理，包括切片选择和生命周期管理。

（5）网络开放功能（Network Exposure Function，NEF）网元：提供 API 和管理功能，允许第三方应用程序访问网络功能和服务。

（6）网络存储功能（Network Repository Function，NRF）网元：负责网络功能和服务的发现、选择和注册。

（7）策略控制功能（Policy Control Function，PCF）网元：提供控制面功能的策略规则，包括终端接入策略和 QoS 策略。

（8）统一数据管理（Unified Data Management，UDM）网元：管理用户标识、用户签约数据、鉴权数据等，提供数据访问接口。

（9）统一数据仓库（Unified Data Repository，UDR）网元：用于存储和检索 5G 核心网中的结构化数据，包括用户签约数据、策略数据、应用数据等。

（10）应用功能（Application Function，AF）网元：代表应用与 5G 核心网的其他控制网元进行交互，包括提供业务、QoS 策略需求、路由策略需求等。

5G 核心网用户面的网元仅有一种网元，即用户面功能（User Plane Function，UPF）网元，主要负责用户数据的转发，包括策略执行、加密解密、QoS 处理等。

4.2.5.3　5G 接入网的架构

1．5G 接入网协议

为更好地理解 5G 接入网的架构，我们首先简要介绍 5G 接入网协议栈。5G 接入网协议栈包括控制面协议栈与用户面协议栈。控制面协议栈如图 4.12 所示,包括非接入(Non-Access Stratum, NAS)层、无线资源控制(Radio Resource Control, RRC)层、分组数据汇聚协议(Packet Data Convergence Protocol, PDCP)层、无线链路控制(Radio Link Control, RLC)层、媒介接入控制(Media Access Control, MAC)层、物理(Physical, PHY)层,各协议层主要负责的功能如下:

NAS 层:控制协议实体位于终端和 AMF 功能实体内,主要执行用户身份鉴权、移动性管理、安全控制等功能。

RRC 层:负责控制无线链路的建立、配置、维护和释放,管理移动性,包括小区选择、重选和切换,传输 NAS 信令,如身份认证和会话建立。

PDCP 层:负责用户数据的加密和安全处理,维护数据包的顺序,提供头部压缩和解压缩功能,以提高数据传输效率。

RLC 层:将上层传来的数据包进行分割或重组,方便后续传输,确保数据包的正确传输,进行错误检测和重传。

MAC 层:负责数据的优先级处理和调度,以及多用户接入的协调,处理数据包的复用和 HARQ(混合自动重传请求)机制。

PHY 层:负责无线信号的调制和解调、编码和解码,支持 MIMO(多输入多输出)天线技术、波束成形等。

用户面协议栈如图 4.13 所示,包括业务数据适配协议(Service Data Adaptation Protocol, SDAP)层、PDCP 层、RLC 层、MAC 层、PHY 层。与控制面协议栈略有不同,用户面协议栈没有 NAS 层和 RRC 层,引入了 SDAP 层。SDAP 层主要负责不同业务流和数据无线承载(Data Radio Bearer, DRB)之间的映射,其他层的功能与控制面协议栈对应层的功能大致相同。

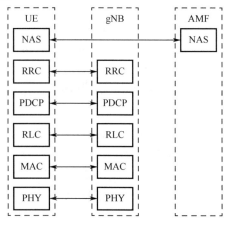

图 4.12　控制面协议栈

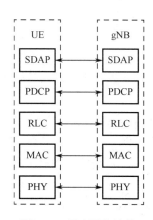

图 4.13　用户面协议栈

2. 5G 接入网的架构及网元功能

5G 接入网的架构如图 4.14 所示,主要由基站(Next Generation Node B, gNB)组成。gNB 可分为单体式基站和分离式基站。其中,单体式基站的所有功能由一个设备完成;在分离式基站中,5G 基站由中心单元(Centralized Unit, CU)、分布单元(Distribute Unit, DU)、有源天线单元(Active Antenna Unit, AAU)组成。CU 是由基带处理单元(Base Band Unit, BBU)中对时延不敏感的高层协议栈形成的单元,同时支持 5G 核心网部分功能下沉和边缘应用业务的部署。由于 CU 单元对时延不敏感，故其可以云化集中部署在离用户较远的区域。DU 是由 BBU 中需要实时处理的底层协议栈形成的单元，由于 DU 对时延的要求很严格，通常部署在靠近用户的地方，可以减少网络时延并提高性能。AAU 是由 BBU 中的部分物理层、RRU 层、天线形成的单元，通常安装在离用户较近的地方，可以提供更好的无线覆盖和信号质量。CU 与 DU 之间按照 5G 接入网协议层进行划分，其划分有多种方式，3GPP R15 标准中明确采用选项 2，即 CU 与 DU 在 PDCP 层和 RLC 层之间进行切分。

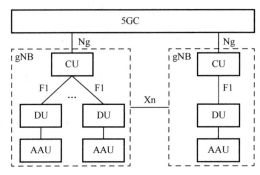

图 4.14　5G 接入网架构

5G 接入网的主要功能如下：

（1）无线资源管理：负责对无线接口的资源进行有效管理，确保资源利用的最优化，满足系统对无线资源的各项需求。

（2）连接移动性控制：支持终端在连接状态下进行系统内切换、同频切换、异频切换或跨系统切换。

（3）无线接入控制：5G 基站对建立无线承载的申请进行判断，判断过程需综合考虑 5G 基站的资源状况、服务质量（QoS）要求和优先级等因素。

（4）测量配置：为终端配置必要的测量任务，收集终端上报的测量结果。

（5）动态资源分配：5G 基站为用户终端传输数据分配一定的时频资源，在分配过程中要兼顾终端业务需求和公平性。

（6）数据处理：基站负责对用户数据包进行处理和路由转发，包括压缩、加密和完整性保护等。

5G 将基站功能重构为 CU 和 DU 两个功能实体，CU 统一调度多个 DU，能够节省大量的基带资源，提升机房资源的利用效率，节省网络运营成本。CU 还可以与专有硬件进行解耦，运行在云端通用的服务器上，结合网络切片技术可以满足不同应用场景对网络的要求。需要注意的是，CU 和 DU 的拆分部署也会产生一些不利影响，如增大接入网侧的传输和处理时延，网络对 CU 的可靠性有很高的要求。

CU 可以进一步拆分为中心单元控制面（Centralized Unit Control Plane，CU-CP）和中心单元用户面（Centralized Unit User Plane，CU-UP）。CU-CP 实现了 5G 基站的控制面功能，CU-UP 实现了 5G 基站的用户面功能。一个 5G 基站内部可能包含一个 CU-CP、多个 CU-UP 和多个 DU。CU-CP 与 CU-UP 之间通过 E1 接口连接。CU-CP 通过 F1-C 接口与 DU 连接，CU-UP 通过 F1-U 接口与 DU 连接。一个 CU-CP 可以连接管理多个 CU-UP 或多个 DU，一个 CU-UP 可以与多个在同一个 CU-CP 控制下的 DU 连接，一个 DU 也可以与在同一个 CU-CP 控制下的多个 CU-UP 连接。CU-CP、CU-UP、DU 的连接关系如图 4.15 所示。

5G 基站协议栈的内部拆分如图 4.16 所示，控制面协议栈中的 RRC 层、PDCP 层，以及更高层的协议由 CU-CP 处理；用户面协议栈中的 SDAP 层、PDCP 层，以及更高层的协议由 CU-UP 处理。无论在控制面协议栈中还是在用户面协议栈中，RLC 层、MAC 层、PHY 层都由 DU 处理（DU 处理物理层一部分，其他部分交由 AAU 处理）

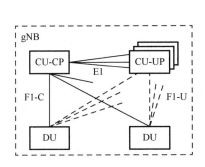

图 4.15　CU-CP、CU-UP、DU 的连接关系

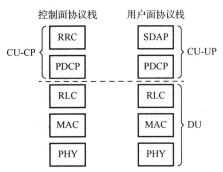

图 4.16　5G 基站协议栈的拆分

4.3 任务一：搭建开源 5G 核心网

开源 5G 核心网的部署与配置

4.3.1　任务目标

本节任务将基于 OAI 项目搭建一个开源 5G 核心网，带领读者了解主要的参数配置，实现个性化的参数配置，为后续的实验提供基础的开源 5G 核心网环境。

本节任务的目标包括：

- ⊃ 了解 Docker 技术，掌握在 Docker 中部署开源 5G 核心网的步骤，以及 Docker 的一些基本操作指令。
- ⊃ 基于 OAI 平台提供的开源 5G 核心网部署方案，在通用计算机上搭建一个开源 5G 核心网。
- ⊃ 掌握如何修改开源 5G 核心网配置文件、添加用户信息，根据开源 5G 核心网的网元日志判断开源 5G 核心网的工作状态。

4.3.2　要求和方法

4.3.2.1　要求

（1）通用计算机（建议采用 8 代及以上的 i7 CPU，16 GB 的内存），用来运行开源 5G 核心网，推荐使用的操作系统 Ubuntu 22.04。

（2）软件配置和实验运行依赖的代码已托管在本书对应的 Gitee 代码库中。

Gitee 代码库

4.3.2.2　方法

本节通过虚拟化方式部署开源 5G 核心网，读者首先要下载开源 5G 核心网的源代码，在通用计算机中配置虚拟化环境（安装 Docker）；然后根据 Docker 的配置文件下载开源 5G 核心网镜像文件并启动对应的容器。读者可以查看和更改开源 5G 核心网的配置文件，向开源 5G 核心网中添加用户信息，查看开源 5G 核心网的网元日志，获得当前接入网络的 5G 基站和 5G 终端的信息。

4.3.3　内容和步骤

4.3.3.1　配置开源 5G 核心网环境

为保持版本的一致，本节任务依然使用托管在 Gitee 代码库上的 OAI 核心网。

步骤 1：下载开源 5G 核心网的源代码。

本节任务使用 Docker 部署开源 5G 核心网。Docker 是一个开源的容器管理平台，它可以帮助开发者将应用程序及其依赖打包到一个独立的容器中，实现服务的轻松部署和管理。Docker 具有轻便、易部署、可迁移性好、不同容器相互独立等特点。通过下面的命令下载开源 5G 核心网的源代码：

```
#下载开源 5G 核心网依赖文件
git clone https://gitee.com/openxg/openxg-core.git
```

下载完成后的信息如图 4.17 所示。

```
正克隆到 'openxg-core'...
remote: Enumerating objects: 29, done.
remote: Counting objects: 100% (29/29), done.
remote: Compressing objects: 100% (25/25), done.
remote: Total 29 (delta 8), reused 0 (delta 0), pack-reused 0
接收对象中: 100% (29/29), 9.40 KiB | 9.40 MiB/s, 完成.
处理 delta 中: 100% (8/8), 完成.
```

图 4.17　成功下载开源 5G 核心网的源代码

步骤 2：配置 Docker 环境。

在 Docker 官方网站上可以看到配置 Docker 环境的步骤，运行下面命令配置 Docker 环境：

```
sudo apt-get update
sudo apt-get install ca-certificates curl
sudo install -m 0755 -d /etc/apt/keyrings
sudo curl -fsSL https://download.docker.com/linux/ubuntu/gpg -o /etc/apt/keyrings/docker.asc
sudo chmod a+r /etc/apt/keyrings/docker.asc
# Add the repository to Apt sources:
echo \
"deb [arch=$(dpkg --print-architecture) signed-by=/etc/apt/keyrings/docker.asc] \
https://download.docker.com/linux/ubuntu \
$(. /etc/os-release && echo "$VERSION_CODENAME") stable" | \
sudo tee /etc/apt/sources.list.d/docker.list > /dev/null
sudo apt-get update
sudo apt-get install docker-ce docker-ce-cli containerd.io docker-buildx-plugin docker-compose-plugin
```

上述命令运行完毕后，通过以下命令查看 Docker 和 Docker Compose 版本号，可以用来检验 Docker 是否正确安装：

```
docker -v
docker compose version
```

正确安装后将出现以下信息：

Docker version 24.0.7, build 24.0.7-0ubuntu2~22.04.1
Docker compose version v2.23.3

步骤 3：部署开源 5G 核心网的网元。

在 Docker 环境下，每个网元或服务都部署在一个容器（即轻量化虚拟机）内，每个容器可有一个或多个 IP 地址，不同的容器通过一个网桥（虚拟路由器）进行数据交互，如图 4.18 所示。

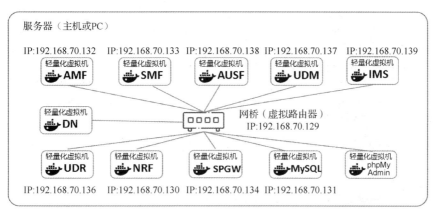

图 4.18　通过容器部署开源 5G 核心网的示意图

Docker 中各容器和网桥既可以通过手动方式来创建，也可以通过编写 Docker Compose 文件的方式来自动化创建。Docker Compose 是 Docker 的一个扩展工具，通过编写 docker-compose.yml 文件可以方便地定义和运行多个 Docker 容器或 Docker 提供的其他服务类型。在本节任务中，我们将使用 Docker Compose 部署开源 5G 核心网的各个网元。

图 4.18 除了有包含开源 5G 核心网各个网元的容器，还有包含 MySQL 和 phpMyAdmin 的容器。其中，MySQL 是一个广泛使用的关系型数据库管理系统，本节任务使用该数据库作为存储开源 5G 核心网用户信息的数据库，与 UDR 配合使用。phpMyAdmin 是一个开源的可视化的 MySQL 管理工具，利用该工具，用户可以通过浏览器来方便地访问和管理 MySQL。phpMyAdmin 支持多种数据库操作，如数据库和表的创建、修改、删除，数据的插入、编辑、删除等，利用该工具可以方便地管理开源 5G 核心网的用户信息。部署开源 5G 核心网的网元的步骤如下：

（1）将开源 5G 核心网的镜像文件下载到本地，读者可以运行脚本 pull_images.sh 获取网元的镜像文件。受限于网络原因，下载过程可能不顺利，为了方便读者下载镜像文件，本节任务将开源 5G 核心网的镜像文件打包为 tar 包并上传到了 oai5gcn-images 仓库，仓库位置为 http://git.opensource5g.org/openxg/oai5gcn-images.git，通过下面的命令可将仓库拉取到本地：

wget https://gitlab.openxg.org.cn/openxg/oai5gcn-images/-/archive/master/oai5gcn-images-master.zip

解压缩下载的压缩包后，可以使用命令"docker load"将 tar 包恢复为镜像文件。相关命令已经封装在脚本 load_images.sh 中，运行该脚本即可：

unzip oai5gcn-images-master.zip
cd oai5gcn-images-master
sudo ./load_images.sh

脚本 load_images.sh 成功运行后的信息如下：

```
Loaded image: oaisoftwarealliance/oai-udm:latest
59ee4ae2b4d4: Loading layer [==============================]  136.1MB/136.1MB
Loaded image: oaisoftwarealliance/oai-ausf:latest
912d07c72ab8: Loading layer [==============================]  149.2MB/149.2MB
Loaded image: oaisoftwarealliance/oai-spgwu-tiny:latest
8e87ff28f165: Loading layer [==============================]  80.38MB/80.38MB
ce6fa2239d57: Loading layer [==============================]  199.2MB/199.2MB
5f70bf18a086: Loading layer [==============================]  1.024kB/1.024kB
12c32376f533: Loading layer [==============================]  6.656kB/6.656kB
Loaded image: oaisoftwarealliance/trf-gen-cn5g:jammy
dc0585a4b8b7: Loading layer [==============================]  80.35MB/80.35MB
2ec42c8855ff: Loading layer [==============================]  219.5MB/219.5MB
Loaded image: oaisoftwarealliance/ims:latest
```

（2）使用 Docker Compose 部署并运行开源 5G 核心网，命令如下：

```
sudo docker compose -f docker-compose.yaml up -d
```

开源 5G 核心网运行成功后的信息如图 4.19 所示。

图 4.19　开源 5G 核心网运行成功后的信息

此外，还可以使用命令"docker ps"查看各容器运行状态，如图 4.20 所示，我们可以看到各容器均处于正常工作状态。

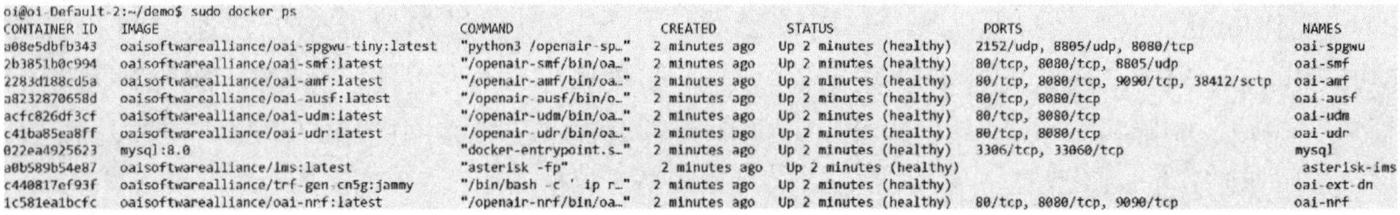

图 4.20　各容器的运行状态

（3）为了方便地管理开源 5G 核心网中的用户信息，我们还可以再部署一个 phpMyAdmin 容器，使用如下命令：

```
sudo docker run -d --ip=192.168.70.144 --network demo-oai-public-net --name myadmin -e PMA_HOST=192.168.70.131 -p 8081:80 phpmyadmin/phpmyadmin:latest
```

上述命令的含义是部署一个 phpMyAdmin 服务容器，其 IP 地址为 192.168.70.144，该地址连接至 IP 地址为 192.168.70.131 的数据库上，并将该容器的 80 端口映射至通用计算机的 8081 端口，这样我们就可以在本机或同一局域网的其他通用计算机上可以访问 phpMyAdmin 服务。例如，本机的 IP 地址为 192.168.0.101，可以通过 http://192.168.0.101:8081 访问数据库管理页面（见图 4.21），本章实验中用户名为 root，密码为 linux。

图 4.21　通过 http://192.168.0.101:8081 访问数据库管理页面

通过以上步骤即可完成开源 5G 核心网的部署和运行，通过下面的命令可停止开源 5G 核心网：

```
sudo docker compose -f docker-compose.yaml down -t 0
```

成功停止开源 5G 核心网后的信息如图 4.22 所示。

```
[+] Running 11/10
 ✓ Container asterisk-ims        Removed                                          0.5s
 ✓ Container oai-spgwu           Removed                                          0.3s
 ✓ Container oai-ext-dn          Removed                                          0.3s
 ✓ Container oai-smf             Removed                                          0.3s
 ✓ Container oai-amf             Removed                                          0.2s
 ✓ Container oai-ausf            Removed                                          0.1s
 ✓ Container oai-udm             Removed                                          0.1s
 ✓ Container oai-udr             Removed                                          0.2s
 ✓ Container mysql               Removed                                          0.3s
 ✓ Container oai-nrf             Removed                                          0.2s
 ! Network demo-oai-public-net   Resource is still in use                         0.0s
```

图 4.22　成功停止开源 5G 核心网后的信息

4.3.3.2　配置开源 5G 核心网参数

本节任务使用的开源 5G 核心网参数配置文件 config.yaml 位于 conf 目录下，该配置文件总共 5 个模块，第 1 个模块是公共配置模块，其代码如图 4.23 所示，主要功能是配置日志输出等级、是否使用 NRF，以及 HTTP 版本等。

```
29   ############# Common configuration
30
31   # log level for all the NFs
32   log_level:
33     general: debug
34
35   # If you enable registration, the other NFs will use the NRF discovery mechanism
36   register_nf:
37     general: yes
38
39   http_version: 2
```

图 4.23　公共配置模块的代码

第 2 个模块为 SBI 接口配置模块，该模块给出了各个网元所处的容器在对外提供服务时使用的端口、版本及网卡信息等。该模块仅在不使用 NRF 的情况下生效，也就是公共配置模块中 register_nf 被设置为 no 时。SBI 接口配置模块的代码如图 4.24 所示，一般情况下使用默认值即可。

```
41    ############# SBI Interfaces
42    ### Each NF takes its local SBI interfaces and remote interfaces from here, unless it gets them using NRF discovery mechanisms
43    nfs:
44      amf:
45        host: oai-amf
46        sbi:
47          port: 8080
48          api_version: v1
49          interface_name: eth0
50        n2:
51          interface_name: eth0
52          port: 38412
53      smf:
54        host: oai-smf
55        sbi:
56          port: 8080
57          api_version: v1
58          interface_name: eth0
59        n4:
60          interface_name: eth0
61          port: 8805
```

图 4.24   SBI 接口配置模块的代码

第 3 个模块是数据库配置模块，该模块给出了连接数据库时的用户名、密码、数据库名称等信息。通过该模块，UDR、AMF 等网元可以获取到用户信息。数据库配置模块的代码如图 4.25 所示。

```
87    #### Common for UDR and AMF
88    database:
89      host: mysql
90      user: test
91      type: mysql
92      password: test
93      database_name: oai_db
94      generate_random: true
95      connection_timeout: 300 # seconds
```

图 4.25   数据库配置模块的代码

第 4 个模块是各网元的配置模块。本节任务重点关注 AMF 和 SMF 的配置信息。在 AMF 中，我们主要修改了与 PLMN 相关的参数配置，如图 4.26 所示。公共陆地移动（通信）网络（Public Land Mobile Network，PLMN）是指某个国家或地区的某个运营商的蜂窝移动通信网络，PLMN 包括移动国家码（Mobile Country Code，MCC）和移动网络码（Mobile Network Code，MNC）。MCC 是用于唯一识别移动用户所属国家的三位数字代码，如中国的 MCC 为 460。MNC 是用于唯一识别某个国家内特定移动网络运营商的代码。同时，开源 5G 核心网还需要配置跟踪区码（Tracking Area Code，TAC），用于在移动性管理中识别跟踪区域。本节任务将 MCC 设置为 001，将 MNC 设置为 01（即 PLMN 为 00101），将 TAC 设置为 1。NSSAI 是与切片相关的配置参数，5G 手机的切片参数配置需要与开源 5G 核心网中的配置保持一致。

```
110    served_guami_list:
111      - mcc: 001
112        mnc: 01
113        amf_region_id: 80
114        amf_set_id: 001
115        amf_pointer: 01
116    plmn_support_list:
117      - mcc: 001
118        mnc: 01
119        tac: 0x0001
120        nssai:
121          - sst: 1
```

图 4.26   与 PLMN 相关的参数配置

在 SMF 中，本节任务主要配置接入点 DNN 的信息，如图 4.27 所示。这里以第 1 个 DNN 为例进行说明，该 DNN 的切片类型 SST 为 1，名字为 oai。在 qos_profile 中将 QoS 服务等级设置为 9（5qi=9）。5qi 是在 3GPP TS23.501 规范中定义的一个标量，用于表示 5G QoS 的指标要求，控制 QoS 流的转发规则与转发优先级。此外，在 SMF 中还可以设置该 DNN 的聚合上行、下行速率的上限。

```
148    # the DNN you configure here should be configured in "dnns"
149    local_subscription_infos:
150      - single_nssai:
151          sst: 1
152        dnn: "oai"
153        qos_profile:
154          5qi: 9
155          session_ambr_ul: "10Gbps"
156          session_ambr_dl: "10Gbps"
157      - single_nssai:
158          sst: 1
159        dnn: "openairinterface"
160        qos_profile:
161          5qi: 9
162          session_ambr_ul: "10Gbps"
163          session_ambr_dl: "10Gbps"
```

图 4.27　配置 DNN 的信息

在 DNN 中，还可以详细配置 DNN 所对应的 IP 地址范围，当手机选择该 DNN 并成功接入网络后，开源 5G 核心网为此用户分配 1 个该范围内的 IP 地址，如图 4.28 所示。

```
172    ## DNN configuration
173    dnns:
174      - dnn: "oai"
175        pdu_session_type: "IPV4"
176        ipv4_subnet: "12.1.1.2/24"
177      - dnn: "openairinterface"
178        pdu_session_type: "IPV4V6"
179        ipv4_subnet: "12.1.2.2/24"
180        ipv6_prefix: "2001:1:2::/64"
181      - dnn: "ims"
182        pdu_session_type: "IPV4V6"
183        ipv4_subnet: "12.1.9.2/24"
184        ipv6_prefix: "2001:1:2::/64"
```

图 4.28　配置 DNN 的 IP 地址范围

注意：在修改上述配置文件后，需要关闭并重新启动开源 5G 核心网，才能使新的配置文件生效。

4.3.3.3　配置用户签约信息

用户签约信息是指开源 5G 核心网中所存储的手机 SIM 卡的对应信息。当手机接入 5G 网络时，开源 5G 核心网和手机之间将基于用户签约信息进行双向鉴权。如前文所述，本章的开源 5G 核心网使用 MySQL 存储用户签约信息，使用 phpMyAdmin 对数据库进行管理。登录 phpMyAdmin 管理系统后，即可在"mysql"→"oai_db"→"AuthenticationSubscription"中添加用户签约信息。在添加用户签约信息时，最为重要的参数为 IMSI、key、opc，其中，国际移动用户标识（International Mobile Subscriber Identification，IMSI）是手机 SIM 卡的标识，具有全球唯一性，IMSI 一般由 15 位十进制数组成，其中前 5 位为 PLMN 码，后 10 位为运营商自定义的编号；key 和 opc 用于计算鉴权向量，一般情况下 key 和 opc 是严格保密数据，不会对外公开。图 4.29 所示的数据库中已经内置了一些用户签约信息，读者可以参考已有的记录，根据自己的需求添加用户签约信息。

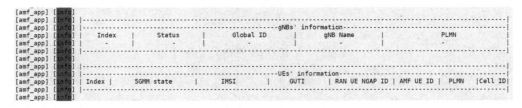

图 4.29　数据库中的用户签约信息

4.3.3.4　查看网元日志

日志是软件运行过程中输出的与运行状态相关的信息，可用于判断软件是否正常运行、协助排查问题。本节任务使用命令"docker logs"命令查看各网元的日志情况，命令如下：

```
sudo docker logs oai-amf -f
```

该命令可实时查看 AMF 网元日志。如果我们仅希望查看当前最新的 200 条日志，可以使用以下的命令：

```
sudo docker logs oai-amf -n 200
```

从图 4.30 所示的 AMF 网元日志可以看到，当前 5G 基站信息和终端信息显示为空，即还没有 5G 基站和终端接入开源 5G 核心网。

```
[amf_app] [info]
[amf_app] [info]
[amf_app] [info] |-----------------------------------------gNBs' information-----------------------------------------|
[amf_app] [info] | Index |     Status     |    Global ID    |     gNB Name    |          PLMN          |
[amf_app] [info] |   -   |       -        |        -        |        -        |           -            |
[amf_app] [info] |-------------------------------------------------------------------------------------|
[amf_app] [info]
[amf_app] [info] |-------------------------------------------UEs' information---------------------------------------|
[amf_app] [info] | Index |  5GMM state  |     IMSI     |     GUTI     | RAN UE NGAP ID | AMF UE ID | PLMN |Cell ID|
[amf_app] [info] |-------------------------------------------------------------------------------------|
[amf_app] [info]
```

图 4.30　AMF 网元日志

使用命令"docker logs"也可以查看 SMF 和 UPF 等网元的日志。通过分析网元日志，可以获取当前接入开源 5G 核心网的设备信息，也可以用于判断开源 5G 核心网是否处于正常的工作状态。

4.3.4　任务小结

实验结果

通过本节任务，读者可掌握开源 5G 核心网的部署方案，能够在通用计算机上搭建开源 5G 核心网。通过实地部署开源 5G 核心网，读者可更加深刻地理解开源 5G 核心网的网元功能和开源 5G 核心网的整体运作方式，对开源 5G 核心网进行简单的配置，包括更改 PLMN，增加、删除或修改开源 5G 核心网数据库中的用户签约信息等，也可以根据开源 5G 核心网的网元日志判断开源 5G 核心网的工作状态。

4.4 任务二：配置开源 5G 基站与开源 5G 终端

开源 5G 基站与开源 5G
终端的配置及运行

4.4.1　任务目标

本节任务将基于 OAI 项目部署一个完整的端到端的开源 5G 网络，通过该实验将开源 5G 基站接入开源 5G 核心网，将开源 5G 终端接入该开源 5G 网络等环境。

本节任务的目标包括：

⮑ 基于开源软件及 SDR 平台部署一套开源 5G 基站，将开源 5G 基站接入开源 5G 核心网，开源 5G 基站分别采用单体式基站和分离式基站（CU 与 DU 分离）两种模式。

⮑ 学会配置开源 5G 终端和开源 5G 基站参数，将开源 5G 终端接入开源 5G 网络。

4.4.2　要求和方法

4.4.2.1　要求

（1）本节任务建议使用 2 台通用计算机（建议采用 8 代及以上的 i7 CPU，16 GB 的内存），每台配置一块 SDR 平台（如 USRP B210 板卡），其中一台用于运行开源 5G 核心网及开源 5G 基站，另一台用于运行开源 5G 终端，推荐使用的操作系统是 Ubuntu 22.04。

（2）软件包括开源 5G 核心网、开源 5G 基站和开源 5G 终端的代码。

4.4.2.2　方法

本节任务将基于 OAI 项目实现开源 5G 基站和开源 5G 终端接入开源 5G 核心网，读者首先要搭建开源 5G 核心网（搭建开源 5G 核心网的详细过程请参考 4.3 节）；接着以射频模式编译单体式基站和开源 5G 终端的代码，根据开源 5G 核心网的配置信息（网元所在容器的 IP 地址、PLMN 等）修改开源 5G 基站和开源 5G 终端的配置文件；然后利用第 3 章得到的空口相关参数（如中心频率、SSB 偏移等），以 SA 模式运行开源 5G 基站和开源 5G 终端；最终将开源 5G 终端接入开源 5G 核心网。本节任务不仅介绍了编译运行单体式基站的方法，还介绍了编译运行分离式基站的方法，即编译运行 CU 和 DU 的方法。

4.4.3　内容和步骤

4.4.3.1　编译运行单体式基站

将开源 5G 基站的代码下载到本地，并安装相关依赖（UHD 和其他工具），具体步骤详见第 3 章的实验。

OAI 项目支持不同的 SDR 平台，本节任务以 USRP B210 板卡为例进行介绍。通过下面的命令可编译单体式基站代码：

```
sudo ./build_oai --ninja -c --gNB -w USRP
```

成功编译开源 5G 基站的结果如图 4.31 所示。

```
-- No Doxygen documentation requested
-- Found UHD: /usr/local/lib/libuhd.so
-- Configuring done
-- Generating done
-- Build files have been written to: /home/oi/zjg/openxg-ran/cmake_targets/ran_build/build
cd /home/oi/zjg/openxg-ran/cmake_targets/ran_build/build
Running "cmake --build . --target nr-softmodem nr-cuup oai_usrpdevif params_libconfig coding rfsimulator dfts -- -j4"
Log file for compilation is being written to: /home/oi/zjg/openxg-ran/cmake_targets/log/all.txt
nr_softmodem nr-cuup oai_usrpdevif params_libconfig coding rfsimulator dfts compiled
BUILD SHOULD BE SUCCESSFUL
```

图 4.31　成功编译开源 5G 基站的结果

与第 3 章中实验不同，本节任务中的开源 5G 基站除了需要配置与射频相关的参数，还需要配置与开源 5G 核心网相关的参数，主要包括 MCC、MNC、TAC、开源 5G 核心网 IP 地址等相关参数。本节任务的开源 5G 基站使用的配置文件是 gnb.sa.band78.51prb.usrpb200.conf，该文件位于目录 "ci-scripts/conf_files/" 下。如图 4.32 所示，本节任务将 TAC（即 track_area_code）设置为 1，将 MCC 设置为 001，将 MNC 设置为 01 等，这些信息需要与开源 5G 核心网的配置保持一致。

```
 5    gNBs =
 6    (
 7      {
 8        /////////// Identification parameters:
 9        gNB_ID    = 0xe00;
10        gNB_name  = "gNB";
11
12        // Tracking area code, 0x0000 and 0xfffe are reserved values
13        tracking_area_code  = 1;
14        plmn_list = ({ mcc = 001; mnc = 01; mnc_length = 2; snssaiList = ({ sst = 1, sd = 0xffffff }) });
```

图 4.32　开源 5G 基站中 PLMN 配置

此外，还需要在开源 5G 基站中配置开源 5G 核心网的 AMF 地址，这样开源 5G 基站才能与开源 5G 核心网建立连接，如图 4.33 所示。图中，参数 amf_ip_address 表示开源 5G 核心网的 AMF 地址，该地址需要与本节任务一中设置的 AMF 地址保持一致。参数 GNB_IPV4_ADDRESS_FOR_NG_AMF 表示开源 5G 基站在连接开源 5G 核心网 AMF 时使用的本地 IP 地址，是用于控制面通信的地址。参数 GNB_IPV4_ADDRESS_FOR_NGU 表示开源 5G 基站在连接开源 5G 核心网 UPF 时使用的本地 IP 地址，是用于数据面通信的地址。

```
158    /////////// AMF parameters:
159    amf_ip_address      = ( { ipv4      = "192.168.70.132";
160                              ipv6      = "192:168:30::17";
161                              active    = "yes";
162                              preference = "ipv4";
163                            }
164                          );
165
166
167    NETWORK_INTERFACES :
168    {
169        GNB_INTERFACE_NAME_FOR_NG_AMF       = "demo-oai";
170        GNB_IPV4_ADDRESS_FOR_NG_AMF         = "192.168.70.129";
171        GNB_INTERFACE_NAME_FOR_NGU          = "demo-oai";
172        GNB_IPV4_ADDRESS_FOR_NGU            = "192.168.70.129";
173        GNB_PORT_FOR_S1U                    = 2152; # Spec 2152
174    };
```

图 4.33　配置开源 5G 基站中的 AMF 地址

开源 5G 基站支持真实空口和仿真空口两种模式：①真实空口模式是指开源 5G 基站使用 SDR 平台进行真实 5G 信号的收发，即 sa 模式；②仿真空口模式是指使用 OAI 项目提供的 rfsimulator 来模拟空口数据的收发，即 rfsim 模式，该模式可用于没有 SDR 平台射频硬件的情况。运行真实空口模式的命令如下：

```
sudo ./ran_build/build/nr-softmodem -O ../ci-scripts/conf_files/gnb.sa.band78.51prb.usrpb200.conf --sa
```

要想运行仿真空口模式，只需在上面的命令后增加“--rfsim”即可，命令如下：

```
sudo ./ran_build/build/nr-softmodem -O ../ci-scripts/conf_files/gnb.sa.band78.51prb.usrpb200.conf --sa
--rfsim
```

成功运行开源 5G 基站后的信息如图 4.34 所示。

```
[HW]   current pps at 2.000000, starting streaming at 3.000000
[PHY]   RU 0 rf device ready
[PHY]   RU 0 RF started opp_enabled 0
sleep...
sleep...
sleep...
sleep...
sleep...
sleep...
sleep...
sleep...
sleep...
[PHY]   Command line parameters for the UE: -C 3309960000 -r 51 --numerology 1 --ssb 222
[NR_MAC]   Frame.Slot 384.0

[NR_MAC]   Frame.Slot 512.0

[NR_MAC]   Frame.Slot 640.0

[NR_MAC]   Frame.Slot 768.0
```

图 4.34　成功运行开源 5G 基站后的信息

4.4.3.2　编译运行开源 5G 终端

与开源 5G 基站类似，开源 5G 终端也支持真实空口和仿真空口两种模式。在运行真实空口模式时，建议在两台不同的通用计算机上分别运行开源 5G 终端与开源 5G 基站；在运行仿真空口模式时，可以在一台笔记本电脑或主机上同时运行开源 5G 基站和开源 5G 终端。编译运行开源 5G 终端的步骤如下：

步骤 1：以 USRP 射频模式编译开源 5G 终端。

使用下面的命令进行编译：

```
sudo ./build_oai --ninja -c --nrUE -w USRP
```

步骤 2：配置开源 5G 终端的参数。

开源 5G 终端在接入开源 5G 核心网时需要使用和鉴权相关的参数。在商用手机中，相关参数一般由 SIM 卡和手机设置提供；在开源 5G 终端中，通过文件 ue.conf 可配置相关的参数，该文件位于“openxg-ran/targets/PROJECTS/GENERIC-NR-5GC/CONF/”目录下，其代码如图 4.35 所示。

```
uicc0 = {
imsi = "001010000000001";
key = "00112233445566778899aabbccddeeff";
opc= "000102030405060708090a0b0c0d0e0f";
dnn= "oai";
nssai_sst=1;
nssai_sd=0xFFFFFF;
}
```

图 4.35　开源 5G 终端的配置文件代码

开源 5G 终端的配置文件的参数含义如表 4.1 所示，相关的信息需要添加到开源 5G 核心网中。

表 4.1　开源 5G 终端的配置文件的参数含义

参 数 名	含 义	本章实验中取值
imsi	国际移动用户标识	001010000000001
key	用户身份识别密钥	00112233445566778899aabbccddeeff
opc	运营商密钥	000102030405060708090a0b0c0d0e0f
dnn	开源 5G 终端使用的接入点名称，该接入点需要在开源 5G 核心网中进行配置	oai
nssai_sst	切片类型	1
nssai_sd	切片用户组	0xFFFFFF

步骤 3：运行开源 5G 终端。

使用下面的命令可运行开源 5G 终端，这里使用的参数是由第 3 章的实验得出的。

```
sudo    ./ran_build/build/nr-uesoftmodem  -r  51  --numerology  1  -C  3309960000  --ssb  222
-O ../targets/PROJECTS/GENERIC-NR-5GC/CONF/ue.conf --nokrnmod --sa
```

如果需要运行仿真空口模式，则需要在上述命令后增加 "--rfsim"，表明使用的是仿真空口模式；增加 "--rfsimulator.serveraddr 127.0.0.1"，用于将空口仿真软件 rfsimulator 的地址告诉开源 5G 终端。需要注意的是，当开源 5G 终端与开源 5G 基站在同一台通用计算机上时，其地址为 127.0.0.1，当处于不同的通用计算机上时，该参数为开源 5G 基站所在的通用计算机的 IP 地址。

成功运行开源 5G 终端后的信息如图 4.36 所示，至此我们就将开源 5G 终端接入到了开源 5G 核心网。通过开源 5G 终端运行的日志可以看到，开源 5G 核心网为开源 5G 终端分配的地址为 12.1.1.12，与开源 5G 核心网的 IP 地址范围相符，这里的 IP 地址是动态分配的，所以每次运行的地址可能是不同的。

```
[NAS]    Send NAS_UPLINK_DATA_REQ message(PduSessionEstablishRequest)
[NR_RRC]    radio Bearer Configuration is present
[PDCP]    added drb 1 to UE ID 0
[SDAP]    Default DRB for the created SDAP entity: 1
[NR_RRC]    State = NR_RRC_CONNECTED
[RLC]    Added srb 2 to UE 0
[RLC]    Added drb 1 to UE 0
[RLC]    Added DRB to UE 0
[MAC]    Applying CellGroupConfig from gNodeB
[NR_RRC]    Measurement Configuration is present
[NR_RRC]    rrcReconfigurationComplete Encoded 10 bits (2 bytes)
[NAS]    [UE 0] Received NAS_CONN_ESTABLI_CNF: errCode 1, length 99
[NR_RRC]    Logical Channel UL-DCCH (SRB1), Generating RRCReconfigurationComplete (bytes 2)
[OIP]    Interface oaitun_ue1 successfully configured, ip address 12.1.1.12, mask 255.255.255.0 broadcast address 12.1.1.255
[NR_PHY]    =========================================
[NR_PHY]    Harq round stats for Downlink: 15/0/0
[NR_PHY]    =========================================
[NR_PHY]    =========================================
[NR_PHY]    Harq round stats for Downlink: 16/0/0
[NR_PHY]    =========================================
[NR_PHY]    =========================================
[NR_PHY]    Harq round stats for Downlink: 17/0/0
```

图 4.36　成功运行开源 5G 终端后的信息

此外，我们在开源 5G 终端所在的通用计算机上打开一个命令行窗口，运行 "ifconfig"

命令，可以看到有一个名为 oaitun_ue1 的网卡，其地址就是开源 5G 核心网分配的地址，如图 4.37 所示。

```
oaitun_ue1: flags=4305<UP,POINTPOINT,RUNNING,NOARP,MULTICAST>  mtu 1500
        inet 12.1.1.2  netmask 255.255.255.0  destination 12.1.1.2
        inet6 fe80::cb1e:8622:1e8a:9889  prefixlen 64  scopeid 0x20<link>
        unspec 00-00-00-00-00-00-00-00-00-00-00-00-00-00-00-00  txqueuelen 500  (未指定)
        RX packets 0  bytes 0 (0.0 B)
        RX errors 0  dropped 0  overruns 0  frame 0
        TX packets 2  bytes 96 (96.0 B)
        TX errors 0  dropped 0  overruns 0  carrier 0  collisions 0
```

图 4.37　开源 5G 核心网分配的地址

我们还可以使用开源 5G 核心网分配的地址进行数据传输，以验证 5G 网络是否可以正常使用。例如，使用上面的网卡 ping 一个互联网地址或使用该网卡上网浏览数据等（见图 4.38）。

```
oi@oi-Default-3:~$ ping www.baidu.com -I oaitun_ue1
PING www.a.shifen.com (110.242.68.3) from 12.1.1.2 oaitun_ue1: 56(84) bytes of data.
64 bytes from 110.242.68.3 (110.242.68.3): icmp_seq=1 ttl=47 time=18.2 ms
64 bytes from 110.242.68.3 (110.242.68.3): icmp_seq=2 ttl=47 time=16.2 ms
64 bytes from 110.242.68.3 (110.242.68.3): icmp_seq=3 ttl=47 time=14.4 ms
64 bytes from 110.242.68.3 (110.242.68.3): icmp_seq=4 ttl=47 time=23.5 ms
64 bytes from 110.242.68.3 (110.242.68.3): icmp_seq=5 ttl=47 time=22.5 ms
64 bytes from 110.242.68.3 (110.242.68.3): icmp_seq=6 ttl=47 time=21.3 ms
64 bytes from 110.242.68.3 (110.242.68.3): icmp_seq=7 ttl=47 time=19.5 ms
```

图 4.38　使用网卡 oaitun_ue1 进行数据传输

步骤 4：查看日志及跟踪信令。

为了了解网络运行状态或排查网络问题，我们还可以查看日志或跟踪各个网元间的信令。使用 Docker 日志命令"docker logs"可以查看 AMF 网元状态，如图 4.39 所示。从该图可以看到，在 AMF 中接入了一个开源 5G 基站和一个开源 5G 终端。

```
[amf_app] [info] |------------------------------------------------gNBs' information------------------------------------------------|
[amf_app] [info] |-----------------------------------------------------------------------------------------------------------------|
[amf_app] [info] | Index  |    Status    |    Global ID    |      gNB Name      |               PLMN               |
[amf_app] [info] |   1    |  Connected   |     0xe000      |       gNB          |             001, 01              |
[amf_app] [info] |
[amf_app] [info] |
[amf_app] [info] |-----------------------------------------------------------------------------------------------------------------|
[amf_app] [info] |------------------------------------------------UEs' information------------------------------------------------|
[amf_app] [info] | Index | 5GMM state      |     IMSI      |   GUTI   | RAN UE NGAP ID | AMF UE ID | PLMN   | Cell ID   |
[amf_app] [info] |   1   | 5GMM-REGISTERED | 001010000000001 |        |       1        |     2     | 001, 01 |0x   e00000|
```

图 4.39　查看 AMF 网元状态

实验结果

另外，我们还可以使用网络数据抓包工具跟踪开源 5G 基站与开源 5G 核心网之间，以及开源 5G 核心网各个网元之间的信令，用来判断 5G 网络的运行是否正常，或者辅助网络问题的排查。常用的可视化网络数据抓包工具有 Wireshark 等，命令行抓包工具有 tcpdump 等。本节任务使用 tcpdump 抓取网络数据包，并使用 Wireshark 分析信令流程。

在启动开源 5G 基站和开源 5G 终端前，我们首先在开源 5G 基站所在的通用计算机上运行下面的命令启动抓包软件：

```
sudo tcpdump -i demo-oai -w log.pcap
```

该命令中"-i"表示抓取经过 demo-oai 网桥的数据包（这是因为开源 5G 基站与开源 5G 核心网的交互数据均会通过 demo-oai 网桥）。该命令可将抓取到的数据包存储在 log.pcap 文件。

然后，依次运行开源 5G 基站、开源 5G 终端，待开源 5G 终端接入开源 5G 核心网后，使用 oaitun_ue1 网卡尝试 ping 百度的域名，测试网络的连通性。

完成上述操作后，我们停止 tcpdump，这时可在当前目录下发现 log.pcap 文件。

使用 Wireshark 打开 log.pcap 文件，并在 Wireshark 界面的过滤框中输入"ngap || gtp"，可以看到开源 5G 基站与开源 5G 核心网之间控制面的信令流程和用户面的数据传输流程，如图 4.40 所示。

图 4.40 控制面的信令流程和用户面的数据传输

例如，我们在步骤 2 中配置开源 5G 终端参数时，误将 imsi 写为 001018000000001，该 imsi 并不在开源 5G 核心网中，再次运行抓包工具、启动开源 5G 基站和开源 5G 终端，看看信令流程会发生什么变化。此时，我们可以看到信令中开源 5G 核心网向开源 5G 基站发送了一条 DownlinkNASTransport 的消息，其内容为 Registration reject，指明原因为非法终端（Illegal UE），如图 4.41 所示。

图 4.41 非法的开源 5G 终端接入开源 5G 核心网时的信令流程

4.4.3.3 编译运行分离式基站

在前文介绍开源 5G 基站架构时，提到可以使用单体式基站（整体部署），也可以使用分离式基站（CU 和 DU 分离部署），下面介绍编译运行分离式基站的方法。

1. CU 运行

分离式基站与单体式基站使用的可执行文件相同，仅配置文件不同。CU 使用的配置文件为 gnb-cu.sa.band78.51prb.usrpb200.conf，该文件位于"openxg-ran/ci-scripts/conf_files/"目录下。

CU 运行的是 5G 接入网的高层协议，主要负责开源 5G 核心网与 DU 之间的数据交互，因此 CU 的配置文件关注高层协议的参数（如 PLMN、AMF IP 地址等），无须关注空口和射频相关参数（如频点、带宽等）。此外，CU 还需配置与 DU 进行数据交互的参数，如图 4.42 所示。

```
25        local_s_if_name = "lo";
26        local_s_address = "127.0.0.2";
27        remote_s_address = "0.0.0.0";
28        local_s_portc  = 501;
29        local_s_portd  = 2152;
30        remote_s_portc = 500;
31        remote_s_portd = 2153;
```

图 4.42　CU 与 DU 进行数据交互的参数配置

CU 与 DU 进行数据交互的参数含义如表 4.2 所示。

表 4.2　CU 配置文件参数含义

参 数 名	含 义	本章实验中的取值
local_s_if_name	CU 使用的本地网卡名称，lo 表示使用回环地址，即 127.*.*.*	lo
local_s_address	CU 用来与 DU 进行交互的地址	127.0.0.2
remote_s_address	DU 的地址，0.0.0.0 表示可连接任意地址的 DU	0.0.0.0
local_s_portc	CU 控制面端口	501
local_s_portd	CU 数据面端口	2152
remote_s_portc	DU 控制面端口	500
remote_s_portd	DU 数据面端口	2153

CU 的编译命令与单体式基站编译一致，编译通过后，使用下面的命令可运行 CU：

sudo ./ran_build/build/nr-softmodem -O ../ci-scripts/conf_files/gnb-cu.sa.band78.51prb.usrpb200.conf --sa

成功运行 CU 后的信息如图 4.43 所示，此时 CU 已经与开源 5G 核心网的 AMF 建立了 NGAP 连接，正在等待与 DU 建立连接。

```
[GNB_APP]   [gNB 0] Received NGAP_REGISTER_GNB_CNF: associated AMF 1
[NR_RRC]    Entering main loop of NR_RRC message task
[NR_RRC]    Accepting new CU-UP ID 3584 name gNB-CU (assoc_id -1)
[UTIL]      threadCreate() for TASK_GTPV1_U: creating thread with affinity ffffffff, priority 50
[F1AP]      F1AP_CU_SCTP_REQ(create socket) for 127.0.0.2 len 10
[GTPU]      Initializing UDP for local address 127.0.0.2 with port 2152
[GTPU]      Created gtpu instance id: 99
[ITTI]      Created Posix thread TASK_GTPV1_U
START MAIN THREADS
RC.nb_nr_L1_inst:0
wait_gNBs()
Waiting for gNB L1 instances to all get configured ... sleeping 50ms (nb_nr_sL1_inst 0)
gNB L1 are configured
About to Init RU threads RC.nb_RU:0
Entering ITTI signals handler
TYPE <CTRL-C> TO TERMINATE
```

图 4.43　成功运行 CU 后的信息

2. DU 运 行

DU 使用的配置文件为 gnb-du.sa.band78.51prb.usrpb200.conf，该文件位于"openxg-ran/ci-scripts/conf_files/"目录下。

DU 运行的主要是物理层等底层协议，因此需要配置射频参数，相关参数可参考第 3 章任务一中参数配置。除此之外，DU 还需要配置与 CU 进行数据交互的参数，如图 4.44 所示。

```
167    MACRLCs = (
168      {
169        num_cc            = 1;
170        tr_s_preference   = "local_L1";
171        tr_n_preference   = "f1";
172        local_n_if_name   = "lo";
173        local_n_address   = "127.0.0.3";
174        remote_n_address  = "127.0.0.2";
175        local_n_portc     = 500;
176        local_n_portd     = 2153;
177        remote_n_portc    = 501;
178        remote_n_portd    = 2152;
179        pusch_TargetSNRx10           = 200;
180        pucch_TargetSNRx10           = 200;
181      }
182    );
```

图 4.44 DU 与 CU 进行数据交互的参数

DU 的编译命令也与单体式基站编译一致，编译通过后，使用下面的命令运行 DU：

```
sudo ./ran_build/build/nr-softmodem -O ../ci-scripts/conf_files/gnb-du.sa.band78.51prb.usrpb200.conf --sa
```

成功运行 DU 后的信息如图 4.45 所示，此时 DU 已经与 CU 建立了连接。至此，分离式开源 5G 基站就已经成功运行，之后如需将开源 5G 终端接入该基站可参考 4.4.3.2 节的步骤。

```
ALL RUs ready - ALL gNBs ready
Sending sync to all threads
got sync (ru_thread)
got sync (L1_stats_thread)
Entering ITTI signals handler
TYPE <CTRL-C> TO TERMINATE
[HW]    current pps at 2.000000, starting streaming at 3.000000
[PHY]   RU 0 rf device ready
[PHY]   RU 0 RF started opp_enabled 0
sleep...
sleep...
sleep...
sleep...
sleep...
sleep...
sleep...
sleep...
sleep...
[PHY]   Command line parameters for the UE: -C 3389960000 -r 53 --numerology 1 --ssb 222
[NR_MAC]    Frame.Slot 384.0

[NR_MAC]    Frame.Slot 512.0

[NR_MAC]    Frame.Slot 640.0

[NR_MAC]    Frame.Slot 768.0

[NR_MAC]    Frame.Slot 896.0
```

图 4.45 成功运行 DU 后的信息

4.4.4 任务小结

本节任务在通用计算机上编译运行了基于 OAI 项目的开源 5G 基站和开源 5G 终端，成功地将开源 5G 终端接入到了开源 5G 核心网。通过对开源 5G 基站的配置文件和开源 5G 终端的配置文件进行修改，读者可更加深入地理解开源 5G 终端、开源 5G 基站与开源 5G 核心网之间的交互逻辑。

4.5 任务三：商用手机接入开源 5G 网络

商用手机接入开源 5G 网络

4.5.1　任务目标

本节任务将商用手机（简称手机）接入开源 5G 网络，本节任务的目标包括：

⊃ 学会烧写手机电话卡，修改手机的相关设置，将手机接入开源 5G 网络。

⊃ 了解常用的 5G 网络测量、测试软件，学会调试、优化 5G 网络。

4.5.2　要求和方法

4.5.2.1　要求

（1）1 台通用计算机，配置一块 SDR 平台，如 USRP B210 板卡，用于运行开源 5G 核心网和开源 5G 基站。

（2）1 台 5G 手机，本节任务中使用手机是红米 K50。

（3）1 张空白 SIM 卡，以及一台 SIM 卡写卡器。

（4）软件包括开源 5G 核心网代码、开源 5G 基站代码、烧写 SIM 卡的软件、手机测试软件等。

4.5.2.2　方法

本节任务将手机接入在通用计算机上搭建的开源 5G 网络。读者首先要搭建好开源 5G 核心网和开源 5G 基站；然后需要对手机进行配置，包括使用烧写 SIM 卡的软件对空白 SIM 卡进行烧写、配置手机 APN 等；最后将手机接入开源 5G 网络，此时手机可以通过开源 5G 网络访问互联网。在开源 5G 网络正常运行后，读者可以利用测速软件、路测软件对开源 5G 网络的性能进行测试。

4.5.3　内容和步骤

4.5.3.1　烧写 SIM 卡

从网上或本书代码库 Gitee 下载一个烧写 SIM 卡的软件，准备一台 SIM 卡写卡器，将待烧写的空白 SIM 卡插入写卡器的卡槽中，写卡器的另一端通过 USB 接口连接到通用计算机。烧写空白 SIM 卡的步骤如下：

步骤 1：打开烧写 SIM 卡的软件（其运行界面见图 4.46），将 IMSI15 修改为 001010000000001，将 Inc KI 修改为 00112233445566778899AABBCCDDEEFF，将 OPC 修改为 000102030405060708090A0B0C0D0E0F。IMSI15、Inc KI 和 OPC 的值分别对应开源 5G 核心网数据库中的 imsi、key、opc 的值。

步骤 2：单击右侧的 "Auto" 按钮，烧写 SIM 卡的软件会根据修改的内容自动生成一些信息。

步骤 3：将 HPPLMN 修改为 50。

步骤 4：单击左侧的"Same with LTE"按钮，烧写 SIM 卡的软件会根据右侧填写内容生成一些信息。

步骤 5：单击上方的"Write Card"按钮即可开始烧写 SIM 卡，等待烧写完成即可。

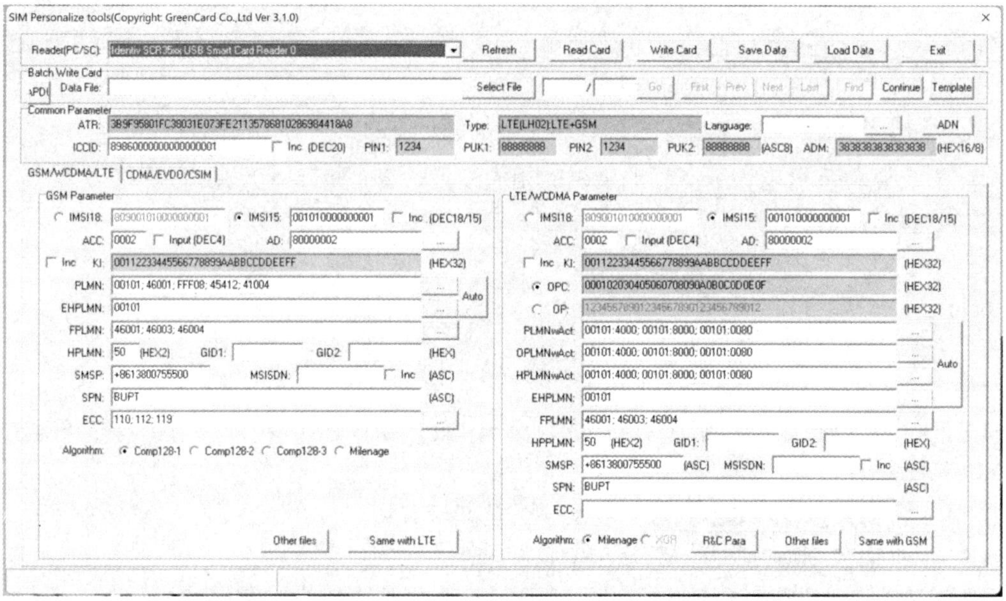

图 4.46　烧写 SIM 卡的软件运行界面

4.5.3.2　配置手机

将烧写好的 SIM 卡插入手机，然后对手机进行配置。由于本节任务使用的手机为多模手机，因此在手机开机后会搜索周围 3G、4G、5G 等网络，然后接入合适的网络。为了加速手机接入开源 5G 网络的过程，我们需要将手机设置为 NR Only 模式，以红米 K50 为例，在电话拨号界面输入"*#*#4636#*#*"即可进入工程模式，选择所使用的 SIM 卡［见图 4.47 (a)］后将网络模式设置为"NR only"［见图 4.47 (b)］。

此外，我们还需要为手机配置接入点信息，由本章实验任务一可知，我们在开源 5G 核心网中配置了一个名为 oai 的接入点，因此，可以在手机上新增一个名为 oai 的接入点，如图 4.47 (c) 所示。

4.5.3.3　手机接入

在开始本节任务前，需要先关闭开源 5G 核心网、开源 5G 基站、开源 5G 终端，将手机设置为飞行模式。

步骤 1：运行开源 5G 网络。

依次运行开源 5G 核心网、开源 5G 基站，使用的命令如下：

```
#运行开源 5G 核心网
cd openxg-core/
sudo docker compose -f docker-compose.yaml down -t 0

#运行开源 5G 基站
cd openxg-ran/cmake_targets
sudo ./ran_build/build/nr-softmodem -O ../ci-scripts/conf_files/gnb.sa.band78.51prb.usrpb200.conf --sa
```

　（a）选择SIM卡　　　　　　　（b）设置网络首选类型　　　　　（c）手机接入点设置

图 4.47　对手机进行的配置

步骤 2：将手机接入开源 5G 网络。

成功运行开源 5G 基站后，在手机上打开数据流量，关闭飞行模式，此时手机将处于"开机"状态，会进行小区搜索和随机接入等流程，等待一段时间后可以在手机上看到 5G 网络的标志。开源 5G 基站的日志如图 4.48 所示，在基站日志中可以看到手机已经接入到了开源 5G 网络。在开源 5G 核心网 AMF 的日志（见图 4.49）中也可以看到手机已经接入开源 5G 网络，终端的状态为"REGISTERED"，说明手机与开源 5G 核心网控制面的链路已经打通，此时，我们可以使用手机进行正常的数据通信。

```
[NR_MAC]    Frame.Slot 640.0
UE RNTI d7f2 CU-UE-ID 1 in-sync PH 0 dB PCMAX 0 dBm, average RSRP -95 (16 meas)
UE d7f2: dlsch_rounds 16/0/0/0, dlsch_errors 0, pucch0_DTX 0, BLER 0.06561 MCS (0) 9
UE d7f2: ulsch_rounds 731/0/0/0, ulsch_errors 0, ulsch_DTX 0, BLER 0.00798 MCS (0) 27 (Qm 6  dB) NPRB 5  SNR 24.0 dB
UE d7f2: MAC:      TX          2055 RX        61840 bytes
UE d7f2: LCID 1: TX           511 RX          270 bytes
UE d7f2: LCID 2: TX             0 RX            0 bytes
UE d7f2: LCID 4: TX             3 RX           59 bytes

[NR_MAC]    Frame.Slot 768.0
UE RNTI d7f2 CU-UE-ID 1 in-sync PH 0 dB PCMAX 0 dBm, average RSRP -95 (16 meas)
UE d7f2: dlsch_rounds 17/0/0/0, dlsch_errors 0, pucch0_DTX 0, BLER 0.05905 MCS (0) 9
UE d7f2: ulsch_rounds 1115/0/0/0, ulsch_errors 0, ulsch_DTX 0, BLER 0.00203 MCS (0) 28 (Qm 6  dB) NPRB 5  SNR 23.5 dB
UE d7f2: MAC:      TX          2178 RX        94608 bytes
UE d7f2: LCID 1: TX           511 RX          270 bytes
UE d7f2: LCID 2: TX             0 RX            0 bytes
UE d7f2: LCID 4: TX             3 RX           59 bytes
```

图 4.48　开源 5G 基站的日志

```
[amf_app] [info] |-------------------------------------------------------------------------------|
[amf_app] [info] |--------------------------------gNBs' information------------------------------|
[amf_app] [info] |  Index  |    Status    |   Global ID   |    gNB Name    |         PLMN          |
[amf_app] [info] |    1    |  Connected   |    0xe000     |      gNB       |        001, 01        |
[amf_app] [info] |-------------------------------------------------------------------------------|
[amf_app] [info]
[amf_app] [info] |-------------------------------------------------------------------------------|
[amf_app] [info] |--------------------------------UEs' information-------------------------------|
[amf_app] [info] | Index |   5GMM state   |      IMSI       | GUTI | RAN UE NGAP ID | AMF UE ID | PLMN  | Cell ID |
[amf_app] [info] |   1   | 5GMM-REGISTERED | 001010000000001 |      |       1        |     2     | 001, 01 |0x  e00000|
[amf_app] [info] |-------------------------------------------------------------------------------|
```

图 4.49　开源 5G 核心网 AMF 的日志

4.5.3.4 测试性能

为了测试网络速率,我们可以使用在线的测试网站对手机进行速率测试,但这种测试方法往往还会受到互联网出口速率的影响。为了更准确地测试所搭建的开源 5G 网络的速率,我们可以在本地部署 speedtest 软件并进行测试。在开源 5G 核心网所在的通用计算机上运行以下命令:

```
sudo docker run --restart=always -d -p 8080:80 adolfintel/speedtest
```

上述命令可以在本地部署 speedtest 软件,并将服务端口映射到通用计算机的 8080 端口。

完成 speedtest 软件的部署后,就可以在手机上打开浏览器,访问"http://通用计算机地址:8080"进行速率测试,如图 4.50 (a) 所示,我们可以看到手机的下行速率为 50 Mbps。但在图 4.51 所示的开源 5G 基站的日志中,下行的 MCS 为 26 和 27,开源 5G 基站带宽为 20 MHz。请读者思考一下所测量到的速率与计算预期是否相符? 如果不符合,可能的原因是什么?

实验结果

此外,我们还可以使用手机测试软件 CELLULAR-PRO 查看手机所接入的网络信息,以及信号强度,如图 4.50 (b) 和图 4.50 (c) 所示,从图中可以看到手机接入的开源 5G 网络的 PLMN 为 001/01,所接入的开源 5G 网络的 ARFCN 为 620736,与我们在配置文件中的设置一致。手机下行信号强度 RSRP 为-97 dBm,通过该指标可以判断开源 5G 网络的信号强度及覆盖情况。

(a) 手机速率测试   (b) 查看网络信息   (c) 查看信号强度

图 4.50 手机端性能测试

4.5.3.5 问题排查

在手机接入开源 5G 网络过程中可能存在多种问题,导致手机无法接入开源 5G 网络或无法上网。下面列举了一些常见问题供读者参考。

```
[NR_RRC]
HO LOG: Event A2 (Serving becomes worse than threshold)
[NR_MAC]    Frame.Slot 768.0
UE RNTI d829 CU-UE-ID 1 in-sync PH 50 dB PCMAX 21 dBm, average RSRP -99 (16 meas)
UE d829: dlsch_rounds 5803/362/0/0, dlsch_errors 0, pucch0_DTX 0, BLER 0.10445 MCS (1) 27
UE d829: ulsch_rounds 6261/454/17/1, ulsch_errors 1, ulsch_DTX 4, BLER 0.04904 MCS (1) 16 (Qm 6  dB) NPRB 5  SNR 19.0 dB
UE d829: MAC:    TX     26671874 RX      1112541 bytes
UE d829: LCID 1: TX         1005 RX         1832 bytes
UE d829: LCID 2: TX            0 RX            0 bytes
UE d829: LCID 4: TX     26550497 RX       429146 bytes

[NR_MAC]    Frame.Slot 896.0
UE RNTI d829 CU-UE-ID 1 in-sync PH 50 dB PCMAX 21 dBm, average RSRP -99 (16 meas)
UE d829: dlsch_rounds 7205/512/0/0, dlsch_errors 0, pucch0_DTX 0, BLER 0.09866 MCS (1) 26
UE d829: ulsch_rounds 6666/494/17/1, ulsch_errors 1, ulsch_DTX 4, BLER 0.08820 MCS (1) 16 (Qm 6  dB) NPRB 5  SNR 20.5 dB
UE d829: MAC:    TX     34880225 RX      1183140 bytes
UE d829: LCID 1: TX         1011 RX         1876 bytes
UE d829: LCID 2: TX            0 RX            0 bytes
UE d829: LCID 4: TX     34738109 RX       481019 bytes
```

图 4.51　开源 5G 基站的日志

（1）手机已接入开源 5G 网络，并显示 5G 网络标志，但无法上网。

遇到这种问题，首先要排查手机是否开启流量或者开启漫游设置，如已开启，可检查手机上是否添加了与开源 5G 网络对应的接入点 DNN。

（2）手机无法接入开源 5G 网络，且开源 5G 基站侧没有输出任何接入信息。

手机无法接入开源 5G 网络的原因可能有多种，遇到这种情况可以从以下几方面进行排查：

第一，尝试修改配置文件，提升开源 5G 基站的发送增益和接收增益，如图 4.52 所示，att_tx、att_rx 分别为基站的发送增益和接收增益，该值设置得越大表示增益越小，反之则增益越大。

```
201  RUs = (
202  {
203      local_rf         = "yes"
204      nb_tx            = 1
205      nb_rx            = 1
206      att_tx           = 14;
207      att_rx           = 14;
208      bands            = [78];
209      max_pdschReferenceSignalPower = -27;
210      max_rxgain                    = 114;
```

图 4.52　开源 5G 基站的发送增益和接收增益的设置代码

第二，尝试使用手机中的搜索运营商功能，搜索开源 5G 网络，如果搜索不到 PLMN 为 001/01 的开源 5G 网络，则说明所使用的手机可能不兼容当前的 PLMN，可以尝试重新配置开源 5G 网络的 PLMN。

（3）手机无法接入开源 5G 网络，但开源 5G 基站侧有接入信息输出。

在这种情况下，建议使用 Wireshark 或者 tcpdump 进行抓包分析，主要分析是否产生了 nas 信令，是否是由于 SIM 卡信息烧写错误导致无法接入开源 5G 网络。

（4）其他问题。

由于当前的开源 5G 网络并不是特别完善，因此可能很多手机都不兼容。如果以上的解决办法均无法解决手机无法接入开源 5G 网络的问题，建议更换其他手机试试。

4.5.4　任务小结

本节任务在通用计算机上搭建了一套开源 5G 网络，成功地将手机接入该网络。本节任务还介绍了常用的网络性能测试和分析方法，通过这些方法可以帮助读者了解网络状态、协助排查网络问题。

4.6 实验拓展

（1）在本章实验的手机速率测试中，开源 5G 基站尽可能地为用户提供最大的接入速度。能否修改源代码通过控制开源 5G 基站上 RB 资源的分配，实现用户的速率控制呢？

（2）通过深入分析开源 5G 网络的源代码，我们可以很容易地获得各个协议栈的数据，基于这些数据能实现什么功能呢？能否根据 5G 信号测量手机的位置？

第 5 章
IP 网络与光网络协同组网综合实验

5.1 引子

2017 年 11 月 15 日，新加坡裕群地铁站在早高峰时段发生了地铁列车碰撞事故（见图 5.1），事发当时第二辆载有 500 多人的列车以 16 km/h 的速度撞上前方的列车，猛烈的撞击力导致多名乘客摔倒在地，共 29 名乘客受伤。

图 5.1　新加坡地铁碰撞事故

新加坡陆路交通局（Land Transport Authority of Singapore）的初步调查显示，第一辆列车在开往裕群站途中，经过轨道上一个故障的信号电路，导致列车防护软件功能无意间被解除。地铁运行中的控制信号是由光纤网络来传输的，而列车防护软件功能的故障，在根本上就是由于光纤网络的故障导致地铁中控制信号的传输出现问题。这导致错误判断了两辆列车之间的距离，引发了碰撞事故。

我国部分城市地铁系统的数据传输架构如图 5.2 所示。地铁系统通常使用光纤网络来传输控制信号和监控数据，使用 IP 网络来处理乘客信息和票务数据。在高峰时段，地铁系统需要处理大量的乘客信息和票务数据，包括实时监控、票务处理和紧急通信。由于这两个网络是独立工作的，可能会遇到以下问题：如果光纤网络的带宽没有得到充分利用，IP 网络因为设计不当而出现拥堵，那么乘客信息系统可能会变得缓慢或不可用，影响乘客体验；在紧急情况下，如果控制信号因为网络时延而无法及时传输，可能会导致地铁运行的安全问题。那么我们该如何协同两个网络，减少传输故障，提高传输效率呢？

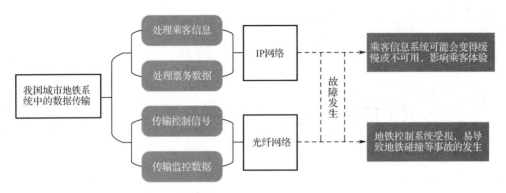

图 5.2　我国部分城市地铁系统的数据传输架构

5.2 实验场景创设

新加坡地铁碰撞事故让我们体会到了将 IP 网络与光网络进行融合的重要性。实际上，不只是在地铁系统中，在我们生活中的很多领域，都建立了 IP 网络与光网络，但也都存在着由于二者工作的独立性导致效率低下的问题。

我们知道，光传输网络和数据通信网络的工作方式是不同的：光传输网络以光纤为媒介，能够高效地进行长距离、高容量的数据传输；数据通信网络则通过一系列复杂的通信协议，确保了数据在通用计算机和设备间的顺利交互。光传输网络和数据通信网络就像两辆高速列车，虽然各自拥有先进的技术，但在没有协调的情况下只能独立运行、互不干涉。这就导致了一个问题：效率低下。信息在城市中"穿行"，时常遭遇拥堵，重要信息的传输也因此受到了延误。

为了解决上述问题，在搭建现代网络时通常会在二者间建立一定的联系，即对 IP 网络与光网络进行融合，达到一定的互补效果，从而保证高效且稳定的传输速率。例如，软件定义网络（Software Defined Network，SDN）作为一个统一的控制中心，能够协调 IP 网络与光网络的运行。SDN 控制器就像是网络的大脑，能够集中决策，提高网络的管理效率。通过 SDN 控制器，可以实现网络功能的灵活升级和更换，而不必受底层硬件的约束。

光网络（Optical Network）通常指以光纤为主要传输媒介的广域网、城域网或局域网。光传输网络（Optical Transport Network，OTN）是指在光域内实现业务信号的传输、复用、路由选择、监控，并保证其性能指标和生存性的网络。光传输网络是光网络的一种重要类型，光网络的概念更为广泛，本章以光传输网络为例介绍 IP 网络和光网络的协同组网。

在网络通信中，数据通信网络侧重于内部管理和控制信息的传输。相比之下，IP（Internet Protocol）网络是一个更为广泛的概念，指基于 IP 协议进行数据传输的网络。IP 协议是网络层的一个关键协议，负责将数据包从源地址发送到目的地址，IP 网络侧重于端到端的通信。

协同组网主要涉及网络层的技术和策略，以确保不同网络之间的有效连接和资源共享。随着技术的发展，特别是 5G 和未来的 6G，协同组网的概念得到了进一步扩展，涵盖了更大的网络范围和更复杂的技术融合。无论从传统的互联网基础技术发展，还是面向未来的 6G 设计，协同组网都是在网络层进行的。

本章以数据通信网络为 IP 网络的示例、以光传输网络均为光网络的示例，完成协同组网综合实验，并依托 SDN 控制器可以分别控制光传输网和数据通信网的能力，借助综合实验平台的光模块与网络模块，验证协同控制算法带来的成效。

5.2.1　场景描述

为了帮助读者深入理解 IP 网络与光网络的融合机制，本章实验将带领读者搭建基础的网络，并进行基础的网络融合与协同控制算法的验证。本章将图 5.3 所示的场景作为简化的实验场景，场景中包含两个网络，分别是数据通信网络与光传输网络。

在本章实验中，需要读者先分别建立光传输网络与数据通信网络；随后通过建立 IP 网络与光网络的协同控制器来实现 IP 网络与光网络的协同组网；最后通过互通性测试验证协同控制算法。本章实验场景在很大程度上模仿了现实中运营商的网络协同控制与通信，读者不仅要保证数据通信网络与光传输网络能够独立正常运行，又要尽可能地使两个网络的协同与配合更加密切。

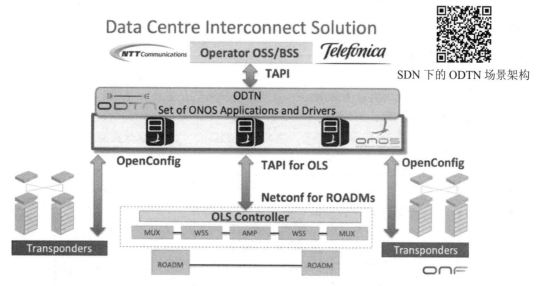

图 5.3　基于 SDN 控制器的 IP 网络与光网络融合的实验场景

5.2.2　总体目标

在本章实验场景中，需要读者在 Linux 系统中搭建光传输网络与数据通信网络，通过 IP 网络与光网络的协同控制器来实现协同控制，并进一步地验证协同控制算法。通过光传输网络与数据通信网络的建立和融合，读者可根据实际情况和需求，循环迭代地提出问题、分析问题、解决问题，真正理解通信网络技术，锻炼解决复杂工程问题的能力。本章实验预期达到的总体目标为：

- ➲ 理解并掌握基于 SDN 控制器的 IP 网络与光网络的融合机制和协同控制原理。
- ➲ 学习并实践如何通过 SDN 控制器来统一管理和优化 IP 网络与光网络，提高网络传输效率和稳定性。

- 通过模拟和实验，深入理解光传输网络和数据通信网络的构建及运行机制。
- 通过本章实验，加深对 SDN 控制器、协同控制算法以及网络性能测试工具的了解和应用。
- 综合运用所学知识，完成从网络构建到性能优化的全过程，培养读者解决现代网络问题的能力。

5.2.3　基础实验环境准备

本章实验是在 Linux 系统的基础上进行的，需要读者提前安装 Linux 系统。

任务一是搭建运营商光传输网络，该任务是基于 Mininet-Optical 进行的。由于 Mininet-Optical 建立在 Mininet 之上，因此需要读者先安装 Mininet，再安装 Mininet-Optical。

任务二是搭建运营商数据通信网络，该任务是基于 Mininet 与 Open Daylight 控制器进行的，通过 Mininet 模拟多数据中心网络拓扑，并通过程序生成真实网络流量。

任务三是搭建 IP 网络与光网络协同控制器，IP 网络与光网络的协同是基于 Ryu 控制器进行的。

5.2.4　实验任务分解

本章将在 5.3 节中带领读者完成运营商光传输网络的搭建；在 5.4 节中带领读者完成运营商数据通信网络的搭建；在 5.5 节中带领读者完成 IP 网络与光网络协同控制器的搭建，并验证协同控制算法，完成 IP 网络与光网络协同组网综合实验。本章实验的任务分解及任务执行过程如图 5.4 所示。

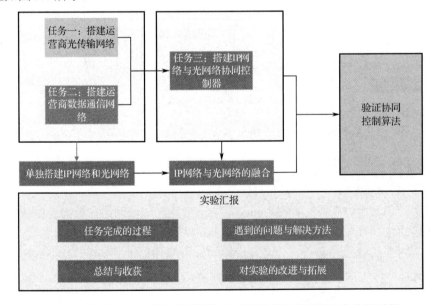

图 5.4　IP 网络与光网络协同组网综合实验的任务分解及任务执行过程

5.2.5　知识要点

IP 网络与光网络协同组网综合实验的知识要点如图 5.5 所示。

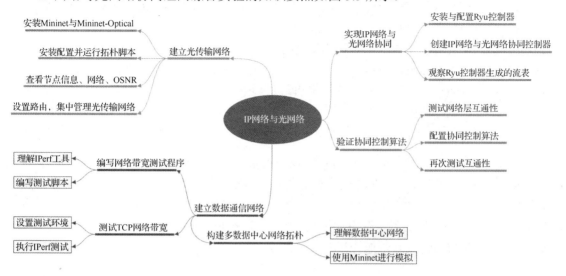

图 5.5　IP 网络与光网络协同组网综合实验的知识要点

要完成本章实验，需要读者对下列基础概念有初步的了解，以获得构建和优化现代通信网络所需的全面知识。通过本章实验，读者将更深刻地理解通过 SDN 控制器来协同控制 IP 网络和光网络的原理与机制。

5.2.5.1　光传输网络

光传输网络（Optical Transport Network，OTN）是一种利用光纤作为传输媒介，以光信号的形式传输信息的网络体系结构。OTN 由国际电信联盟（ITU）的 G.709 和 G.872 建议书定义，它专为高容量、长距离的光信号传输设计，能够实现信号的透明传输，提供高效的光信号调度、监控和管理功能。

在光传输网络中，原始数据首先被转换为电信号，然后通过电光转换技术转换为光信号，通过光纤进行传输。在传输过程中，光信号可能会经过放大、整形和重新定时等处理，以保证信号在整个传输过程中的稳定性和可靠性。在接收端，光信号被转换回电信号，经过解码后恢复为原始数据。

OTN 能够支持各种类型的数据传输，包括语音、视频、数据等，并且能够实现多路信号的复用传输，大大提高了光纤的利用率。此外，OTN 还支持波分复用（WDM）技术，通过在单根光纤中同时传输多个不同波长的光信号，可进一步增加网络的容量和灵活性。

5.2.5.2　数据通信网络

数据通信网络（Data Communication Network，DCN）是一种专门用于传输数据的网络体系结构，它使得不同地理位置的通用计算机和其他数据终端设备能够相互发送和接收数据。这种网络通过一系列的通信协议和传输技术，实现了数据的交换和共享。

5.2.5.3　SDN 控制器

在 SDN 中，网络的控制面（即决定数据如何流动的部分）与数据面（即实际进行数据包转发的部分）是分离的。

SDN 控制器可以看作网络的大脑，它集中了网络的决策功能，使得网络管理更加灵活和高效。SDN 控制器可以运行在通用服务器上，以软件形式存在，这使得网络功能可以像其他软件一样进行升级和更换，而不需要改动底层的硬件。

随着技术的不断发展，SDN 控制器除了可以提供基础的网络控制功能，还在安全性、自动化运维、网络功能虚拟化（NFV）等方面发挥重要作用，是现代网络技术中的关键组成部分。

5.2.5.3　协同控制算法

协同控制算法（Cooperative Control Algorithm）是一种在多智能体系统（Multi-Agent System，MAS）中的多个智能体之间通过通信和协调来共同实现某个目标的控制策略。在多智能体系统中，智能体通常具有有限的计算能力和局部信息，但通过协作可以在整体上超越单个智能体的能力。协同控制算法的关键在于设计有效的通信机制和协调策略，以确保所有的智能体行为能够协同一致，最终实现整体目标。

5.3 任务一：搭建运营商光传输网络

搭建运营商光传输网络

5.3.1　任务目标

掌握基本的 Mininet-Optical 命令，能够执行基本的 Mininet-Optical 拓扑脚本，熟悉并实现光信号的传输与控制。

5.3.2　要求和方法

本节任务需要安装和配置 Mininet-Optical，确保 Ubuntu 系统更新到最新版本，并安装必需的依赖项。安装和配置 Mininet-Optical 的步骤如下：

（1）克隆、安装、测试 Mininet。

（2）克隆 Mininet-Optical，在进入 Mininet-Optical 的安装目录后，运行"make depend"命令安装必需的依赖项，最后安装 Mininet-Optical。

（3）在创建拓扑之前，需要先理解 SingleLinkTopo 的结构和组件，再创建和运行拓扑脚本，确保拓扑脚本被正确加载并运行，最后使用 Mininet-Optical 提供的各种命令来检查拓扑结构和各个组件的状态。

（4）使用 Mininet-Optical 的命令，查看网络信息和节点信息，确保所有的组件都按预期工作，并使用"osnr"命令来监控光信噪比。

（5）在另一个终端窗口中配置路由，确保网络中的通信能够正确进行，并使用"pingall"命令测试网络中的路由配置是否正确。

（6）重置和退出。

5.3.3　内容和步骤

步骤 1：安装 Mininet-Optical。

（1）本节任务是在 Ubuntu 系统上进行的，故在安装 Mininet 和 Mininet-Optical 之前需要运行以下命令：

```
sudo apt-get update
sudo apt-get install python3 python3-pip git
```

（2）运行下面的命令可获取 Mininet 的源代码：

```
git clone https://github.com/mininet/mininet
```

运行下面的命令可安装 Mininet：

```
. mininet/util/install.sh -nv
```

运行下面的命令可测试 Mininet：

```
sudo mn --switch ovsbr --test pingall
```

（3）安装 Mininet-Optical，命令如下：

```
git clone https://github.com/mininet-optical/mininet-optical
cd mininet-optical
make depend
make install
```

步骤 2：创建、配置并运行 Mininet-Optical 的拓扑脚本。

本节任务的拓扑被称为 SingleLinkTopo，由 2 台通用计算机（主机）、2 台交换机、2 个中间有 EDFA 的 2×25 km 跨度的终端，以此来创建分组光网络。

通过下面的命令可运行 Mininet-Optical 的拓扑脚本：

```
cd ~mininet-optical
sudo python3 examples/singlelink.py
```

此时已创建拓扑，它可以运行多个命令来检查拓扑和组件。

步骤 3：通过 Mininet-Optical 命令查看节点、网络信息、节点信息和光信噪比（Optical Signal Noise Ratio，OSNR）。

查看节点的命令如图 5.6 所示。

```
mininet-optical> nodes
available nodes are:
h1 h2 s1 s2 t1 t2-monitor t2 t2-monitor
```

图 5.6　查看节点的命令

查看网络信息的命令如图 5.7 所示。

```
mininet-optical> net
h1 h1-eth0:s1-eth1
h2 h2-eth0:s2-eth1
s1 lo: s1-eth1:h1-eth0 s1-eth2:t1-eth1
s2 lo: s2-eth1:h2-eth0 s2-eth2:t2-eth1
t1 lo: t1-eth1:s1-eth2 t1-wdm2:t2-wdm2
t2 lo: t2-eth1:s2-eth2 t2-wdm2:t1-wdm2
t1-monitor
t2-monitor
```

图 5.7　查看网络信息的命令

查看节点信息的命令如图 5.8 所示。

```
mininet-optical> dump
<Host h1: h1-eth0:10.0.0.1 pid=3422>
<Host h2: h2-eth0:10.0.0.2 pid=3424>
<OVSBridge s1: lo:127.0.0.1,s1-eth1:None,s1-eth2:None pid=3429>
<OVSBridge s2: lo:127.0.0.1,s2-eth1:None,s2-eth2:None pid=3432>
<Terminal t1: lo:127.0.0.1, t1-eth1:None,t1-wdm2:None pid=3438>
<Terminal t2: lo:127.0.0.1, t2-eth1:None,t2-wdm2:None pid=3442>
<dataplane.Monitor object at 0x7efe3c561e20>
<dataplane.Monitor object at 0x7efe3c577370>
```

图 5.8 查看节点信息的命令

查看 OSNR 的命令如图 5.9 所示。

```
mininet-optical> osnr
<name: t1-monitor, component: t1, mode: in>:
<name: t2-monitor, component: t2, mode: in>:
```

图 5.9 查看 OSNR 的命令

步骤 4：设置路由。

（1）打开一个命令行窗口，即 Mininet-Optical CLI，在该窗口中输入以下命令，可创建路由并激活主机。

```
cd ~mininet-optical
.config-singlelink.sh
```

Mininet-Optical CLI 的显示结果如图 5.10 所示。

```
t1.turn_on <ch1:191.35THz> on port 2
t2 receiving <ch1:191.35THz> at port 2: Success! gOSNR: 22.708129 dB OSNR:45.402
202 dB
t2.turn_on <ch1:191.35THz> on port 2
t1 receiving <ch1:191.35THz> at port 2: Success! gOSNR: 22.708129 dB OSNR:45.402
202 dB
```

图 5.10 Mininet-Optical CLI 的显示结果

（2）此时可以通过下面的命令查看 OSNR，其结果如图 5.11 所示。

```
mininet-optical>osnr
```

```
mininet-optical> osnr
<name: t1-monitor, component: t1, mode: in>:
<ch1:191.35THz> OSNR:45.40 dB gOSNR: 22.71 dB
<name: t2-monitor, component: t2, mode: in>:
<ch1:191.35THz> OSNR:45.40 dB gOSNR: 22.71 dB
```

图 5.11 OSNR 的结果

（3）运行下面的命令，可得到 ping 结果，如图 5.12 所示。

```
mininet-optical>pingall
```

```
mininet-optical> pingall
*** Ping: testing ping reachability
h1 -> h2
h2 -> h1
*** Results: 0% dropped (2/2 received)
```

图 5.12 ping 结果

（4）通过下面的命令可重置设备，以运行不同的控制器或更改规则。

```
mininet-optical>reset
```

（5）运行下面的命令可退出 Mininet-Optical CLI。

```
mininet-optical>exit
```

5.3.4　任务小结

本节任务通过 Mininet-Optical 创建了一个简单的光传输网络拓扑，通过创建、配置并运行 Mininet-Optical 的拓扑脚本，可实现对光传输网络的集中管理。

通过本节任务，读者可理解光传输网络的基本构建方法，使用 Mininet-Optical 对光传输网络进行集中管理，以及加载和配置光传输网络的协议栈。

5.4 任务二：搭建运营商数据通信网络

搭建运营商数据通信网络

5.4.1　任务目标

- 掌握多数据中心网络拓扑的构建。
- 熟悉网络性能测试工具 IPerf 的使用，根据实验测试 SDN 的性能。

5.4.2　要求和方法

本节任务通过 Mininet 模拟多数据中心网络拓扑，并通过程序生成真实的网络流量。

5.4.2.1　编写网络带宽测试程序

- 熟悉 IPerf 的基本用法和参数：IPerf 是一个网络性能测试工具，能够测试 TCP 和 UDP 网络带宽性能。在编写测试程序之前，需要读者熟悉 IPerf 的基本用法和参数。
- 编写测试脚本：使用 Python 或其他脚本语言编写自动测试脚本，该脚本能够调用 IPerf 并记录测试结果。

5.4.2.2　构建多数据中心网络拓扑

- 理解数据中心网络：在构建多数据中心网络拓扑之前，需要读者理解数据中心网络的基本概念、架构和组件。
- 使用 Mininet 进行模拟：利用 Mininet 的编程接口，可以自定义复杂的多数据中心网络拓扑。

5.4.2.3　测试 TCP 网络带宽

- 设置测试环境：在 Mininet 中创建网络拓扑后，需要配置网络参数，以模拟真实的网络环境。
- 执行 IPerf 测试：在不同的主机对之间执行 IPerf 测试，收集 TCP 网络的带宽数据。

5.4.3　内容和步骤

5.4.3.1　编写网络带宽测试程序

步骤 1：登录 Mininet 所在虚拟主机，打开命令行窗口。

注：本节任务是在虚拟主机 host 上进行操作的，请读者注意辨别虚拟主机 host 与控制器 controller。

步骤 2：执行下面的命令：

```
sudo mkdir -p /home/sdnlab/log
```

可添加目录 "/home/sdnlab/log"。

注：首次在命令行窗口进行操作时，会询问 OpenLab 的密码，这里输入的密码为 user@openlab，命令如下：

```
[sudo] password for openlab:
```

步骤 3：执行下面的命令：

```
sudo vi openlab/mininet/mininet/net.py
```

可打开 net.py 文件。

步骤 4：在 Mininet 类中添加 iperf_single()函数，在两个虚拟主机间进行 IPerf UDP 测试，并且在服务器记录测试结果。iperf_single()函数的代码预置在文件 "/home/ftp/ iperf_single.txt" 中，建议将代码放置在 "def iperf_single" 下，如图 5.13 所示。

```
        result = [ self._parseIperf( servout ), self._parseIperf( cliout ) ]
        if l4Type == 'UDP':
            result.insert( 0, udpBw )
        output( '*** Results: %s\n' % result )
        return result

    def iperf_single( self,hosts=None, udpBw='10M', period=60, port=5001):
        """Run iperf between two hosts using UDP.
            hosts: list of hosts; if None, uses opposite hosts
            returns: results two-element array of server and client speeds"""
        if not hosts:
            return
        else:
            assert len( hosts ) == 2
        client, server = hosts
        filename = client.name[1:] + '.out'
        output( '*** Iperf: testing bandwidth between ' )
        output( "%s and %s\n" % ( client.name, server.name ) )
        iperfArgs = 'iperf -u '
        bwArgs = '-b ' + udpBw + ' '
        print "***start server***"
        server.cmd( iperfArgs + '-s -i 1' + ' > /home/sdnlab/log/' + filename + '&')
        print "***start client***"
        client.cmd(
            iperfArgs + '-t '+ str(period) + ' -c ' + server.IP() + ' ' + bwArgs
            +' > /home/sdnlab/log/' + 'client' + filename +'&')

    def iperfMulti(self, bw, period=60):
        base_port = 5001
        server_list = []
        client_list = [h for h in self.hosts]
        host_list = []
```

图 5.13 将 iperf_single()函数的代码放置在 "def iperf_single" 下

注：建议读者打开另一个命令行窗口，然后使用命令

```
sudo vim /home/ftp/iperf_single.txt
```

打开相应的文本后复制代码，以普通的方式无法打开该文件，因为预置代码的文件设置了权限。

步骤 5：在 Mininet 类中添加 iperfmulti()函数。iperfmulti()函数的作用是依次为每一台虚拟主机随机选择另一台虚拟主机作为 IPerf 的服务器，通过调用 iperf_single()函数，虚拟主机以客户端的角色按照指定参数发送 UDP 数据流，服务器生成的报告以重定向的方式输出到

文件中，并通过 iperfmulti 命令使虚拟主机随机地向另一台虚拟主机发送恒定带宽的 UDP 数据流。iperfmulti()函数的代码预置在文件"/home/ftp/iperfmulti.txt"中，建议将代码放置在"def iperfMulti"下，如图 5.14 所示。

```
            print "***start client***"
            client.cmd(
                iperfArgs + '-t '+ str(period) + ' -c ' + server.IP() + ' ' + bwArgs
                +' > /home/sdnlab/log/' + 'client' + filename +'&')

    def iperfMulti(self, bw, period=60):
        base_port = 5001
        server_list = []
        client_list = [h for h in self.hosts]
        host_list = []
        host_list = [h for h in self.hosts]

        cli_outs = []
        ser_outs = []

        _len = len(host_list)
        for i in xrange(0, _len):
            client = host_list[i]
            server = client
            while( server == client ):
                server = random.choice(host_list)
            server_list.append(server)
            self.iperf_single(hosts = [client, server], udpBw=bw, period= period, port=base_port)
            sleep(.05)
            base_port += 1

        sleep(period)
        print "test has done"

    def runCpuLimitTest( self, cpu, duration=5 ):
        """run CPU limit test with 'while true' processes.
        cpu: desired CPU fraction of each host
```

图 5.14　将 iperfmulti()函数的代码放置在"def iperfMulti"下

注：步骤 4 和步骤 5 是针对文本文件做出的修改，在修改后均应按 Esc 键来保存文本文件并退出。

步骤 6：执行命令：

```
sudo vi openlab/mininet/mininet/cli.py
```

可打开 cli.py 文件。

步骤 7：在 cli.py 文本最后添加如图 5.15 所示的代码。所添加的代码预置在文件"/home/ftp/do_iperfmulti.txt"中，用于注册 iperfmulti 命令。

```
# Helper functions

    def isReadable( poller ):
        "Check whether a Poll object has a readable fd."
        for fdmask in poller.poll( 0 ):
            mask = fdmask[ 1 ]
            if mask & POLLIN:
                return True
    def do_iperfmulti( self, line ):
        """Multi iperf UDP test between nodes"""
        args = line.split()
        if len(args) == 1:
            udpBw = args[ 0 ]
            self.mn.iperfMulti(udpBw)
        elif len(args) == 2:
            udpBw = args[ 0 ]
            period = args[ 1 ]
            err = False
            self.mn.iperfMulti(udpBw, float(period))
        else:
            error('invalid number of args: iperfmulti udpBw period\n' +
                  'udpBw examples: 1M 120\n')
```

图 5.15　在 cli.py 文本最后添加的代码

步骤 8：执行命令：

```
sudo vi openlab/mininet/bin/mn
```

可打开 mn 文件。在 mn 文件中加入可执行的命令 iperfmulti，如图 5.16 所示。

```
LINKDEF = 'default'
LINKS = { 'default': Link,
          'tc': TCLink }

# optional tests to run
TESTS = [ 'cli', 'build', 'pingall', 'pingpair', 'iperf', 'all', 'iperfudp',
          'none', 'iperfmulti' ]

ALTSPELLING = { 'pingall': 'pingAll',
                'pingpair': 'pingPair',
                'iperfudp': 'iperfUdp',
                'iperfUDP': 'iperfUdp',
                'iperfmulti': 'iperfMulti' }

def addDictOption( opts, choicesDict, default, name, helpStr=None ):
    """Convenience function to add choices dicts to OptionParser.
```

图 5.16　在 mn 文件中加入可执行的命令 iperfmulti

步骤 9：执行命令：

```
cd openlab/mininet/util
.install.sh -n
```

可重新编译 Mininet。

步骤 10：执行命令：

```
sudo mn
```

可创建一个网络拓扑，如图 5.17 所示。查看是否存在 iperfmulti 命令，以此验证网络带宽测试程序是否可以成功运行。

```
openlab@openlab:~/openlab/mininet/util$ sudo mn
*** Creating network
*** Adding controller
*** Adding hosts:
h1 h2
*** Adding switches:
s1
*** Adding links:
(h1, s1) (h2, s1)
*** Configuring hosts
h1 h2
*** Starting controller
c0
*** Starting 1 switches
s1
*** Starting CLI:
mininet> iperf
*** Iperf: testing TCP bandwidth between h1 and h2
*** Results: ['23.3 Gbits/sec', '23.3 Gbits/sec']
```

图 5.17　执行命令"sudo mn"创建网络拓扑

步骤 11：执行 exit 命令，退出 Mininet。

5.4.3.2　构建多数据中心网络拓扑

步骤 1：执行命令：

```
cd /home/openlab/openlab/mininet/custom
sudo vi fattree.py
```

可创建多数据中心网络拓扑脚本。

步骤 2：在文件 fattree.py 中添加如图 5.18 所示的代码。所添加的代码预置在文件 "/home/ftp/fattree.py" 中，该代码的功能是通过 Python 脚本自定义网络拓扑，并创建包含两个数据中心的网络拓扑。

```python
#!/usr/bin/python
"""Custom topology example

Adding the 'topos' dict with a key/value pair to generate our newly defined
topology enables one to pass in '--topo=mytopo' from the command line.
"""
from mininet.topo import Topo
from mininet.net import Mininet
from mininet.node import RemoteController,CPULimitedHost
from mininet.link import TCLink
from mininet.util import dumpNodeConnections

class MyTopo( Topo ):
    "Simple topology example."

    def __init__( self ):
        "Create custom topo."

        # Initialize topology
        Topo.__init__( self )
        L1 = 2
        L2 = L1 * 2
        L3 = L2
        c = []
        a = []
        e = []

        # add core ovs
        for i in range( L1 ):
                sw = self.addSwitch( 'c{}'.format( i + 1 ) )
                c.append( sw )

        # add aggregation ovs
        for i in range( L2 ):
                sw = self.addSwitch( 'a{}'.format( L1 + i + 1 ) )
                a.append( sw )

        # add edge ovs
        for i in range( L3 ):
                sw = self.addSwitch( 'e{}'.format( L1 + L2 + i + 1 ) )
                e.append( sw )

        # add links between core and aggregation ovs
        for i in range( L1 ):
                sw1 = c[i]
                for sw2 in a[i/2::L1/2]:
                # self.addLink(sw2, sw1, bw=10, delay='5ms', loss=10, max_queue_size=1000, use_htb=True)
                        self.addLink( sw2, sw1 )

        # add links between aggregation and edge ovs
        for i in range( 0, L2, 2 ):
                for sw1 in a[i:i+2]:
                        for sw2 in e[i:i+2]:
                                self.addLink( sw2, sw1 )

        #add hosts and its links with edge ovs
        count = 1
        for sw1 in e:
                for i in range(2):
                        host = self.addHost( 'h{}'.format( count ) )
                        self.addLink( sw1, host )
                        count += 1

topos = { 'mytopo': ( lambda: MyTopo() ) }
```

图 5.18　在文件 fattree.py 中添加的代码

在 Mininet 创建多数据中心网络拓扑的代码中，可以通过改变其中的 L1 变量来设置核心交换机的数量，并通过添加额外的交换机和链路来构成更复杂的数据中心网络拓扑。随着边缘交换机的增加，虚拟主机的数量也随之增长，利用 Mininet 的易用性和扩展性，可以创建多数据中心网络拓扑，达到更好更全面的实验效果。

步骤 3：登录控制器，打开命令行窗口，执行命令：

```
ifconfig
```

可查看虚拟主机的 IP 地址，结果如图 5.19 所示。

```
openlab@openlab:~$ ifconfig
eth0      Link encap:Ethernet  HWaddr fa:16:3e:2c:a5:af
          inet addr:30.0.1.69  Bcast:30.0.1.255  Mask:255.255.255.0
          inet6 addr: fe80::f816:3eff:fe2c:a5af/64 Scope:Link
          UP BROADCAST RUNNING MULTICAST  MTU:1450  Metric:1
          RX packets:468 errors:0 dropped:0 overruns:0 frame:0
          TX packets:356 errors:0 dropped:0 overruns:0 carrier:0
          collisions:0 txqueuelen:1000
          RX bytes:71659 (71.6 KB)  TX bytes:32331 (32.3 KB)

lo        Link encap:Local Loopback
          inet addr:127.0.0.1  Mask:255.0.0.0
          inet6 addr: ::1/128 Scope:Host
          UP LOOPBACK RUNNING  MTU:65536  Metric:1
          RX packets:115 errors:0 dropped:0 overruns:0 frame:0
          TX packets:115 errors:0 dropped:0 overruns:0 carrier:0
          collisions:0 txqueuelen:0
          RX bytes:10682 (10.6 KB)  TX bytes:10682 (10.6 KB)
```

图 5.19　命令"ifconfig"的执行结果

注：读者应重点注意第三行的"inet addr：30.0.1.69"，说明本节任务中虚拟主机的 IP 地址为 30.0.1.69，在后续步骤中，输入的 IP 地址应与虚拟主机的 IP 地址保持一致。

步骤 4：切换到 Mininet 中的虚拟主机，执行命令：

sudo mn --custom fattree.py –topo mytopo –controller=remote, ip=30.0.1.69, port=6653

可启动 Mininet 生成网络拓扑，如图 5.20 所示。

注：要保证上面的命令是在"/openlab/mininet/custom"目录下执行的。

```
*** Creating network
*** Adding controller
*** Adding hosts:
h1 h2 h3 h4 h5 h6 h7 h8
*** Adding switches:
a3 a4 a5 a6 c1 c2 e7 e8 e9 e10
*** Adding links:
(a3, c1) (a3, c2) (a4, c1) (a4, c2) (a5, c1) (a5, c2) (a6, c1) (a6, c2) (e7, a3)
(e8, h3) (e8, h4) (e9, a5) (e9, a6) (e9, h5) (e9, h6) (e10, a5) (e10, a6) (e10,
*** Configuring hosts
h1 h2 h3 h4 h5 h6 h7 h8
*** Starting controller
c0
*** Starting 10 switches
a3 a4 a5 a6 c1 c2 e7 e8 e9 e10
*** Starting CLI:
```

图 5.20　生成的网络拓扑

步骤 5：验证虚拟主机间的连通性。执行命令：

mininet>pingall

可验证虚拟主机间的连通性，结果如图 5.21 所示。

```
mininet> pingall
*** Ping: testing ping reachability
h1 -> h2 h3 h4 h5 h6 h7 h8
h2 -> h1 h3 h4 h5 h6 h7 h8
h3 -> h1 h2 h4 h5 h6 h7 h8
h4 -> h1 h2 h3 h5 h6 h7 h8
h5 -> h1 h2 h3 h4 h6 h7 h8
h6 -> h1 h2 h3 h4 h5 h7 h8
h7 -> h1 h2 h3 h4 h5 h6 h8
h8 -> h1 h2 h3 h4 h5 h6 h7
*** Results: 0% dropped (56/56 received)
```

图 5.21　验证虚拟主机间的连通性

步骤 6：登录控制器，打开浏览器，输入 URL 地址"http://30.0.1.69:8181/index.html"查看 OpenDaylight（ODL）控制器的 Web 页面拓扑，用户名和密码都是 admin，结果如图 5.22 所示。

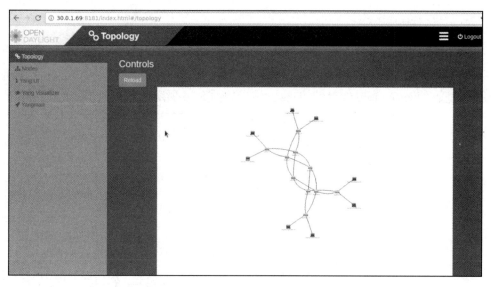

图 5.22　ODL 控制器的 Web 页面拓扑

5.4.3.3　测试 TCP 网络带宽

步骤 1：执行命令：

mininet>iperf h1 h2

可在虚拟主机 h1 和 h2 之间执行 IPerf 操作，测试同一交换机内部的虚拟主机间的连通性及通信带宽。命令"iperf h1 h2"的执行结果如图 5.23 所示。

```
mininet> iperf h1 h2
*** Iperf: testing TCP bandwidth between h1 and h2
*** Results: ['257 Mbits/sec', '261 Mbits/sec']
```

图 5.23　命令"iperf h1 h2"的执行结果

步骤 2：执行命令：

mininet>iperf h1 h3

可在虚拟主机 h1 和 h3 之间执行 IPerf 操作，测试相同汇聚交换机下不同机架的虚拟主机间的连通性及通信带宽。命令"iperf h1 h3"的执行结果如图 5.24 所示。

```
mininet> iperf h1 h3
*** Iperf: testing TCP bandwidth between h1 and h3
*** Results: ['362 Mbits/sec', '365 Mbits/sec']
```

图 5.24　命令"iperf h1 h3"的执行结果

步骤 3：执行命令：

mininet>iperf h1 h5

可在虚拟主机 h1 和 h5 之间执行 IPerf 操作，测试相同核心交换机、不同汇聚交换机下的虚拟主机间连通性及通信带宽。命令"iperf h1 h5"的执行结果如图 5.25 所示。

```
mininet> iperf h1 h5
*** Iperf: testing TCP bandwidth between h1 and h5
*** Results: ['336 Mbits/sec', '339 Mbits/sec']
```

图 5.25　命令"iperf h1 h5"的执行结果

步骤 4：执行命令：

```
mininet>iperfmulti 0.025M
```

可将带宽参数设置为 0.025M，读者将能看到 8 台虚拟主机随机地向另外一台虚拟主机发送数据包。命令"iperfmulti 0.025M"的执行结果如图 5.26 所示。

```
mininet> iperfmulti 0.025M
*** Iperf: testing bandwidth between h1 and h4
***start server***
***start client***
*** Iperf: testing bandwidth between h2 and h3
***start server***
***start client***
*** Iperf: testing bandwidth between h3 and h7
***start server***
***start client***
*** Iperf: testing bandwidth between h4 and h7
***start server***
***start client***
*** Iperf: testing bandwidth between h5 and h2
***start server***
***start client***
*** Iperf: testing bandwidth between h6 and h7
***start server***
***start client***
*** Iperf: testing bandwidth between h7 and h5
***start server***
***start client***
*** Iperf: testing bandwidth between h8 and h7
***start server***
***start client***
test has done
```

图 5.26　命令"iperfmulti 0.025M"的执行结果

步骤 5：打开新的命令行窗口，执行命令：

```
cd /home/sdnlab/log
ll
```

可查看数据记录，如图 5.27 所示。

```
openlab@openlab:~$ cd /home/sdnlab/log
openlab@openlab:/home/sdnlab/log$ ll
total 104
drwxr-xr-x 2 root root 4096 Jun 18 14:00 ./
drwxr-xr-x 3 root root 4096 Jun 17 16:48 ../
-rw-r--r-- 1 root root 5007 Jun 18 14:01 1.out
-rw-r--r-- 1 root root 5007 Jun 18 14:01 2.out
-rw-r--r-- 1 root root 5007 Jun 18 14:01 3.out
-rw-r--r-- 1 root root 5007 Jun 18 14:01 4.out
-rw-r--r-- 1 root root 5007 Jun 18 14:01 5.out
-rw-r--r-- 1 root root 5007 Jun 18 14:01 6.out
-rw-r--r-- 1 root root 5007 Jun 18 14:01 7.out
-rw-r--r-- 1 root root 5007 Jun 18 14:01 8.out
-rw-r--r-- 1 root root  514 Jun 18 14:01 client1.out
-rw-r--r-- 1 root root  514 Jun 18 14:01 client2.out
-rw-r--r-- 1 root root  514 Jun 18 14:01 client3.out
-rw-r--r-- 1 root root  514 Jun 18 14:01 client4.out
-rw-r--r-- 1 root root  514 Jun 18 14:01 client5.out
-rw-r--r-- 1 root root  514 Jun 18 14:01 client6.out
-rw-r--r-- 1 root root  514 Jun 18 14:01 client7.out
-rw-r--r-- 1 root root  514 Jun 18 14:01 client8.out
```

图 5.27　数据记录

步骤 6：执行命令：

```
sudo vi 1.out
```

可打开服务器的数据记录，如图 5.28 所示。

```
File Edit View Terminal Tabs Help
Server listening on UDP port 5001
Receiving 1470 byte datagrams
UDP buffer size:  208 KByte (default)

[ 3] local 10.0.0.4 port 5001 connected with 10.0.0.1 port 49679
[ ID] Interval      Transfer     Bandwidth       Jitter   Lost/Total Datagrams
[ 3]  0.0- 1.0 sec  2.87 KBytes  23.5 Kbits/sec  0.006 ms   0/   2 (0%)
[ 3]  1.0- 2.0 sec  2.87 KBytes  23.5 Kbits/sec  0.051 ms   0/   2 (0%)
[ 3]  2.0- 3.0 sec  2.87 KBytes  23.5 Kbits/sec  0.063 ms   0/   2 (0%)
[ 3]  3.0- 4.0 sec  2.87 KBytes  23.5 Kbits/sec  0.067 ms   0/   2 (0%)
[ 3]  4.0- 5.0 sec  2.87 KBytes  23.5 Kbits/sec  0.073 ms   0/   2 (0%)
[ 3]  5.0- 6.0 sec  2.87 KBytes  23.5 Kbits/sec  0.068 ms   0/   2 (0%)
[ 3]  6.0- 7.0 sec  2.87 KBytes  23.5 Kbits/sec  0.075 ms   0/   2 (0%)
[ 3]  7.0- 8.0 sec  4.31 KBytes  35.3 Kbits/sec  0.109 ms   0/   3 (0%)
[ 3]  8.0- 9.0 sec  2.87 KBytes  23.5 Kbits/sec  0.116 ms   0/   2 (0%)
[ 3]  9.0-10.0 sec  2.87 KBytes  23.5 Kbits/sec  0.147 ms   0/   2 (0%)
[ 3] 10.0-11.0 sec  2.87 KBytes  23.5 Kbits/sec  0.144 ms   0/   2 (0%)
[ 3] 11.0-12.0 sec  2.87 KBytes  23.5 Kbits/sec  0.153 ms   0/   2 (0%)
[ 3] 12.0-13.0 sec  2.87 KBytes  23.5 Kbits/sec  0.231 ms   0/   2 (0%)
[ 3] 13.0-14.0 sec  2.87 KBytes  23.5 Kbits/sec  0.294 ms   0/   2 (0%)
[ 3] 14.0-15.0 sec  2.87 KBytes  23.5 Kbits/sec  0.368 ms   0/   2 (0%)
[ 3] 15.0-16.0 sec  4.31 KBytes  35.3 Kbits/sec  0.375 ms   0/   3 (0%)
                                                           1,1         Top
```

图 5.28 服务器的数据记录

步骤 7：执行命令：

sudo vi client1.out

可打开客户端的数据记录，如图 5.29 所示。

```
Client connecting to 10.0.0.4, UDP port 5001
Sending 1470 byte datagrams
UDP buffer size:  208 KByte (default)

[ 3] local 10.0.0.1 port 49679 connected with 10.0.0.4 port 5001
[ ID] Interval      Transfer     Bandwidth
[ 3]  0.0-60.7 sec  185 KBytes  25.0 Kbits/sec
[ 3] Sent 129 datagrams
[ 3] Server Report:
[ 3]  0.0-60.7 sec  185 KBytes  25.0 Kbits/sec   0.367 ms   0/ 129 (0%)
```

图 5.29 客户端的数据记录

5.4.4 任务小结

通过本节任务，读者可理解数据通信网络的构建方法，掌握使用 Mininet 进行网络集中管理的技能，以及加载和配置路由协议的基本操作。

因为实验的操作不唯一，因此读者可根据自己的兴趣进行相关实验，加入自己的想法，从而也会得到不同的实验结果。

5.5 任务三：搭建 IP 网络与光网络协同控制器

搭建 IP 网络与光网络
协同控制器

5.5.1 任务目标

本节任务将搭建 IP 网络与光网络协同控制器，实现多级控制器的互联和跨域协同控制，并对协同控制算法进行验证。

5.5.2　要求和方法

5.5.2.1　要求

- 安装和配置 Ryu 控制器，启动 Ryu 控制器后检查是否能成功监听相应的端口。
- 搭建 IP 网络与光网络协同控制器，编写并执行协同网络脚本。
- 使用 dpctl 工具观察 Ryu 控制器生成的流表，分析流表是如何影响数据包转发的。
- 验证协同控制算法。

5.5.2.2　方法

- 测试网络层的互通性：在没有配置协同控制算法之前，测试 IP 网络与光网络的互通性。
- 配置协同控制算法：利用协同控制算法添加联合路由，并重新配置流表。
- 再次测试互通性：在配置协同控制算法后，再次测试 IP 网络与光网络的互通性。

5.5.3　内容和步骤

以下为本节任务的具体步骤：

步骤 1：安装并启动 Ryu 控制器，命令如下：

```
pip install ryu
ryu-manager ryuapp.py
```

启动 Ryu 控制器的结果如图 5.30 所示。

```
root@ubuntu:/home/boy/Desktop# ryu-manager ryuapp.py
loading app ryuapp.py
loading app ryu.controller.ofp_handler
instantiating app ryuapp.py of SimpleSwitch
instantiating app ryu.controller.ofp_handler of OFPHandler
```

图 5.30　启动 Ryu 控制器的结果

步骤 2：搭建 IP 网络与光网络协同控制器，命令如下：

```
python3 optical_ip_networks.py
```

本节任务需要引入 Python 脚本创建 IP 网络和光网络协同控制器，Python 脚本放在文件 optical_ip_networks.py 中。搭建 IP 网络与光网络协同控制器的结果如图 5.31 所示。

```
root@ubuntu:/home/boy/Desktop# python3 optical_ip_networks.py
*** Configuring hosts
r1 r2 h1 h2 h3 h4
*** Starting controller
c0
*** Starting 5 switches
s1 s2 s3 s4 s5 ...
Network topology is set up.
*** Starting CLI:
```

图 5.31　搭建 IP 网络与光网络协同控制器的结果

步骤 3：观察 Ryu 控制器打流（见图 5.32），通过下面的命令查看当前流表（见图 5.33）。

```
mininet>dpctl dump-flows
```

```
Packet in 5 00:11:11:00:00:01 33:33:00:00:00:01 4
Packet in switch: 5
Packet in 1 00:11:11:00:00:01 33:33:00:00:00:01 2
Packet in switch: 1
Packet in 4 00:11:11:00:00:01 33:33:00:00:00:01 1
Packet in switch: 4
Packet in 5 00:11:11:00:00:01 33:33:00:00:00:01 4
Packet in switch: 5
Packet in 1 00:11:11:00:00:01 33:33:00:00:00:01 2
Packet in switch: 1
Packet in 4 00:11:11:00:00:01 33:33:00:00:00:01 1
Packet in switch: 4
Packet in 5 00:11:11:00:00:01 33:33:00:00:00:01 4
Packet in switch: 5
Packet in 1 00:11:11:00:00:01 33:33:00:00:00:01 2
Packet in switch: 1
Packet in 4 00:11:11:00:00:01 33:33:00:00:00:01 1
Packet in switch: 4
```

图 5.32　观察 Ryu 控制器打流

```
mininet> dpctl dump-flows
*** s1 ------------------------------------------------
 cookie=0x0, duration=82.972s, table=0, n_packets=80, n_bytes=12284
 cookie=0x0, duration=82.953s, table=0, n_packets=368, n_bytes=3157
 cookie=0x0, duration=83.646s, table=0, n_packets=90311, n_bytes=93
```

图 5.33　查看当前流表

步骤 4：验证协同控制算法。

说明：在该步骤中，读者开始测试 IP 网络与光网络时二者是无法互通的，然后通过协同控制算法添加联合路由，再次测试 IP 网络与光网络时二者是可以互通的，从而实现了对协同控制算法的验证。

（1）执行命令：

mininet>h1 ping h3

可测试 IP 网络与光网络，此时二者是无法互通的，如图 5.34 所示。

```
mininet> h1 ping h3
PING 10.0.1.1 (10.0.1.1) 56(84) bytes of data.
From 10.0.0.1 icmp_seq=1 Destination Host Unreachable
From 10.0.0.1 icmp_seq=2 Destination Host Unreachable
From 10.0.0.1 icmp_seq=3 Destination Host Unreachable
```

图 5.34　IP 网络与光网络无法互通

（2）执行命令：

mininet>sh /home/boy/Desktop/add.sh

可通过协同控制算法添加联合路由，其中 add.sh 文件中包含了在 IP 网络与光网络之间进行打流的脚本。

（3）执行命令：

mininet>h1 ping h3

可再次测试 IP 网络与光网络，此时二者是可以互通的，如图 5.35 所示。

```
mininet> h1 ping h3
PING 10.0.1.1 (10.0.1.1) 56(84) bytes of data.
64 bytes from 10.0.1.1: icmp_seq=1 ttl=62 time=0.850 ms
64 bytes from 10.0.1.1: icmp_seq=2 ttl=62 time=0.070 ms
64 bytes from 10.0.1.1: icmp_seq=3 ttl=62 time=0.097 ms
64 bytes from 10.0.1.1: icmp_seq=4 ttl=62 time=0.064 ms
```

图 5.35　IP 网络与光网络可以互通

在加入了联合路由后，IP 网络与光网络可以实现互通，从而成功验证了协同控制算法。

5.5.4　任务小结

本节任务通过 Mininet 创建了一个光网络和 IP 网络，实现了多级控制器的互联和跨域协同控制，并通过 ping 命令测试了 IP 网络与光网络之间的互通性，完成了对协同控制算法的验证。

5.6 实验拓展

通过任务一到任务三的学习与实践，读者可以了解 IP 网络与光网络的网络拓扑结构，并认识到 SDN 控制器在实现网络协同中的重要性。

任务一是搭建运营商光传输网络；任务二是搭建运营商数据通信网络；任务三是搭建 IP 网络与光网络协同控制器，实现了联合路由的部署。在实验拓展中，读者将在搭建好的两个网络以及协同控制器的基础上进行拓展，通过为 IP 网络与光网络协同控制器添加更复杂的路由算法来实现更灵活、高效的路由管理。

1. 任务目标

利用 IP 网络与光网络协同控制器，结合流量控制算法，实现数据跨域的协同控制，避免流量拥塞。

2. 要求和方法

通过 Mininet 创建一个双层网络，包含一个光网络和一个 IP 网络。

利用基于流量监测的拥塞控制算法，通过 IP 网络与光网络协同控制器部署联合路由，控制 IP 网络与光网络之间的数据传输，从而实现流量分流。

3. 内容和步骤

步骤 1：创建光网络拓扑。

步骤 2：创建 IP 网络拓扑。

步骤 3：在 IP 网络与光网络协同控制器中添加拥塞控制算法，结合拥塞控制算法计算联合路由。

步骤 4：将联合路由部署到 IP 网络与光网络中。

步骤 5：进行实验验证，确保联合路由被正确部署并评估其优化率。

4. 实验拓展小结

在实验拓展中，我们在已搭建好的 IP 网络与光网络中添加拥塞控制算法，进一步利用 IP 网络与光网络协同控制器进行网络优化。

第 6 章
天地网络协同组网综合实验

6.1 引子

地震、森林火灾，以及因极端天气引发的暴雨、洪涝、泥石流、雨雪冰冻等各类重大自然灾害的发生，在损害人民群众生命和财产安全的同时，也会严重损坏受灾区域的通信设备，导致大面积、长时间的通信中断。在失去现场通信手段的情况下，救援工作难以高效有序地开展。

5·12 汶川地震是新中国成立以来破坏性最强、波及范围最广、灾害损失最重、救灾难度最大的一次地震。当时，灾区通信设施遭受新中国成立以来从未有过的毁灭性破坏。极重灾区及其辖内的乡镇与外界通信完全中断。工业和信息化部、六大电信运营企业迅速成立了抗震救灾指挥机构，一场跨地域、跨企业的急抢修、大协作、大支援迅速展开了。

首批从全国紧急调集的 1279 部卫星电话、80 套中等数据速率（Intermediate Data Rate，IDR）卫星通信设备、100 多套甚小口径终端（Very Small Aperture Terminal，VAST），于地震当晚运抵灾区投入使用。每套 IDR 卫星通信设备可开通 200 部公用电话，每套 VSAT 可开通 2~4 个公用电话，投放后能够迅速形成通信能力，初步满足抗震救灾的通信需求。对于重灾县城，通过派遣应急通信车、输送卫星电话以及空投小型基站等方式初步实现对外通信，同时组织抢险突击队抢修光缆。截至 2008 年 5 月 19 日 8 时，通过卫星通信、固定通信、移动通信、应急通信等多种手段，灾区所有县城初步恢复对外通信联系。截至 5 月 22 日 17 时，除青川县红光乡因地质原因群众整体迁移外，其余乡镇全部恢复对外通信。

此次地震中遭受重创的北川县，在通信中断 28 小时后通过海事卫星电话打通了与外界的联系，与外界隔绝 20 多小时的平武县和青川县也是通过卫星电话与外界取得联系的。由于灾情严重，水电交通和通信全部瘫痪，卫星电话成为当地与外界联系的重要方式和应急抢险的重要工具，为人们了解灾情、部署救灾工作提供了重要的帮助。5·12 汶川地震中的通信基础设施恢复过程说明了在严重灾害导致通信基站受损的情况下，地面通信系统难以保障应急救援信息的传输，卫星网络的优势愈加明显。虽然卫星网络在 5·12 汶川地震救援中发挥了重要的作用，但在救援过程中也体现出了卫星网络能力受限的问题。在吸取本次救援过程中的经验后，国内开始加快提升卫星网络的能力，以便应急情况下快速组建通信网络，确保灾害救援工作的顺利进行，并尽可能减少人员和财产损失。我国"十三五"规划和"十三五"国家科技创新规划明确提出要大力发展天地一体化信息网络，并将其作为"科技创新2030——重大项目"中首个启动的重大工程项目。中国航天科技集团有限公司于 2018 年开始计划部署名为"鸿雁星座"的全球低地球轨道卫星移动通信系统，计划星座卫星数量超过300 颗。与此同时，中国航天科工集团有限公司计划建设包括 156 颗低地球轨道卫星的"虹云工程"。2021 年 4 月 26 日，经国务院批准，中国卫星网络集团有限公司成立，负责统筹中国卫星网络建设任务，着力打造国家战略科技力量，计划建设我国的大规模低地球轨道卫星网络。

图 6.1 所示为 12·18 积石山地震中使用的卫星应急通信。

12·18 积石山地震现场卫星电话的使用情况

图 6.1　卫星应急通信应用于 12·18 积石山地震救援

图 6.2 所示为在地震救援中使用的卫星应急通信救援车。

地震灾害空地一体化联合救援演习

图 6.2　在地震救援中使用的卫星应急通信救援车

根据轨道高度的不同，卫星可以分为地球静止轨道（Geostationary Earth Orbit，GEO）卫星、中地球轨道（Medium Earth Orbit，MEO）卫星、低地球轨道（Low Earth Orbit，LEO）卫星。其中，低地球轨道卫星网络具有星地传输时延低、传输损耗低、部署成本低等优点，能够提供广覆盖、低时延、大容量的数据通信服务，有效提升卫星应急通信系统能力。近年来，越来越多的国家及商业公司纷纷提出了以低地球轨道卫星为主体的天地网络协同组网计划。以 Starlink 为例，截至 2024 年 3 月，Starlink 已经部署了超过 6000 颗低地球轨道卫星，仅在 2023 年就发射了超过 1700 颗低地球轨道卫星。Starlink 已经为全球近百个国家提供卫星通信服务，其订阅用户已经超过了 260 万人。目前，建设天地协同网络已成为无线通信领域的主要发展趋势之一。

6.2 实验场景创设

随着可重复火箭技术的成熟以及卫星制造成本降低，卫星网络的规模持续快速增长，促使卫星网络架构不断演进。目前，典型的天地协同网络主要采用低地球轨道卫星网络提供宽带数据传输服务，其架构如图 6.3 所示，主要包括卫星承载网、地面承载网、网络控制中心三个部分，网络中包含产生和转发数据的各种网络节点，以及节点之间传输信息的链路。

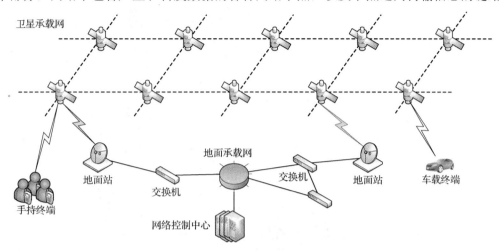

图 6.3　典型的天地协同网络架构

卫星承载网由卫星及星间链路构成。低地球轨道卫星按照轨道动力学运动规律绕着地球做周期运动，并且按照一定规则排列，形成星座。卫星充当移动的接入基站，为其覆盖范围内的终端设备提供网络接入服务，将用户数据卸载到卫星，通过星间链路将用户数据回传到与地面站连接的落地卫星节点。星间链路使卫星能够实时地将接收到的数据转发到遥远的地面承载网，减少了对地面站的依赖。

地面承载网主要包括用于转发卫星承载网回传数据的各类节点，由地面站、交换机及对应的地面链路构成。地面站采用馈电链路将卫星承载网的数据卸载到地面，通过地面承载网将数据回传到核心网，核心网将卫星网络的数据转发到对应的目的节点。馈电链路也需要持续进行切换，以保证卫星网络的数据传输业务不发生中断。用户终端也属于地面承载网的一部分，它可以通过卫星建立用户接入链路，产生业务数据并通过卫星承载网实现数据传输，但不进行数据承载。

网络控制中心由网络控制器集群构成，多个控制器之间通过东西向接口进行交互协同，实现卫星承载网和地面承载网的集中管理。网络控制器的功能包括网络拓扑发现、集中式路由控制、子网管理等。

考虑到卫星网络面临发射部署成本高、系统建设周期长、试错成本高等一系列问题，因此，本章将介绍如何搭建天地网络协同组网综合实验环境，对卫星网络的关键技术以及性能进行评估，针对可能出现灾害以及网络故障场景进行模拟，验证其能够在应急通信场景中提供的网络通信能力。

6.2.1　场景描述

本章实验为天地网络协同组网综合实验，其场景如图 6.4 所示。其中，用户通过通用计算机上的浏览器远程连接到仿真控制软件的前端界面，仿真控制软件通过交换机网络连接到部署了仿真节点的服务器，其他的服务器上部署了虚拟卫星承载网节点、虚拟地面承载网节点、虚拟业务终端节点、天地网络协同控制器。

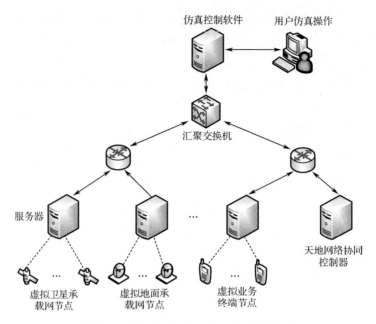

图 6.4　天地网络协同组网综合实验场景

6.2.2　总体目标

本章实验的总体目标是基于搭建的天地网络协同组网综合实验场景，分步搭建卫星承载网、地面承载网、天地网络协同控制器，并通过参数配置实现天地网络协同组网，从而构建虚拟的天地协同网络，并且将创建的虚拟业务终端节点接入天地协同网络中，加载业务流量，通过天地网络协同业务传输来评估天地协同网络的性能。本章实验预期达到的总体目标为：

- ⊃ 搭建卫星承载网：了解卫星承载网的构成，理解卫星承载网星座构型、卫星运动规律、卫星承载网的路由原理，加深读者对卫星承载网的网络层和主要参数的理解。
- ⊃ 搭建地面承载网：搭建地面站，学习业务流量通过地面站落地传输的过程、监测星地链路性能、星地链路切换等基础知识。
- ⊃ 搭建天地网络协同控制器：将天地网络协同控制器接入创建的仿真网络，学习天地网络协同控制器的基本原理，熟悉天地网络协同控制器的操作。
- ⊃ 验证天地网络协同业务传输：通过创建虚拟业务终端节点、加载业务来验证天地网络协同业务传输，学习天地网络协同业务传输的基本原理，查看业务传输实验结果，分析实验数据并撰写实验报告。

6.2.3　基础实验环境准备

本章实验采用的卫星承载网仿真平台是基于 B/S（Browser/Server）架构搭建的，Browser 指 Web 浏览器，主要的事务逻辑是在服务器（Server）上实现的。卫星承载网仿真平台的前端系统是基于 Vue 前端框架开发的，使用者通过前端界面能够搭建仿真环境、配置仿真参数、查看仿真结果。仿真系统采用 Docker 技术搭建仿真网络，采用基于 SpringBoot 后端框架实现了前后端仿真命令以及仿真数据的交互。

卫星承载网仿真平台通过常用的 Web 浏览器即可进行实验操作，无须进行额外的实验环境配置。以 Chrome 浏览器为例子，打开浏览器，输入 "http://xxx.xxx.xxx.xxx:7980/home"，xxx.xxx.xxx.xxx 是实际服务器使用的 IP 地址。例如，部署卫星承载网仿真平台服务器的 IP 地址是 172.24.37.2，浏览器里输入 "http://172.24.37.2:7980/home" 后就会打开卫星承载网仿真平台的前端界面，如图 6.5 所示。

图 6.5　卫星承载网仿真平台的前端界面

假设网络控制器与卫星承载网仿真平台部署在同一台服务器（其 IP 地址为 172.24.37.2）上，那么在浏览器里输入 "http://172.24.37.2:7981/home" 后就会打开网络控制器的前端界面，如图 6.6 所示。如果网络控制器部署在另外的服务器上，则需要修改对应的 IP 地址。

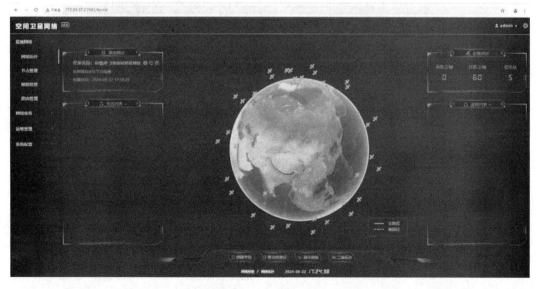

图 6.6　网络控制器的前端界面

6.2.4　实验任务分解

天地网络协同组网综合实验的任务分解及任务执行过程如图 6.7 所示，包括搭建卫星承载网、搭建地面承载网、搭建天地网络协同控制器、验证天地网络协同业务传输等 4 个任务。本章实验需要进行星座参数配置、路由配置、故障配置、业务配置，在实验结束之后还需要对实验结果进行查看和分析，对实验参数进行优化调整，并撰写实验报告。

4 个任务的描述如下：

（1）任务一：首先构建星座，然后配置对应的星座参数，接着通过前端界面查看星座拓扑，最后配置卫星承载网的路由并查看每个节点的路由。

（2）任务二：首先构建地面站，然后配置地面站接入卫星承载网的方式，最后监测地面站与卫星之间的星地链路的性能，并观察星地链路的切换过程。

（3）任务三：首先创建天地网络协同控制器，然后配置天地网络协同控制器与虚拟卫星节点的连接、地面站之间的控制面连接，接着查看天地网络协同控制器是否能够发现网络拓扑，最后查看其他的网络运维信息。

（4）任务四：首先选择需要加载的业务类型，然后创建对应的虚拟业务终端节点，并配置虚拟业务终端节点的网络参数，将其接入卫星承载网，接着配置流量业务的参数，启动业务流量模拟，最后查看该业务的端到端性能。

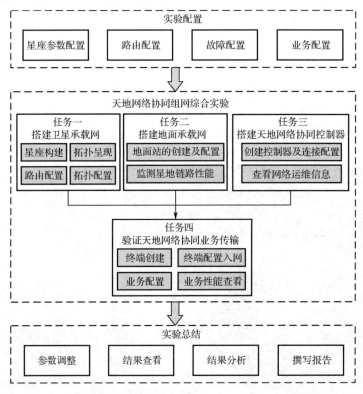

图 6.7   天地网络协同组网综合实验的任务分解及任务执行过程

6.2.5   知识要点

本节将简要介绍天地协同网络的重要组成部分，后续部分将介绍如何搭建一个天地协同网络，对天地网络协同业务传输过程进行模拟，并监测其性能。本章涉及的知识要点如图 6.8 所示。

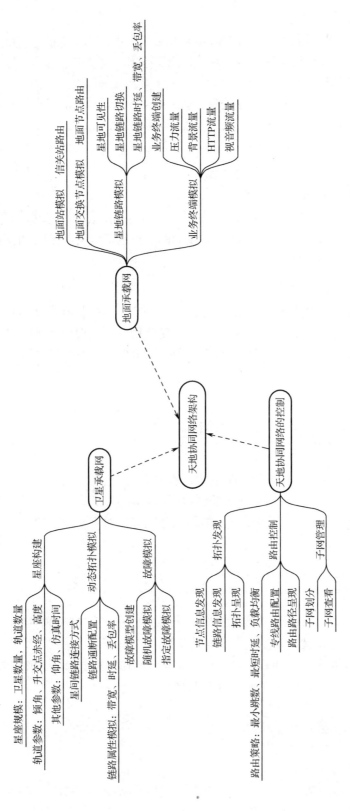

图 6.8　天地网络协同组网综合实验的知识要点

6.2.5.1 卫星承载网

卫星承载网由低地球轨道卫星及星间链路构成。卫星承载网能够提供高效的长距离通信服务，特别适用于地面网络无法覆盖的场景，能够应用于灾备应急通信、偏远地区通信、热点区域通信增强等场景。

卫星承载网的模拟主要包括星座构建、动态链路模拟、网络故障模拟三个部分，其中星座构建涉及的知识点包括星座规模、轨道参数、仿真时间；动态链路模拟涉及的知识点包括星间链路连接方式、链路通断配置、链路属性配置；网络故障模拟涉及的知识点包括故障模型构建、随机故障模拟和指定故障模拟。

6.2.5.2 地面承载网

在天地协同网络中，地面承载网由地面站、网络控制中心、核心网、测控站、数据中心及对应的星地链路构成。地面承载网模拟涉及的知识点包括地面站模拟、地面交换节点模拟、星地链路模拟、业务终端模拟。

6.2.5.3 天地协同网络的控制方法

为了提升天地协同网络的可靠性，可通过天地网络协同控制器对整个网络进行统一管理和配置，实现网络资源的优化和动态调整。软件定义网络是实现天地协同网络控制的一种主要方式，能够提高网络的灵活性和可编程性。天地协同网络控制涉及的知识点包括拓扑发现、路由控制、子网管理等。

6.3 任务一：搭建卫星承载网

搭建卫星承载网

在天地协同网络中，卫星承载网是最主要的部分，用户终端通过接入卫星承载网覆盖范围内的卫星，将数据通过卫星承载网传输到地面承载网中的目的节点，从而在偏远地区、应急场景下实现网络覆盖。详细了解卫星承载网的搭建方法对于学习天地协同网络的架构是十分关键的。

6.3.1 任务目标

⊃ 了解卫星承载网的构成，理解卫星承载网星座构型、卫星运动规律、卫星承载网的路由原理，加深读者对卫星承载网网络层的理解。

⊃ 能够使用卫星承载网仿真平台自行构建卫星承载网并查看每个节点的路由条目。

⊃ 加深读者对卫星承载网主要参数的理解。

6.3.2 要求和方法

6.3.2.1 要求

预习卫星承载网的基础知识，如星座构型、星间链路、星地链路、卫星承载网路由等，有助于读者理解实验中的各模块的功能及参数。

6.3.2.2　方法

本节任务采用卫星承载网仿真平台搭建基于容器技术的虚拟卫星承载网。相比于传统的数值仿真方式，这种仿真方式能够加载完整的网络协议，方便读者理解卫星路由协议的运行流程。本节任务主要包括读取星历文件、生成星座拓扑、查看卫星网络路由、监测星间链路性能。

6.3.3　内容和步骤

步骤 1：读取星历文件。

多模态数智化通信与网络综合实验平台的全栈全网通信网络子平台提供了 STK（Satellite Tool Kit）软件接口，用于导入不同的星座场景数据，包括时延数据、CZML 数据和星座描述文件，可将导入的文件复制到卫星承载网仿真平台的星座目录下。在卫星承载网仿真平台界面中选择对应的星座场景文件，即可读取星历文件。

步骤 2：生成星座拓扑。

（1）在卫星承载网仿真平台的前端界面中，单击"星座构建"可打开星座构建界面，如图 6.9 所示。单击星座构建界面中的"构建网络"按钮后选择星座，勾选时延、带宽等参数。

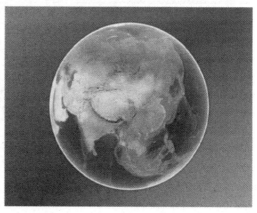

图 6.9　星座构建界面

（2）单击"生成拓扑模型"按钮，可打开"生成拓扑数据"对话框，如图 6.10 所示，在该对话框中设置待部署的星座、节点带宽、部署星座的服务器（如果是多机部署，则选择多个服务器）、镜像文件，其他设置保持默认值即可，单击"生成拓扑模型"按钮后稍作等待，即可生成软件能够理解和处理的模型文件。

（3）生成的星座拓扑如图 6.11 所示，从图中可以看到构建好的星座、部署服务器、镜像文件和启动时间，单击右侧的"🗑"（删除）按钮可以删除已经创建的星座。单击生成的星座拓扑，可显示星座拓扑以及地面站和卫星的连接关系。

步骤 3：查看卫星网络路由。

（1）在卫星承载网仿真平台的前端界面中单击"路由管理"→"路由查看"，可进入"路由查看"界面，如图 6.12 所示，在该界面中可以看到每个星座节点对应的下一跳卫星，以及路由表和每条路由使用的协议。

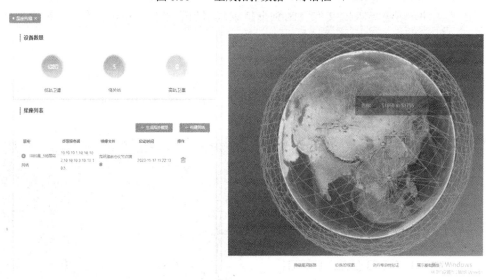

图 6.10　"生成拓扑数据"对话框

图 6.11　生成的星座拓扑

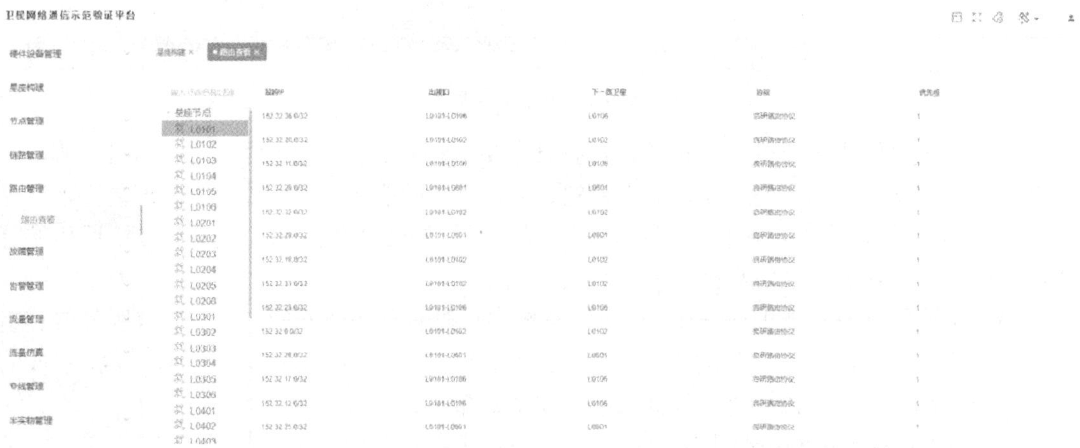

图 6.12　"路由查看"界面

（2）登录服务器后台，通过命令“ip r”可查看下发的路由；进入相应的星座节点后，执行相应的命令可以看到路由已经正常下发。服务器后台数据如图 6.13 所示。

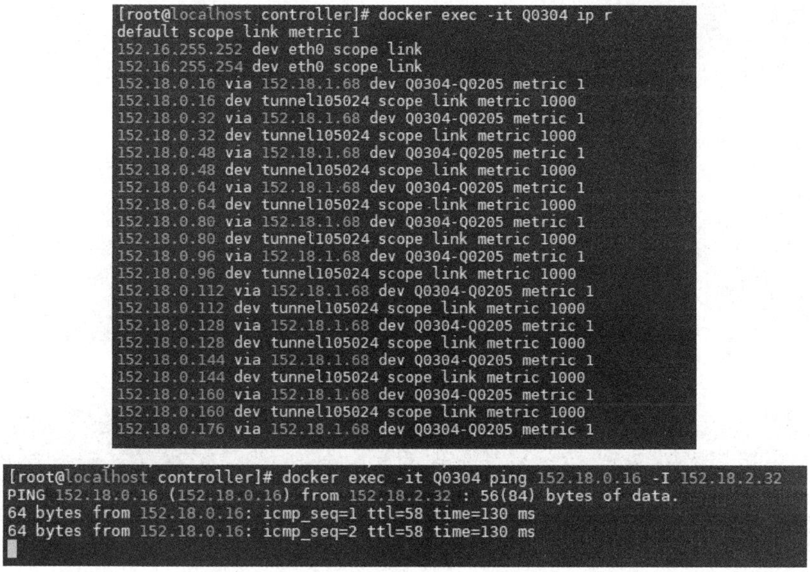

```
[root@localhost controller]# docker exec -it Q0304 ip r
default scope link metric 1
152.16.255.252 dev eth0 scope link
152.16.255.254 dev eth0 scope link
152.18.0.16 via 152.18.1.68 dev Q0304-Q0205 metric 1
152.18.0.16 dev tunnel105024 scope link metric 1000
152.18.0.32 via 152.18.1.68 dev Q0304-Q0205 metric 1
152.18.0.32 dev tunnel105024 scope link metric 1000
152.18.0.48 via 152.18.1.68 dev Q0304-Q0205 metric 1
152.18.0.48 dev tunnel105024 scope link metric 1000
152.18.0.64 via 152.18.1.68 dev Q0304-Q0205 metric 1
152.18.0.64 dev tunnel105024 scope link metric 1000
152.18.0.80 via 152.18.1.68 dev Q0304-Q0205 metric 1
152.18.0.80 dev tunnel105024 scope link metric 1000
152.18.0.96 via 152.18.1.68 dev Q0304-Q0205 metric 1
152.18.0.96 dev tunnel105024 scope link metric 1000
152.18.0.112 via 152.18.1.68 dev Q0304-Q0205 metric 1
152.18.0.112 dev tunnel105024 scope link metric 1000
152.18.0.128 via 152.18.1.68 dev Q0304-Q0205 metric 1
152.18.0.128 dev tunnel105024 scope link metric 1000
152.18.0.144 via 152.18.1.68 dev Q0304-Q0205 metric 1
152.18.0.144 dev tunnel105024 scope link metric 1000
152.18.0.160 via 152.18.1.68 dev Q0304-Q0205 metric 1
152.18.0.160 dev tunnel105024 scope link metric 1000
152.18.0.176 via 152.18.1.68 dev Q0304-Q0205 metric 1

[root@localhost controller]# docker exec -it Q0304 ping 152.18.0.16 -I 152.18.2.32
PING 152.18.0.16 (152.18.0.16) from 152.18.2.32 : 56(84) bytes of data.
64 bytes from 152.18.0.16: icmp_seq=1 ttl=58 time=130 ms
64 bytes from 152.18.0.16: icmp_seq=2 ttl=58 time=130 ms
```

图 6.13 服务器后台数据

步骤 4：监测星间链路性能。

（1）在卫星承载网仿真平台的前端界面中单击“节点管理”→“地面站和卫星”，可打开“地面站和卫星”界面，如图 6.14 所示。

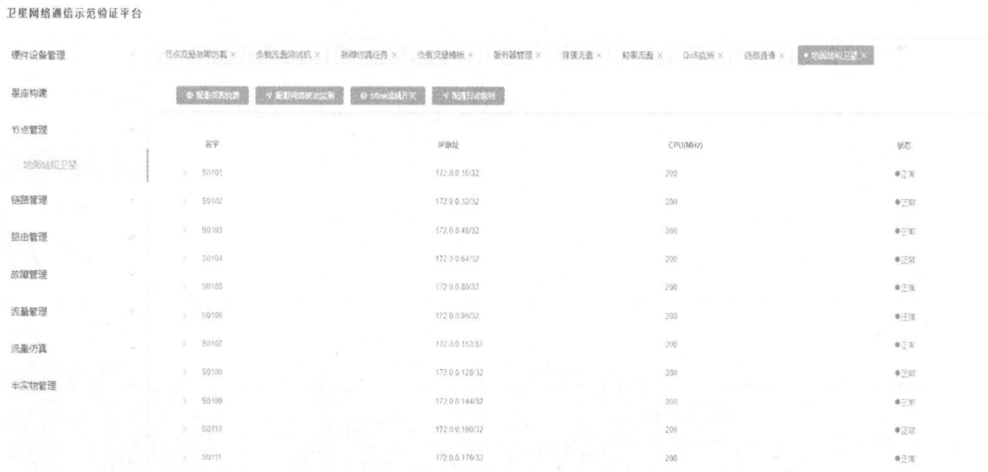

图 6.14 “地面站和卫星”界面

（2）选择 S0202 和 S0206，单击“sflow 流量开关”按钮，可开启 S0202 和 S0206 的 sflow 流量开关，如图 6.15 所示。

（3）在后台输入相应命令，在 S0202 和 S0206 之间传输 100 Mbit 的流量，如图 6.16 所示。

（4）选择要监测的链路并设置相关参数，如图 6.17 所示。

（5）进行 QoS 监测，观察时延、抖动、丢包率和流量等指标，如图 6.18 所示。

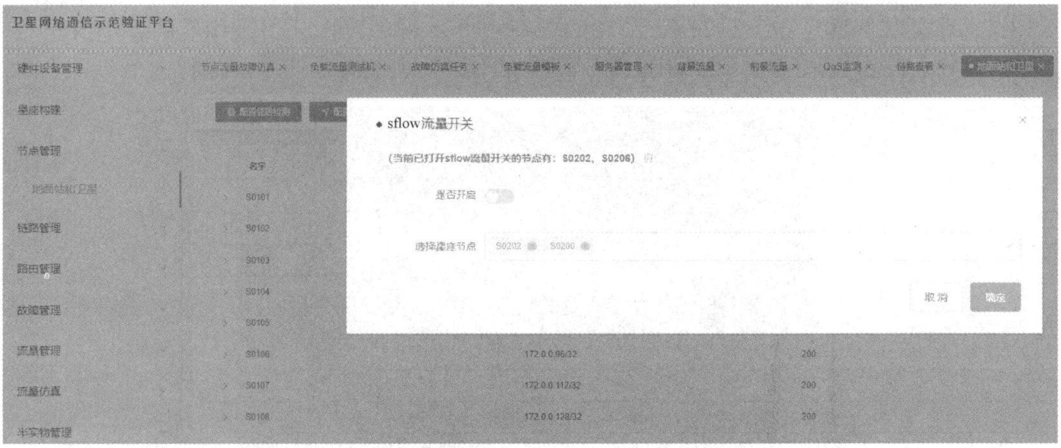

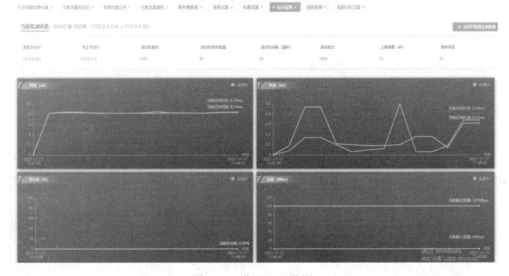

图 6.15　开启 S0202 和 S0206 的 sflow 流量开关

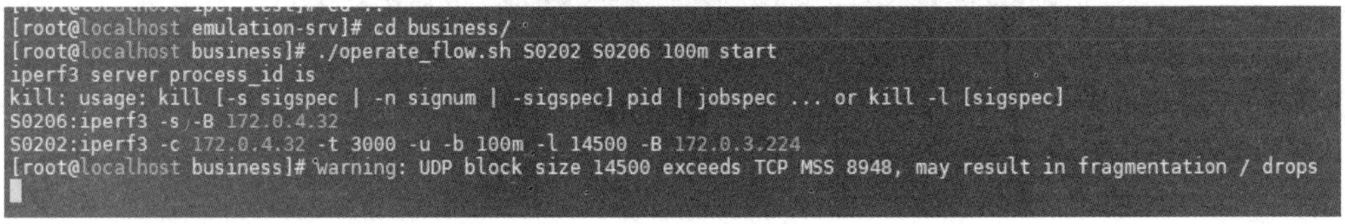

```
[root@localhost iperf/test]# cd ..
[root@localhost emulation-srv]# cd business/
[root@localhost business]# ./operate_flow.sh S0202 S0206 100m start
iperf3 server process_id is
kill: usage: kill [-s sigspec | -n signum | -sigspec] pid | jobspec ... or kill -l [sigspec]
S0206:iperf3 -s -B 172.0.4.32
S0202:iperf3 -c 172.0.4.32 -t 3000 -u -b 100m -l 14500 -B 172.0.3.224
[root@localhost business]# Warning: UDP block size 14500 exceeds TCP MSS 8948, may result in fragmentation / drops
```

图 6.16　在 S0202 和 S0206 之间传输 100 Mbit 的流量

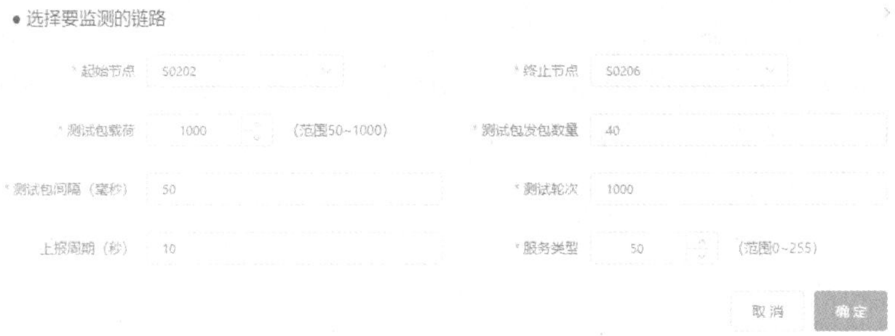

图 6.17　选择要监测的链路并设置相关参数

图 6.18　进行 QoS 监测

6.3.4　任务小结

本节任务成功实现了卫星承载网的搭建，通过卫星承载网仿真平台读取了星历文件、生成了星座拓扑、验证了路由协议的功能和性能，可确保卫星网络的仿真准确性和实时性。

6.4 任务二：搭建地面承载网

搭面承载网

在天地协同网络中，用户终端的数据通过卫星承载网的多跳路由进行转发，通过与地面站连接的落地卫星节点将数据传输到地面站，之后转发到地面承载网中的目的节点。地面承载网是天地协同网络的重要组成部分，详细了解地面承载网的搭建方法对学习天地协同网络是十分必要的。

6.4.1　任务目标

- ➲ 创建地面站，学习业务流量通过地面站落地传输的过程。
- ➲ 监测星地链路性能，学习星地链路切换等基础知识。

6.4.2　要求和方法

6.4.2.1　要求

预习地面站的基础知识，如星地链路切换、落地卫星节点选择等基础概念，有助于读者理解实验中的各模块的功能及参数。

6.4.2.2　方法

本节任务首先在搭建的卫星承载网的基础上，搭建地面承载网，并将地面站节点接入卫星承载网，构成天地协同网络；然后对星地链路的性能进行监测，帮助读者理解星地链路的基础知识。本节任务包括生成地面网络拓扑、创建地面站节点、监测星地链路性能。

6.4.3　内容和步骤

步骤 1：生成地面网络拓扑。

方法和 6.4.2 节中的"步骤 2：生成星座拓扑"类似，请读者参考 6.4.2 节。

步骤 2：创建地面站节点。

（1）在卫星承载网仿真平台的前端界面中，单击"流量管理"→"负载流量测试机"，可打开创建测试机的界面，如图 6.19 所示。

（2）创建测试机。单击"批量创建 CE 测试机"按钮，可打开"测试机信息"对话框，如图 6.20 所示。在该对话框中设置相关参数后单击"确定"按钮，即可创建地面站节点。

图 6.19　创建测试机的界面

图 6.20　"测试机信息"对话框

步骤 3：监测星地链路性能。

（1）在卫星承载网仿真平台的前端界面中，单击"流量管理"→"-QoS 监测"，可打开 QoS 监测界面，如图 6.21 所示，单击该界面右上角的"选择并配置监测链路"按钮可设置待监测的链路。这里的起始节点选择步骤 2 中创建的测试机 ce，终止节点选择卫星 S0106。

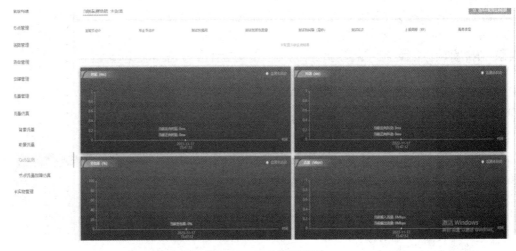

图 6.21　QoS 监测界面

（2）在 QoS 监测界面中可以看到测试机 ce 到 S0106 之间链路的性能，如时延、抖动、丢包率、流量等，如图 6.22 所示。读者可看到时延、抖动、丢包率、流量等 4 个指标在随时间而变化，当时延、抖动的结果为毫秒级的结果时，表示地面承载网搭建成功。

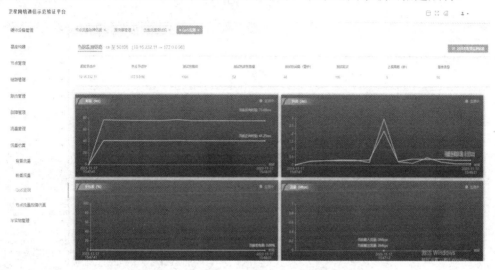

图 6.22　测试机 ce 到 S0106 之间链路的性能

6.4.4　任务小结

本节任务成功地搭建了地面承载网，通过卫星承载网仿真平台验证了路由协议的功能和性能，可确保地面承载网的准确性和实时性。

6.5 任务三：搭建天地网络协同控制器

搭建天地网络协同控制器

在天地协同网络中，通过天地网络协同控制器可实现端到端的路由转发控制，以保证业务传输的服务质量。相比于传统的分布式路由控制，集中式路由控制能够为特定业务定制路由，从而保证应急通信的服务质量。因此，详细了解天地网络协同控制器是十分必要的。

6.5.1　任务目标

◑ 创建天地网络协同控制器，将创建的天地网络协同控制器接入仿真网络。
◑ 通过天地网络协同控制器的相关功能，学习天地网络协同控制器的基本原理，熟悉天地网络协同控制器的操作。

6.5.2　要求和方法

6.5.2.1　要求

预习天地网络协同控制器的基础知识，如集中式路由控制、拓扑发现等，有助于读者理解实验中的各模块的功能及参数。

6.5.2.2　方法

本节任务通过天地网络协同控制器查看天地协同网络中的节点、链路、路由等信息，以及管理运维数据，并在天地网络协同控制器上实现移动性验证。本节任务的实验步骤包括加载天地网络协同控制器、查看节点与链路的信息、网络运维管理。

6.5.3　内容和步骤

步骤 1：加载天地网络协同控制器。

在卫星承载网仿真平台的前端界面中成功搭建卫星承载网和地面承载网后，打开天地网络协同控制器界面（见图 6.23），等待数据加载。

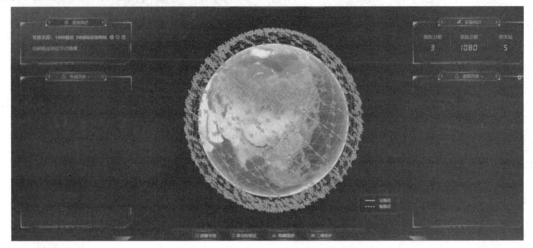

图 6.23　天地网络协同控制器界面

步骤 2：查看节点与链路的信息。

天地网络协同控制器在创建星座拓扑后可以通过拓扑发现功能检测到的节点和链路的信息，在天地网络协同控制器界面中，既可以看到对应的节点名称、IP 地址、带宽、节点状态，也可以在该界面的右上角通过关键字搜索指定的节点。

节点信息查看界面如图 6.24 所示。

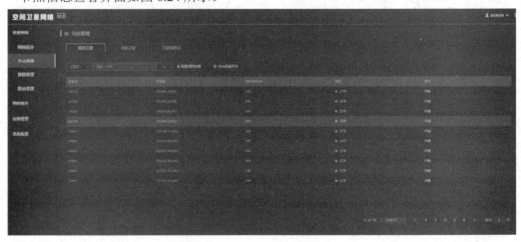

图 6.24　节点信息查看界面

链路信息查看界面如图 6.25 所示。

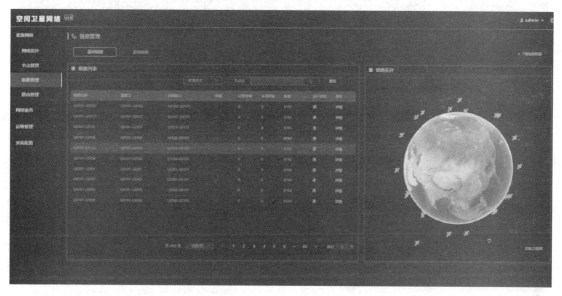

图 6.25　链路信息查看界面

步骤 3：网络运维管理。

在天地网络协同控制器界面中可以进行相应的运维管理。例如，在数据看板（见图 6.26）中可以看到星座的个数、星间链路的数量、星地链路的数量等信息。

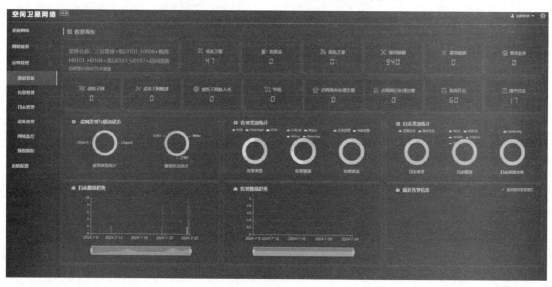

图 6.26　数据看板

在日志管理（见图 6.27）中可以看到日志时间、日志类型（分为操作日志和系统日志）、日志信息，以及日志所属文件等信息。

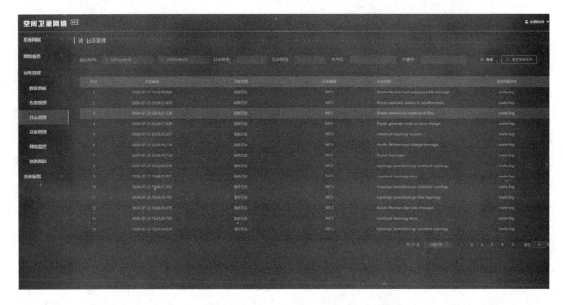

图 6.27 日志管理

6.5.4 任务小结

本节任务成功地搭建了天地网络协同控制器，并将其接入仿真网络，验证了天地网络协同控制器在网络管理运维方面的功能。

6.6 任务四：验证天地网络协同业务传输

验证天地网络协同业务传输

6.6.1 任务目标

- ⮩ 通过配置虚拟业务终端节点、加载业务和验证天地网络协同业务传输，学习天地网络协同业务传输的基本原理。
- ⮩ 通过配置和加载虚拟业务终端节点，实现天地网络协同业务的无缝传输，评估天地网络协同业务传输的性能和稳定性。

6.6.2 要求和方法

6.6.2.1 要求

预习卫星网络业务传输的基础知识，如卫星网络路由路径、卫星网络业务类型等，有助于读者理解实验中的各模块的功能及参数。

6.6.2.2 方法

本节任务在搭建好的卫星承载网、地面承载网、天地网络协同控制器的基础上，通过配置、加载天地网络协同业务，以及配置专线路由，验证了天地网络协同业务传输的性能。本节任务包括创建虚拟业务终端节点、配置专线路由、故障仿真、备份路由切换、验证天地网络协同业务传输。

6.6.3　内容和步骤

步骤 1：创建虚拟业务终端节点。在图 6.28 所示的界面中可创建虚拟业务终端节点。

图 6.28　创建虚拟业务终端节点界面

步骤 2：配置专线路由。

（1）单击星座构建界面（见图 6.29）中的"构建网络"按钮后选择对应的星座，配置时延、带宽等参数后，单击"构建网络"按钮即可构建星座，如图 6.29 所示。

图 6.29　构建星座

（2）单击天地网络协同控制器界面（见图 6.23）下方的"创建专线"按钮，可打开创建专线界面，如图 6.30 所示。在创建专线界面中配置起止节点、ToS 字段、算路策略等参数后，单击"创建"按钮即可配置专线路由。

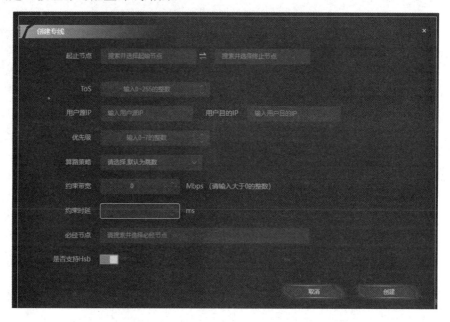

图 6.30　创建专线界面

（3）配置好的专线路由如图 6.31 所示，可以看到起始节点 Q0504 到终止节点 Q0603 的专线路由经过了若干节点。

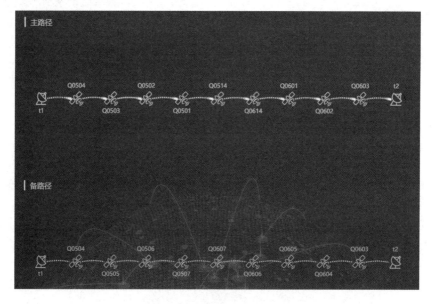

图 6.31　配置好的专线路由

步骤 3：故障仿真。

在卫星承载网仿真平台的前端界面中，单击"故障管理"可打开故障模板，在故障模板中选择"链路故障"，设置主路径经过的链路为 Q0504—QS0503，将断开时间设置为"1-45"，即可创建仿真任务。故障仿真配置如图 6.32 所示。

名称	test
星座构建类型	星座已构建
星座	108颗星_5地面站星座网络
故障类型	指定故障点
启动方式	启动启动
停前离汇控制器	否
启动时间类型	相对时间
仿真开始时间偏移量（秒）	0
仿真持续时间（秒）	600
是否主动上报故障	否
添加故障节点或链路	+ 添加故障节点或链路 + 批量添加故障节点

节点	节点故障类型	断开的链路	断开时间	操作
Q0504	链路故障	请选择无法连通的链路	1-45	删除

图 6.32 故障仿真配置

步骤 4：备份链路（备路径）切换。

本节任务中的主路径为 Q0504－Q0503－0502－Q0501－Q0514－Q0614－Q0601－Q0602，备路径为 Q0504－Q0505－Q0506－Q0507－Q0607－Q0606－Q0605－Q0604－Q0603－Q0602，除了起始节点和终止节点一样，途径节点都不相同，在主路径 Q0504－QS0503 发生故障时可启用备路径。主路径和备路径如图 6.33 所示。

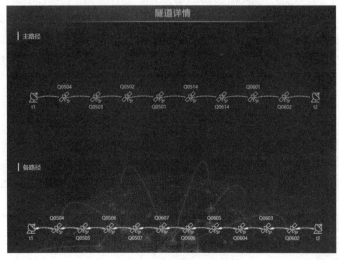

图 6.33 主路径和备路径

步骤 5：验证天地网络协同业务传输。

在卫星承载网仿真平台的前端界面中，单击"流量仿真"→"QoS 监测"，可在图 6.34 所示的 QoS 监测界面中查看天地网络协同业务传输过程中的时延、抖动、丢包率和流量等指标。

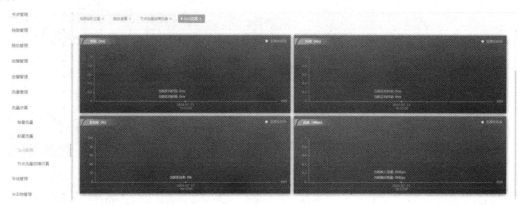

图 6.34　QoS 监测界面

6.6.4　任务小结

本节任务成功地配置了专线路由，并配置了主路径和备路径，在故障发生时可以进行链路切换，验证了天地网络协同控制器的集中控制功能。

6.7 实验拓展

任务一到任务四的内容完成了天地协同网络的搭建，并在搭建的天地协同网络中加载了业务流量以模拟应急通信场景下的数据回传。然而，本章搭建的天地协同网络的路由策略采用的是最小时延的路由策略，在实际的通信场景中，采用最小时延的路由策略不一定能够保证最佳的网络通信性能，需要针对实际的网络场景进行路由策略的定制化调整。

1. 实验拓展目标

在天地协同网络的学习和研究过程中，读者应当结合实际的应用需求构建天地协同网络场景，通过评估不同的路由策略的性能，以获取具有最佳性能的路由策略，加深对天地协同网络的理解。

2. 实验拓展内容

☞ 按需创建新的星座拓扑，在星座拓扑中加载不同模型所需的业务流量类型。

☞ 按照灾害对网络造成的影响来配置网络故障模型。

☞ 在不同的配置下验证多种路由策略的性能，如最小时延、最小跳数、负载均衡等路由策略。

此外，还可以通过该卫星承载网仿真平台的路由策略接口验证自研的路由策略。

第 7 章
视频通信系统与业务综合实验

7.1 引子

    1949 年 10 月 1 日，毛泽东主席在天安门城楼上向全世界庄严宣布："中华人民共和国中央人民政府成立了！"虽然已经过去了 70 多年，但每次看到开国大典的画面，总是让人激动不已。这一伟大的历史盛况，是由苏联的两位摄影师录制下来的。实际上，这两位摄影师录制的视频有七八小时，但由于北京当时天气十分炎热，所使用的胶片不耐高温发生了自燃，只抢救下来一部分。

    后来，我国也发展了广播视频技术，图 7.1 所示为杨利伟乘坐的"神舟五号"发射视频画面。从发射视频中，读者能够看到我国第一位航天员杨利伟乘坐"神舟五号"冲破大气层进入太空。这段视频是采用"神舟五号"上的录像资料剪辑而成的，图像质量不是很好，而当时电视转播的实时视频质量更差一些。

神舟五号发射视频

图 7.1　杨利伟乘坐的"神舟五号"发射视频画面

    到了"神舟十三号"航天员开讲"天宫课堂"，如图 7.2 所示，视频质量已经比"神舟五号"发射视频有了很大的提升。这说明我国的视频传输技术有了明显的进步。

天宫课堂

图 7.2　"神舟十三号"航天员开讲"天宫课堂"

从上面的例子中，读者可以体会到视频技术及相关业务在当今社会的重要作用。丰富多彩的视频业务，极大地改变了人们的生活。无论长视频（如一部电影），还是短视频（如抖音小视频），已经成为我们生活中不可或缺的一部分，视频质量也越来越好。

7.2 实验场景创设

当前，电信运营商、互联网公司、内容提供商等向公众提供了大量、丰富的视频业务。尤其是随着 5G 应用的普遍，高清及超高清视频业务越来越普遍。在想看电影的时候，我们可以使用手机和 Pad 上的流媒体高清视频业务；在工作或者需要探讨问题的时候，我们可以很方便地预约腾讯视频会议；基于数字视频监控的"平安城市"业务，为维护城市安全提供重要保障……

读者可能会问，这些视频是如何流畅地传输到手机或者通用计算机上的呢？手机或者通用计算机又是怎样把声音和图像合在一起播放出来的呢？

为了实现视频传输，提供的视频业务的电信运营商和互联网公司需要一个庞大的系统来支撑。为了帮助读者理解视频传输的相关技术及业务开展，本章设计了以高清/超高清视频为主的视频通信系统与业务综合实验，该实验是在多模态数智化通信与网络综合实验平台的通信网络前沿创新应用子平台上开展的。

7.2.1　场景描述

为了帮助读者深刻理解视频传输的相关技术及业务开展，本章以网络直播为例，带领读者在"一人一网"数字化实践教学子平台上开展经典的视频通信系统，如图 7.3 所示。

在图 7.3 中，视频业务源端放置在通信网络前沿创新应用子平台中，如广播级直播摄像机（演播室）、视频编码器、流媒体服务器等，视频业务数据流被封装成 IP 数据包，利用多模态跨域互联控制子平台的控制能力，经 SDN 的交换控制，由 5G 核心网、开放光网络、可重构的空天网络承载，通过不同的接入网传输到不同类型的用户终端，在用户终端上实现解码、用户交互。在本章实验中，读者可以配置不同的网络设备，模拟不同的网络性能，通过测量视频业务的用户体验质量（Quality of Experience，QoE），体会网络性能对视频质量的重要性。

7.2.2　总体目标

根据理论课程内容和教学大纲要求，参考当前运营商、互联网上的视频通信系统，本章在实验环境中实现了多种经典视频通信系统。本章实验预期达到的总体目标为：

- ⮞ 在实验环境中实现多种视频通信系统，并且通过配置改变网络性能的参数，测试分析视频业务的质量，定量分析网络性能与视频质量之间的关系，理解网络性能对视频业务的支撑能力。
- ⮞ 本章实验为相对综合的实验，通常情况下需要多个实验者一起完成，因此，通过本章实验也可锻炼实验者的团队合作能力。

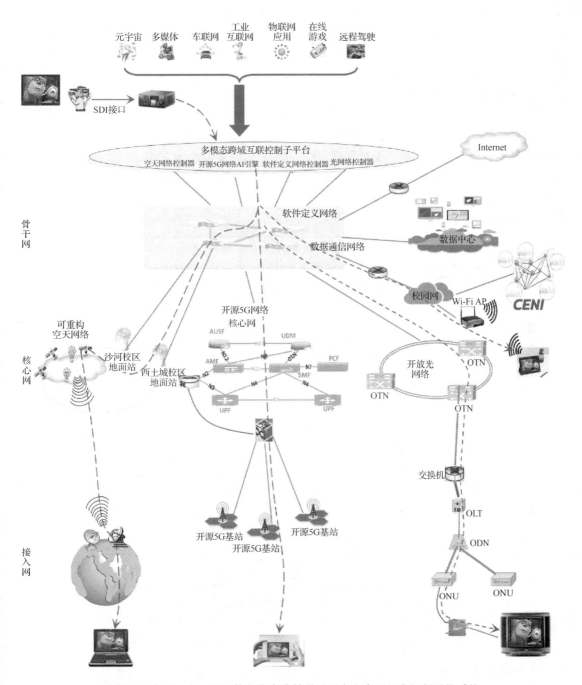

图 7.3　在"一人一网"数字化实践教学子平台上实现经典视频通信系统

7.2.3　基础实验环境准备

　　本章实验是在多模态数智化通信与网络综合实验平台上开展的。其中，广播级直播摄像机（演播室）、视频编码器、流媒体服务器设备置于骨干网上，客户端可以置于实验室、教室甚至宿舍，通过多种接入机制访问实验平台，并与服务器通信。读者也可根据自己拥有的实验环境进行实验。例如，一个网络仿真器加上一个千兆位以太网交换机即可构成本章实验网络。

在后续实验中，对于每个任务，本章都给出了所需的软硬件环境。读者可以根据需要，配置点对点、点对多点或者多点对多点的视频通信系统。

7.2.4 实验任务分解

在完成基础实验环境后，本章将在 7.3 节到 7.6 节中，通过 4 个任务依次带领读者搭建超高清视频监控系统、广播级视频直播系统、高清/超高清流媒体系统、视频会议系统，帮助读者巩固视频通信系统涉及的知识点和技术；本章通过搭建语义视频会议系统，帮助读者了解更多的视频通信前沿技术。视频通信系统与业务综合实验的任务分解及任务执行过程如图 7.4 所示。

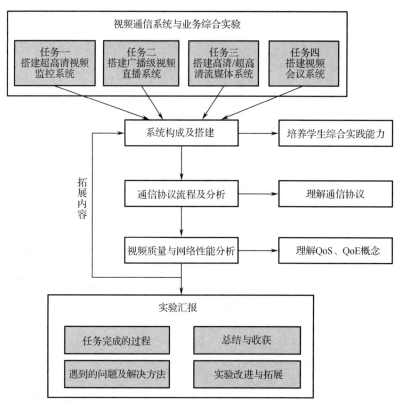

图 7.4 视频通信系统与业务综合实验的任务分解及任务执行过程

在视频通信系统与业务综合实验中，对于每一个任务，实验团队要完成以下工作：

- ➲ 完成各个系统的搭建，实现任务一到任务四的视频通信实验系统的业务功能。
- ➲ 完成通信业务要求，理解各系统的通信流程，并利用抓包工具来分析视频通信系统的协议流程，体会理论课程中的知识点，初步了解实际视频通信系统的工作流程。
- ➲ 在实现各个实验系统的基础上，利用专用视频质量测试分析仪采集视频数据，测试/分析视频质量，进而更改实验网络参数，体会理解网络性能与 QoE 的关系，并进一步研究网络性能与 QoE 的关系。
- ➲ 完成实验总结汇报，要在这一环节中，使读者的表达、沟通、交流能力得到充分锻炼。

⊃ 在完成各任务的基础上，根据课程内容、实验任务做进一步的拓展，大胆创新，在多模态数智化通信与网络综合实验平台上进行深入的研究。

7.2.5　知识要点

为了顺利完成视频通信系统与业务综合实验，读者需要储备视频数据的传输、视频传输协议、视频会议系统等方面的知识。视频通信系统与业务综合实验的知识点如图 7.5 所示。

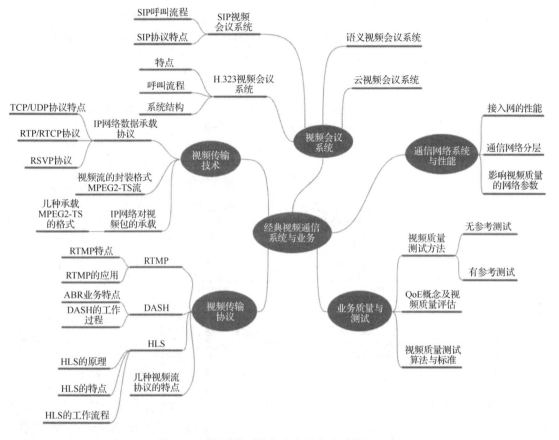

图 7.5　视频通信系统与业务综合实验的知识点

7.2.5.1　视频数据的传输

视频数据通常采用 IP 网络传输，因此视频数据首先被封装为 IP 数据包，然后采用 TCP 或 UDP 传输。TCP 和 UDP 的特点如表 7.1 所示。

表 7.1　TCP 与 UDP 的特点

协　　议	TCP	UDP
连接性	面向连接	面向无连接
可靠性	提供可靠的数据传输	不提供可靠性保证
流量及拥塞控制	支持流量控制和拥塞控制	不支持流量控制及拥塞控制
头部开销	开销大，除了源端口、目的端口、长度、校验和等字段，还包含序号、窗口号、确认号等字段	开销小，只包括源端口、目的端口、长度、校验和等字段

续表

协 议	TCP	UDP
通信开销	要进行连接建立、维护，保证数据传输的可靠性，开销大	无须进行连接建立、维护，不保证数据传输的可靠性，开销小
实时性	实时性低	实时性高
应用	适用于需要可靠数据传输的业务，如电子邮件、文件传输、网页下载等对实时性要求不高的业务	适用于对实时性要求高的业务，如视频传输

一般而言，TCP 用于非实时、可靠的数据传输，而 UPD 用于对实时性要求高的业务。但是在视频传输中，业务基于哪种协议是比较灵活的，并非一成不变，不少厂家的产品会采用 TCP 来承载视音频，目的是确保数据传输的可靠性，避免重传的发生。

7.2.5.2 视频传输的相关协议

视频传输的体系结构如图 7.6 所示，常用的协议有 RTP/RTCP、RSVP 等。

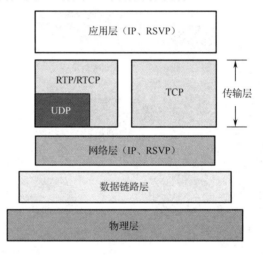

图 7.6　视频传输的体系结构

（1）RTP（Real time Transport Protocol）。RTP 为视频数据提供了点对点的传输服务，可以向接收端传输恢复实时信号所必需的定时和顺序消息。RTP 在传输视频数据时，向通信双方和网络运营者提供了 QoS 监测手段。

（2）RTCP（Real Time Control Protocol）。RTCP 完成以下功能：

⮑ 提供数据传输质量的反馈信息。

⮑ 提供 RTP 传输层的永久标志。

⮑ 确定 RTCP 分组发送的数量。

⮑ 传输少量的会话消息。

（3）RSVP（Resource reSerVation Protocol）。1994 年，IETF 的 RFC 1633 提出了 Inter-Serv 模型。该模型能够明确区分并保证每一个业务流的服务质量，为网络提供最细粒度化的服务质量。Inter-Serv 模型使用的是资源预留协议（RSVP）。RSVP 运行在从源端到目的端的每个路由器上，可以监视每个业务流，防止其消耗比其请求、预留和预先购买的多的资源。

（4）RTSP（Real Time Streaming Protocol）。RTSP 定义了一对多应用程序如何有效地通过 IP 网络传输流媒体数据，是一种实现实时流媒体传输与播放的控制协议，可用于流媒体的点播和直播场景。RTSP 在体系结构上位于 RTP 和 RTCP 之上，使用 TCP 或 RTP 完成流媒体数据的传输。

RTSP 主要有两个方面的作用，一是用于协商客户端与服务器之间的实时媒体通道；二是在建立实时媒体通道后，通过 RTSP 定义的控制方法实现流媒体的播放、暂停、停止、快进、倒退等控制操作。

7.2.5.3　MPEG2-TS 在 IP 网络中的封包格式

在 MPEG 视频编码及通信技术发展的过程中，对于视频流的封装及传输经历了不同的过程。在 MPEG2 编码中，MPEG2-TS（MPEG2 Transport Stream，又称 MPEG-TS、MTS、TS）是个重要的标准。

（1）MPEG2-TS 流。MPEG2-TS 流是一种传输和存储包含视频、音频与通信协议各种数据的标准格式，用于数字电视广播系统，如 DVB、ATSC、ISDB、IPTV 等。MPEG2-TS 流定义于 MPEG2 的第一部分（系统），即 ISO/IEC 13818-1 或 ITU-TRec. H.222.0。MPEG2-TS 流面向的传输媒介是地面和卫星等可靠性较低的传输媒介。

（2）MPEG2-TS 传输协议。MPEG2-TS 传输协议中的一个 TS 可以承载多个子 TS，通常子 TS 是分组化基本流（Packetized Elementary Stream，PES）；分组化基本流上承载了基本流（Elementary Stream，ES）或者非 MPEG 的编码流，如 AC-3 和 DTS 等音频流、MJPEG 和 JPEG 2000 等视频流、字幕所需要的文本和图像、用于定义基本流的表、电视台定义的电子节目表（EPG）等。一些相互独立的流可以被复用在一个 TS 中。TS 分组（TS Packet）是多路复用的基本单位，大小为 188 B。多个基本流的内容会被分别封装到 TS 分组中，然后通过同一个 TS 传输。由于 TS 分组的长度较小，复用对各个基本流造成的时延也较小，对传输误码的耐受性也强于那些将一帧画面封装到一个包中的容器格式，如 MPEG PS、AVI、MOV/MP4 和 MKV 等，这对于视频会议等对实时性要求高的场景特别有意义，因为单个 TS 分组损坏不会造成很大的语音延迟。TS 通常以固定的码率传输，如果上层待传输的内容不足，则会发送空分组用于占位。例如，蓝光光盘中使用的 MPEG2-TS 传输协议就使用了固定的码率。

（3）MPEG-TS 流的封装。MPEG2-TS 流的封装格式如图 7.7 所示。

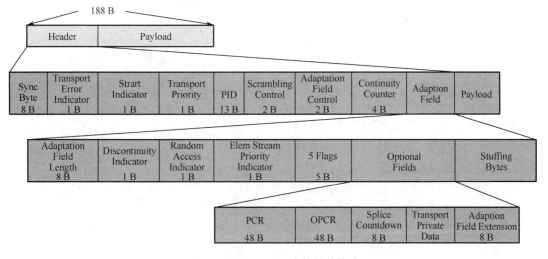

图 7.7　MPEG2-TS 流的封装格式

MPEG2-TS 流曾经使用 ATM 技术承载，因为 ATM 技术面向连接并支持同步，适合用于对实时性要求高的视频业务流进行承载。随着 IP 技术的普遍应用，MPEG2-TS 流也可以使用 IP 网络进行承载，如图 7.8 所示。

MPEG2-TS流封装为IP数据包在以太网上传输

Ethernet	IP/UDP	MPEG Video Packet 188 or 204 B	MPEG Video Packet 188 or 204 B	MPEG Video Packet 188 or 204 B	MPEG Video Packet 188 or 204 B	MPEG Video Packet 188 or 204 B	MPEG Video Packet 188 or 204 B	MPEG Video Packet 188 or 204 B	CRC

1362 B

图 7.8 使用 IP 网络对 MPEG2-TS 流进行承载

在实际应用中，使用 IP 网络承载 MPEG2-TS 流时有多种封装格式，如图 7.9 所示。当然这也带来了互通性和兼容性问题，读者可以在实验中通过抓包工具进行分析。

7.2.5.4 常用的流媒体协议

这里我们简要介绍一下几种常用的流媒体协议。

1. 实时消息传输协议（Real-Time Messaging Protocol，RTMP）

RTMP 是 Adobe 公司开发的一种用于实时数据通信的应用层网络协议族，主协议是 RTMP，包括 RTMP 基本协议及 RTMPT、RTMPS、RTMPE、RTMFP 等多种变型。其中，RTMFP 是一种基于 UDP 的 RTMP 变型，主要解决多媒体数据传输流中的多路复用和分包问题。RTMP 是基于 TCP 的，默认的通信端口为 1935，其 URL 格式通常为：

rtmp://ip:port/appName/streamName

RTMP 以低时延和高效的实时数据传输而闻名，常用于直播和实时互动应用，如社交媒体网络、直播平台和流媒体服务器。相较于 RTP，使用 RTMP 推流时无论客户端还是服务器的开发工作都较为简单，在使用过程中也比较容易理解，可靠性更高，但时延会相对高一点。

2. MPEG-DASH

MPEG 在 2009 年发布了一个基于 HTTP 的流标准的 CFP（Call for Paper），在一些公司和行业组织的协调下，MPEG-DASH 标准于 2012 年 4 月创建并发布，在 2019 年被修订为 MPEG-DASH ISO/IEC 23009-1:2019。

MPEG-DASH 是最流行的视频流协议之一，用于把流媒体分发到各种终端设备，包括智能手机、平板电脑、智能电视、游戏机等，因而被广泛用于视频点播或直播。

MPEG-DASH 是针对 ABR 业务流的，ABR 是指自适应比特率流。基于 ABR 的视频传输，其质量和比特率是自适应变化的，以匹配带宽条件，并确保在互联网上顺利传输。在 ABR 业务流中，一个视频被转码为多个分辨率和比特率的组合，每个被称为 Rendition。Rendition 的集合就是一个比特率阶梯。

MPEG-DASH 的工作流程如图 7.10 所示：

（1）采用 MPEG-DASH 对视频内容进行分块。

（2）将分块打包后记录在 MPD 文件中。

（3）把打包好的视频及清单放在源服务器上，等待被传输到播放器，通常使用 CDN。

（4）客户端使用支持 MPEG-DASH 的视频播放器。

（5）在播放视频时，视频播放器会请求视频的 MPD 文件；在收到 MPD 文件后，视频播放器根据 MPD 文件对分块进行解码，从而播放视频。

（6）视频播放器持续监测带宽。根据可用的带宽，视频播放器选择 MPEG-DASH MPD 文件中的一种比特率，并请求 CDN 从该变量中发送下一个视频分块。

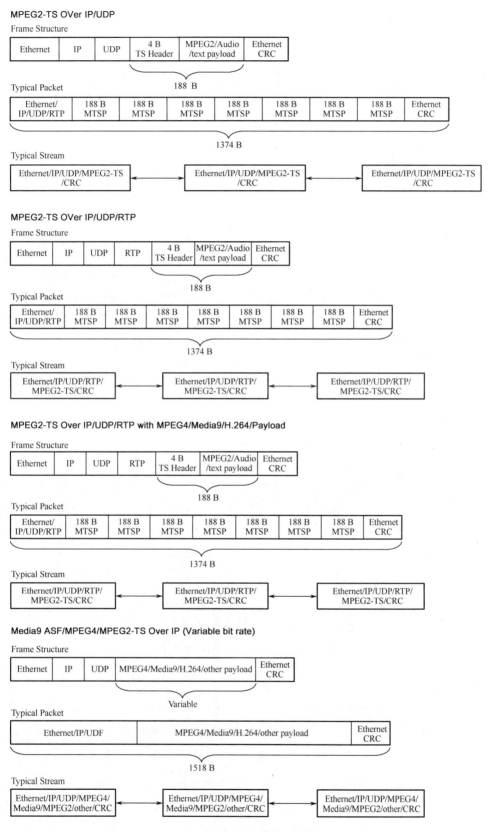

图 7.9　使用 IP 网络承载 MPEG2-TS 流的封装格式

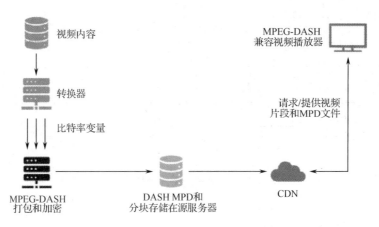

图 7.10　MPEG-DASH 工作的流程

3. HLS（HTTP Live Streaming）协议

HLS 是由 Apple 公司提出和开发的，它是基于 HTTP 的流媒体网络传输协议，主要传输 TS 格式流，其最大的特点是兼容 Android、iOS 系统，通用性强，而且码流切换流畅，能够满足不同网络、不同画质的播放需要。HLS 协议在业界应用十分广泛，但它也有致命的缺陷，那就是网络时延太高。

（1）HLS 协议的工作原理。严格意义上讲，HLS 协议并不是流式协议，它的工作原理很简单，就是通过 HTTP 下载静态文件。在 HLS 协议中，客户端通过 HTTP 请求获取 m3u8 格式的视频。HLS 协议文件由两部分组成：

① 多个只有几秒长的碎片视频文件（.ts 文件）。.ts 文件是一个媒体段，包含一部分视频数据，一个完整的视频会包含很多个.ts 文件，直播场景下会不断产生新的.ts 文件，播放 HLS 协议文件时实际上播放的是.ts 文件。

② 记录.ts 文件地址的索引文件（.m3u8 文件）。索引文件是静态文件，被直接写入磁盘中。.m3u8 文件是一个 UTF-8 文本文件，不包含视频数据，其内容是一个播放列表，告诉视频播放器如何播放多个.ts 文件，相当于一个索引文件。HLS 协议的工作原理如图 7.11 所示。

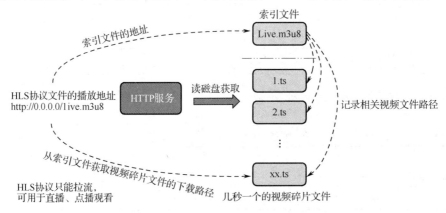

图 7.11　HLS 协议的工作原理

HLS 协议文件的播放地址实际上就是索引文件的地址，是以 http://开头、以.m3u8 结尾的地址，如 http://ossrs.net:8081/live/livestream.m3u8。客户端根据播放地址获取索引文件后，就可以下载对应的碎片视频文件并开始播放了。HLS 协议的具体工作流程如下：

（1）在开始直播时 RTMP 流被推送到服务器，由服务器将 RTMP 流转换成.m3u8 文件和.ts 文件。

（2）客户端获取视频数据，方法是：先发送"http get"到服务器获取.m3u8 文件的内容和获取.ts 文件的地址，然后发送"http get"请求.ts 文件。请求.m3u8 文件的内容和.ts 文件的地址是一个循环的过程，因为.m3u8 文件的内容是不断更新的。

（3）服务器向客户端发送 http 响应和.m3u8 文件或.ts 文件。

（4）客户端收到视频数据后进行分块解码操作，组成一个个完整的帧，然后进行播放。

（5）断开连接。直播结束后，服务器主动断开连接或观众退出直播间，客户端主动断开连接。

HLS 协议文件的索引文件及其内容如图 7.12 所示。

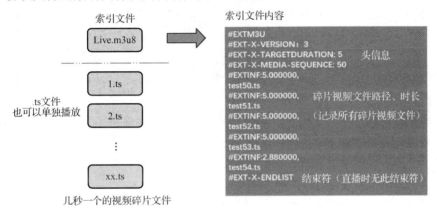

图 7.12　HLS 协议文件的索引文件及其内容

可见，基于 HLS 协议的视频传输在本质上就是将视频流分成一个个小切片，可理解为切土豆片，这些小片都是基于 HTTP 文件来下载的，先下载后观看。HLS 协议文件的切片如图 7.13 所示，用户观看的视频实际上这些小的视频切片，每次只下载一部分。Apple 公司的官方建议是请求到 3 个切片后才开始播放，若采用直播，时延将超过 10 s，所以 HLS 协议比较适合点播。

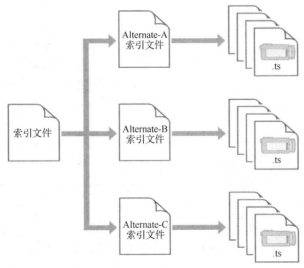

图 7.13　HLS 协议文件的切片

（2）HLS 协议的直播应用。相对于常用的流媒体协议，如 RTMP、RTSP、HTTP-FLV，HLS 协议最大的不同是直播的客户端获取到的并不是一个完整的数据流。HLS 协议在服务器将直播数据流存储为连续的、时长很短的媒体文件（MPEG-TS 格式），客户端则不断地下载并播放这些小文件。只要服务器不断地将最新的直播数据流生成新的小文件，客户端就不停地按顺序播放从服务器获取到的媒体文件。服务器总是将最新的直播数据流生成新的小文件，这样在客户端实现了直播。可以认为，HLS 协议是以点播的方式来实现直播的，在直播场景下实时更新.m3u8 文件和.ts 文件，而在点播场景下.m3u8 文件和.ts 文件是不会更新的。

（3）HLS 协议的优点。HLS 协议具有以下优点：

- 自适应码率：HLS 协议可以根据网络带宽和设备性能等因素，自动调整视频的码率和分辨率，以保证最佳的观看体验。
- 支持插入式内容边界：HLS 协议可以在不改变原始数据流的情况下在其中插入广告、节目信息等内容，只需要在.m3u8 文件中加入"EXT-X-DISCONTINUITY"标签和插入流的 URI 即可。
- 适合录像：录像产生的.ts 文件可以直接上传到云端，不占用本地磁盘空间，这是录制.flv 文件和.mp4 文件无法相比的。
- 支持实时回放：HLS 协议支持实时回放，即可以在直播未结束时回看直播过的内容。

4．几种流媒体协议的对比

上述三种流媒体协议的对比如表 7.2 所示。

表 7.2   几种流媒体协议对比

流媒体协议	RTSP	RTMP	HLS
协议全称	Real Time Streaming Protocol	Real Time Message Protocol	HTTP Live Streaming
发起公司	Real Networks 公司和 NetScape 公司	Adobe 公司	Apple 公司
通信协议	UDP/TCP	TCP	HTTP
传输特点	自己不传输数据，由 RTP 传输数据	把数据信息拆分成一个个小信息分块后传输	将 HTTP 文件切成小片后传输、下载
时延	几百毫秒	小于 3 s	5～20 s
Web 查看	不支持	加载 Flash 插件后可直接播放视频	支持
优点	（1）视频受控和点播十分便捷；（2）时延小	（1）传输速率高、时延小；（2）采用浏览器+Flash 插件的方式可直接播放视频，对浏览器的支持好	（1）支持 Android 和 iOS，兼容性强；（2）码流切换流畅，体验好
缺点	（1）实现技术复杂；（2）对浏览器兼容性不佳，Flash 插件不支持视频播放	（1）需要安装插件；（2）占用的 CPU 资源多	（1）时延大，实时性差；（2）文件碎片化严重，不方便数据存储
应用场景	视频监控、安防等	点播、语音通话等	点播，不适合直播

7.2.5.5   视频会议系统

1．传统视频会议系统的架构及应用

传统视频会议系统采用的是 H.320 协议，主要应用于 $N \times 64K$ 的电路交换通信链路上。随着计算机网络的普及，以及视频技术的 IP 化，人们提出了 H.323 视频会议系统，该系统

是基于包交换的视频会议系统。典型 H.323 视频会议系统由终端、多点控制单元（Multipoint Control Unit，MCU）、网闸（Gatekeeper，GK，也称关守）、网关等构成，其中网关的作用是实现传统视频会议系统与基于包交换的 H.323 视频会议系统的融合。传统视频会议的架构如图 7.14 所示。

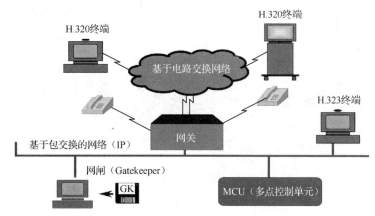

图 7.14　传统视频会议系统的架构

图 7.15 所示为传统视频会议系统的运营架构，包括业务受理、用户管理、计费等相关单元。

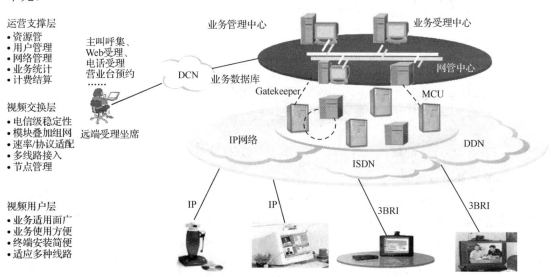

图 7.15　传统视频会议系统的运营架构

图 7.16 所示为 H.323 视频会议系统的协议栈。

图 7.17 所示为 H.323 视频会议系统的点对点信令过程，从图中可以看到，H.323 视频会议系统沿用了电路交换的信令系统，这使得 H.323 视频会议系统的协议比较复杂。

H.323 视频会议系统的核心优点是其成熟性，这不仅有助于诸多软件供应商开发性能稳定的设备，还有利于不同的供应商消除互操作性问题。在基于分组交换的视频传输技术应用之初，人们迫切需求语音业务。由于 IP 网络的便捷性、廉价性，VoIP（Voice over IP）技术得到快速发展。H.323 视频会议系统的一个成功衍生应用是 VoIP 技术。H.323 视频会议系统作为企业 IP 电话解决方案已得到了业界最有力的支持，但由于 H.323 视频会议系统的协议比较复杂，使得它滞后于 VoIP 技术的发展。

A/V	Terminal Control and Management				Data
Audio G.7xx	Video H.26x	RTCP H.225	RAS H.225	Call Signaling Q.931	System Control H245	T.124 T.125
RTP H.225					
UDP			TCP		
Network Layer					T.123
Data Link Layer					
Physical Layer					

图 7.16　H.323 视频会议系统的协议栈

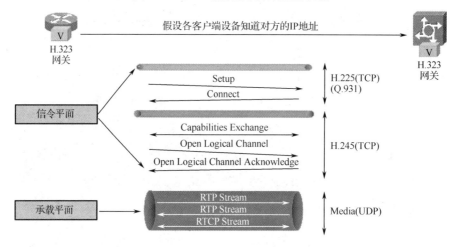

图 7.17　H.323 视频会议系统的点对点信令过程

2. SIP 视频会议系统

会话起始协议（Session Initialization Protocol，SIP）是 IETF 制定的一个基于互联网的多媒体通信协议。SIP 实际上是一个基于 RFC 3261 的协议族。

SIP 是基于文本的应用层控制协议，与 HTTP 的请求-响应模式非常类似，用于创建、修改和释放一个或多个参与者的会话，具有灵活性高、易于实现、便于扩展等特点。相对于 H.323 协议，SIP 只使用 6 个命令管理呼叫控制信息，支持 SIP 的终端设备能够轻易生成并分析简单的文本命令。

（1）SIP 的优点。

- 具有可扩展特性，可以轻松定义并迅速实现新功能。
- 可以简易地嵌入廉价的终端设备。
- 可确保互操作能力，并使不同的终端设备进行通信。
- 便于非电话领域开发人员理解。

（2）SIP 的缺点。

- 基于 SIP 的大多数应用尚处于原型阶段。

- 单独应用该协议的范围较窄，但与其他协议协同使用时，具有较强的灵活性。
- SIP 只是完整解决方案的一小部分，还需要许多其他的软件来构建完整的多媒体通信产品。

H.323 协议与 SIP 的对比如表 7.3 所示。

表 7.3　H.323 协议和 SIP 的对比

SIP	H.323 协议
IETF 的标准	ITU 的标准
定义了一个协议	定义了一个协议族
用于 Internet，向所有用户开放	面向 LAN 设计
基于文本的协议	基于 ASN.1 的协议
参照 HTTP 和 SMTP 设计	参照 Q.931
通过 URL 寻址	通过 E.164 或邮件地址寻址
定义了 SIP 服务器和客户端，不需要网关	定义了编码方式、终端、网闸和网关
通过 TCP/UDP 传输	通过 TCP/UDP 传输
呼叫控制在终端完成	呼叫控制在网闸完成
呼叫建立简单	呼叫建立复杂
服务器可以保持会话状态，也可以不保持会话状态	网闸需要保持会话状态
代理服务器只参与呼叫的建立	网闸参与呼叫的整个过程
多媒体能力协商简单	多媒体能力协商复杂
移动性是 SIP 的天然能力	没有考虑用户的移动性
容易集成在 IP 网络中	容易与 PSTN 协调工作
没有涉及计费功能	考虑到了计费功能

通过 SIP 和 H.323 协议之间的对比不难看出，H.323 协议和 SIP 之间不是对立关系，它们可以在不同的应用环境中相互补充。作为以 Internet 应用为背景的通信标准，SIP 将视频通信大众化，是一个将视频通信引入千家万户的有效且具有现实可行性的手段；H.323 协议和 SIP 有机结合，确保用户可以在构造相对廉价灵活的 SIP 视频会议系统的基础上，实现多方会议等多样化的功能，并可靠地实现 SIP 视频会议系统与 H.323 视频会议系统之间的互通，在最大程度上满足用户对未来实时多媒体通信的要求。

3. 云视频会议系统

云视频会议系统以云计算为核心，采用公有云或混合云部署方式，可以让企业用户通过现有的 Internet 实现跨地域多方视频通信。云计算中心由服务提供商建设，企业无须购买硬件设备，无须大规模改造网络，也无须配备专业的 IT 人员，通过租用服务的形式便可以在会议室、通用计算机、移动状态下实现多方视频，为企业和个人提供了一种"随时随地开会"的新概念。

云视频会议系统支持多服务器动态集群部署，提供了多台高性能的服务器，大大提升了会议的稳定性、安全性和可用性。由于云视频会议系统能大幅提高沟通效率，持续降低沟通成本，带来内部管理水平的提升，因此受到了众多用户的欢迎，已广泛应用在政府、军队、交通、运输、金融、运营商、教育、企业等部门或领域。

云视频会议系统的组成如图 7.18 所示。

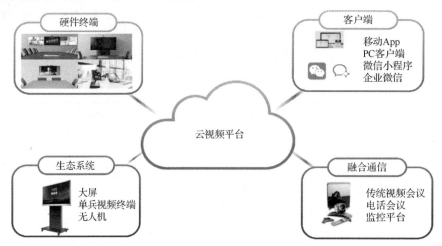

图 7.18　云视频会议系统的组成

云视频会议平台有如下功能：

- 云视频会议：可实现大型会议、部门会商、桌面沟通、移动视频等功能。
- 云内容协作：可实现桌面共享、动态双流、移动共享、电子白板等功能。
- 云录播直播：可实现录制点播、高清直播、剪辑下载、直播管理等功能。
- 云监控融合：可基于 GB/T 28181—2022 和 ONVIF 实现监控码流的调取，从而实现统一调度。
- 兼容传统视频会议系统：云视频会议系统兼容传统视频会议系统。

典型的云视频会议系统是腾讯云视频会议系统，本章实验就是基于腾讯云视频会议系统进行的。

4. 语义视频会议系统

随着互联网的普及和带宽的提升，视频内容已经成为在网络中占据主导地位的数据类型之一，其重要性日益凸显。然而，传统的视频编码技术对视频内容的理解和处理较为有限，导致在传输过程中未能有效利用大量的视频语义信息，降低了视频传输的效率和质量。

在传统视频会议系统中，如果用户网络带宽不足，就会出现严重的时延、卡顿现象，导致用户体验较差。与此同时，随着深度学习等技术的发展，目前已经出现了效果逼真的语义视频会议系统。

语义通信的基本思想是在信源提取并发送消息的语义信息，而不是发送消息的比特流，如发送消息背后的含义或特征，并在信宿借助背景知识库解释语义信息。

语义通信的主要目的是实现收发端语义信息的准确交互。利用人工智能技术提取出原始数据中与接收端特定智能任务最相关的信息进行传输，可有效压缩数据冗余，提升信息传输的有效性，减轻网络传输的压力，降低智能任务的处理时延。将语义通信用于视频会议这一智能任务的结果就是基于语义编码的视频会议系统——语义视频会议系统。

1）系统搭建

通常，语义视频会议系统的搭建包括以下几个步骤。

（1）视频内容分析：对视频内容进行分析和解码，提取其中图像帧和音频的信息。这一步骤包括视频解码、帧提取、音频分离等操作。

（2）语义特征提取：利用计算机视觉和图像处理技术，对视频图像进行特征提取和分析，识别其中的物体、场景、动作等内容，从而形成对视频内容的语义描述。这一步骤涉及物体检测、场景分析、动作识别等技术。

（3）语义编码与传输：得到视频内容的语义描述后，将其转化为可传输的数据形式，通过符号编码、语义标记等方式对语义信息与视频数据进行关联，并采用相关的协议进行传输。这一步骤旨在保证语义信息在传输过程中的完整性和可靠性。

（4）接收端解码与语义理解：接收端对接收到的视频数据进行解码，并提取其中的语义信息，通过语义解析和理解可重新构建视频内容的语义描述，即发送端的图像帧。

2）系统特点

相较于传统视频会议系统，语义视频会议系统具有以下特点：

（1）智能化：利用人工智能、机器学习等技术对视频内容进行智能分析和理解，通过对视频语义信息进行分析，能够智能地针对不同视频内容调整传输策略，提高传输效率和质量。

（2）优化与压缩：通过对视频内容进行语义分析，能够选择性地保留和传输最具代表性、最具信息量的部分，舍弃冗余或不太重要的部分，从而对视频数据进行优化和压缩。相较于传统视频会议系统，语义视频会议系统能够将带宽需求降低到 1/10 以下。

（3）深度理解与推理：语义视频会议系统不仅传输视频内容，还传输视频背后的意图和目的。通过对视频语义信息进行深度分析和理解，语义视频会议系统能够帮助用户更好地理解视频的含义和目的。例如，在讨论某个问题时，可以自动生成视频内容摘要、标注重要信息、辅助用户决策。

（4）适应性与可扩展性：语义视频会议系统能够根据接收端的需求和网络环境自适应地调整传输策略，保证传输的稳定性和流畅度。同时，由于采用了模块化的设计，语义视频会议系统还具有较强的可扩展性，能够应对不同的应用场景和需求。语义视频会议系统的关键是视频语义信息的理解和传输，对传输的具体过程没有特别的要求，因此可以结合传统视频会议系统中的各种协议，保证强大的适应性和可扩展性。

（5）隐私保护与安全性：通过提取并传输视频内容的语义信息，语义视频会议系统在信道中传输的是抽象的语义信息而不是用户的隐私数据，从而降低数据泄露风险，保护用户的隐私和数据安全。

目前，语义视频会议系统尚不成熟，仍处于研究和发展阶段。当前的研究以视频语义信息为主，主要处理视频会议中的视频内容，音频内容则采样传统的编码方案，因此语义视频会议系统与传统视频会议系统的最大的区别是将传输的内容从视频图像变为视频语义信息，从而大幅降低视频会议系统对带宽的需求。视频语义信息的提取和利用方式是不同语义视频会议系统的主要区别。在系统总体模型中介绍的是一种语义编码模型，相比其他模型，该模型在面部大幅扭动等大姿态下具有更好的鲁棒性。

3）系统总体模型

语义视频会议系统的总体模型包含编码器 $T_{S \leftarrow D}(\cdot)$ 和解码器 $R_\eta(\cdot)$ 两部分，如图 7.19 所示。$T_{S \leftarrow D}(\cdot)$ 位于发送端，$R_\eta(\cdot)$ 位于接收端，信道中仅持续传输 $T_{S \leftarrow D}(\cdot)$ 从源图片 $S \in \mathbb{R}^{H \times W \times 3}$ 和原始驱动视频 $D \in \mathbb{R}^{H \times W \times 3}$ 中提取的语义特征 $m \in \mathbb{R}$，其中 H 代表图像的高度，W 代表图像的宽度，θ 和 η 为网络参数。

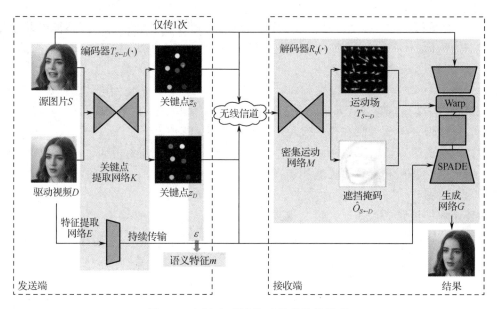

图 7.19　语义视频会议系统的总体模型

语义视频会议系统的各部分功能及工作过程如下：

（1）发送端：首先，由摄像头采集一张用户的面部照片作为源图片 S，经信道发送到接收端供后续使用，此过程仅需传一次，且源图片 S 所占空间极小，无须将其纳入带宽计算中；然后，由摄像头采集用户实时的视频流，此视频流作为驱动视频 D，连同源图片 S 一起输入到编码器 $T_{S\leftarrow D}(\cdot)$ 中，可得到语义特征 m。语义特征 m 的计算过程可表示为：

$$m = T_\theta(S, D) \tag{7.1}$$

最后，将 m 传入信道并发送到接收端，供后续视频重建使用。

（2）无线信道：语义特征 m 在无线信道上传输时，会受到信道衰落和噪声的影响。在本模型中，m 采用离散信号的形式在信道中传输，并使用了加性高斯白噪声来模拟信道中的噪声。在使用单个无线信道传输 m 时，接收端接收到的语义特征 $\hat{m}$ 可以建模为：

$$\hat{m} = hm + \rho \tag{7.2}$$

式中，h 代表信道衰落系数；$\rho \sim N(0, \sigma^2 \boldsymbol{I})$，表示方差为 σ^2 的加性高斯白噪声，$\boldsymbol{I}$ 是单位矩阵。

（3）接收端：解码器接收来自无线信道的语义特征 $\hat{m}$，并与之前得到的源图片 S 一同计算，可得到重建视频 $\hat{D} \in \mathbb{R}^{H \times W \times 3}$：

$$\hat{D} = R_\eta(S, \hat{m}) \tag{7.3}$$

4）一个简单实例

一个简单的语义视频会议系统实例如图 7.20 所示。其中，人脸检测模块用于定位视频会议中的人脸区域，提高后续的编码效率，增强重建效果；语义编/解码模块采用语义编码算法，在发送端和接收端中共享语义知识库；信道则使用传统视频会议系统的基于 IP 网络传输方案。

图 7.21 所示为传统视频编码与语义编码效果对比。其中，图 7.21（a）是使用传统视频编解码的重建效果，图 7.21（b）是使用语义编码的重建效果。可以看到，图 7.21（b）的清晰度较低，这是因为语义特征的提取和恢复是基于深度学习模型进行的，需要算力支撑，过高的像素重建会导致语义编/解码的时延变高。此外，语义编码的视频帧也存在一定失真。另

一方面，图 7.21（a）所示的重建结果大小为 50 KB，图 7.21（b）所示的重建结果大小不到 10 KB，这也是语义视频会议系统的最大优势，即在不过于影响视觉效果的同时，极大地节省了视频会议系统的带宽需求。

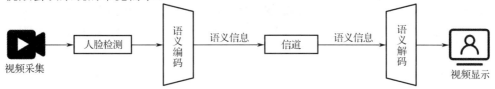

图 7.20　一个简单的语义视频会议系统实例

（a）使用传统视频编码的重建效果　　　　　（b）使用语义编码的重建效果

图 7.21　使用传统视频编码和语义编码的重建效果对比

传统视频编码和语义编码的性能指标如表 7.4 所示，语义编码在不影响视觉效果的同时提高了视频的压缩率，降低了视频会议系统的带宽需求。

表 7.4　传统视频编码和语义编码的性能指标

性 能 指 标	传统视频编码	语 义 编 码
峰值信噪比（Peak Signal-to-Noise Ratio，PSNR）	33.3	30.8
结构相似度（Structural Similarity，SSIM）	0.89%	0.88%
学习感知图像块相似度（Learned Perceptual Image Patch Similarity，LPIPS）	0.27%	0.17%
压缩比	100	400

7.3 任务一：搭建超高清视频监控系统

如前所述，现在的视频业务都是采用 IP 网络承载的。在实验室中相对容易实现的是小型视频监控系统，任务一就搭建了一个视频监控系统。通过任务一，读者可以体会数字视频流在 IP 网络中的传输过程，以及相关协议的使用。任务一实现了点对点的超高清视频传输，在此基础上实现多点的视频传输，进而搭建了一个多路视频监控系统，利用 4K 视频切换矩阵实现了多点的自由观看，条件允许的话还可以对视频进行录像。

在任务一中，读者可以进行拓展，如利用网络仿真器对网络参数进行设置（如劣化），观察并分析不同网络参数下的视频质量。读者还可以思考如何解决网络参数变差时的相关问题。

7.3.1 任务目标

- 理解超高清数字视频在 IP 网络中的传输过程。
- 学习利用超高清数字视频传输编/解码器（4K 超高清视频编/解码器）建立小型数字视频监控系统。
- 体会网络性能对视频质量的影响。

7.3.2 实验要求和方法

7.3.2.1 要求

（1）理解基于 IP 网络的视频传输技术，包括视频流的封装、传输、编/解码过程及相关协议。

（2）理解网络参数对视频质量的影响。

（3）理解网络参数与 QoS 的关系。

（4）初步研究网络参数对视频业务 QoE 的影响，得到感性认识。

7.3.2.2 方法

本节任务首先利用 4K 超高清（4K@60P）视频编/解码器，在实验平台上实现超高清视频监控；然后配置网络参数，实现超高清视频在不同的网络性能下的传输；最后观察或使用仪器测试视频质量，体会网络性能对视频质量的影响。

7.3.3 实验内容和步骤

任务一的内容及知识点结构导图如图 7.22 所示。

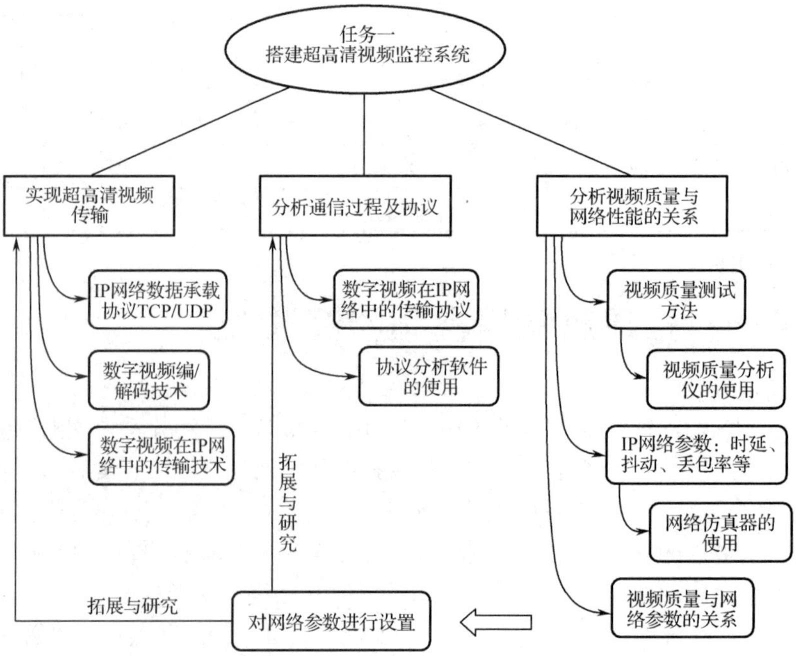

图 7.22 任务一的内容及知识点结构导图

本节任务搭建的超高清视频监控系统的构成如图 7.23 所示。首先使用 4K 视频摄像头（SDI 接口，3840×2160 @60P）采集原始视频，输入到 4K 超高清视频编码器，通过多模态数智化通信与网络综合实验平台的通信网络前沿创新应用子平台进行传输，再通过 4K 超高清视频解码器后输出到 4K 显示器（4K 电视）。在本节任务中，通过点对点的视频通信，构成了多点全数字化、超高清的视频监控系统；读者也可以采用多个 4K 超高清视频编/解码器，通过 4K 视频切换矩阵构成多点视频监控系统（图中虚线部分）。具体实验步骤如下：

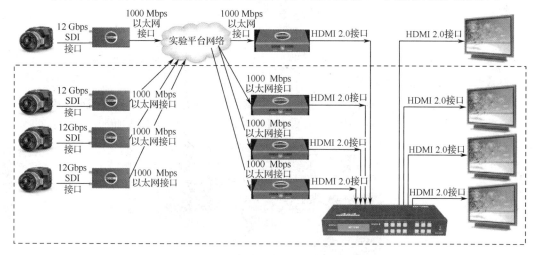

图 7.23　超高清视频监控系统的构成

步骤 1：实验设备准备。

本节任务使用到以下设备：

（1）信号源：可以使用 4K 摄像机，如 Black Magic Design 公司的 Micro Studio Camera 4K G2（见图 7.24），也可以用其他 4K 信号源，输出接口是 12 Gbps SDI 接口，支持 4K@60P 视频。

图 7.24　Black Magic Design 公司的 Micro Studio Camera 4K G2 摄像机

（2）4K 超高清视频编码器：采用 MAGEWELL Pro Convert 12G SDI 4K Plus（见图 7.25），支持 H.264 编码、视频流的封装，且支持 NDI（Network Device Interface）协议，输入接口为 12 Gbps SDI 接口，输出接口为千兆位以太网接口。

图 7.25　MAGEWELL Pro Convert 12G SDI 4K Plus

（3）4K 超高清视频解码器：采用 MAGEWELL Pro Convert HDMI 4K Plus（见图 7.26），支持将 NDI 协议承载的 4K 视频数据流解码成 4K HDMI 信号，支持 4K@60P 视频解码。输入接口为千兆位以太网接口，输出接口为 HDMI 2.0 接口。

图 7.26   MAGEWELL Pro Convert HDMI 4K Plus

步骤 2：搭建超高清视频监控系统。

进行超高清视频监控系统的物理连接，对 4K 超高清视频编/解码器和视频参数进行配置，调试并连通系统。本节任务搭建的超高清视频监控系统如图 7.27 所示。

图 7.27   本节任务搭建的超高清视频监控系统

步骤 3：抓包并分析。

使用 Wireshark 对基于 IP 网络传输的视频流进行抓包，记录并理解 IP 网络传输视频流的协议及通信流程，如图 7.28 所示。

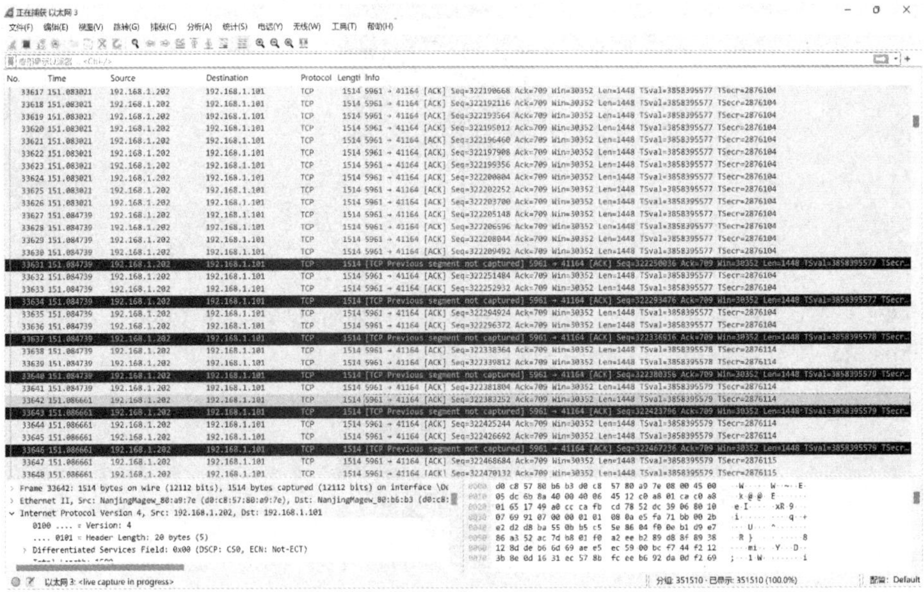

图 7.28   使用 Wireshark 对基于 IP 网络传输的视频流进行抓包

在抓包过程中,有两种方法:一种是利用交换机镜像端口,将 4K 超高清视频在传输过程中的 IP 数据从镜像端口抓下来,交换机镜像端口的配置如图 7.29 所示;另一种是利用 Hub,将安装了 Wireshark 的通用计算机和 4K 超高清视频编/解码器配置在同一网段,从而截获传输的视频流并进行分析,如图 7.30 和图 7.31 所示。

图 7.29　交换机镜像端口的配置

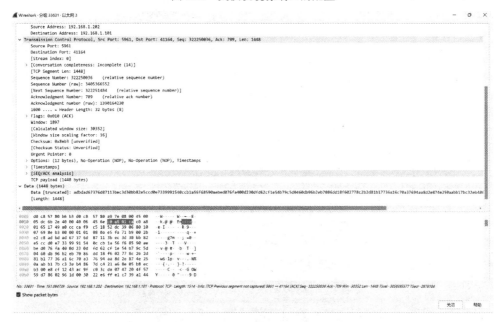

图 7.30　使用 Wireshark 软件截获传输的视频流

步骤 4:改变网络参数并分析视频质量。

改变网络参数(如带宽、丢包率、时延等),观察在不同的网络性能下视频质量的变化,并使用视频质量分析仪对不同网络参数情况下视频质量进行分析。对 4K 超高清视频进行采集的示意图如图 7.32 所示,对视频质量进行分析的示例如图 7.33 所示。

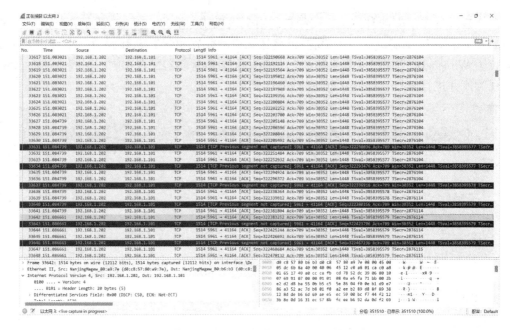

图 7.31 使用 Wireshark 软件分析视频流的传输协议

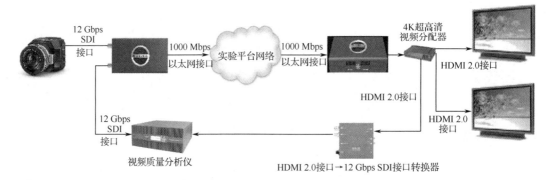

图 7.32 对 4K 超高清视频进行采集的示意图

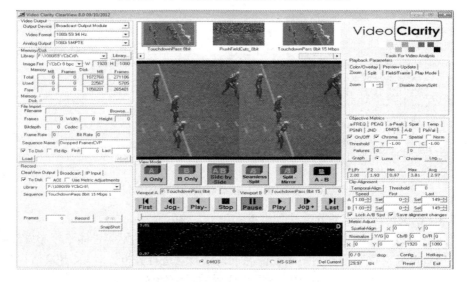

图 7.33 对视频质量进行分析的示例

步骤 5：将测试数据记录到表 7.5 中。

表 7.5　测试数据记录表

序　列： _____

分辨率： _____

帧　率： _____

色　域： _____

丢　包　率	时延/ms	抖动/ms	PSNR	SSIM	VWAF	NIQE
1%	2	5				
		10				
		20				
	5	5				
		10				
		20				
	10	5				
		10				
		20				
5%	2	5				
		10				
		20				
	5	5				
		10				
		20				
	10	5				
		10				
		20				
10%	2	5				
		10				
		20				
	5	5				
		10				
		20				
	10	5				
		10				
		20				

步骤 6：绘制视频质量与网络参数变化的关系图，做进一步深入研究。

7.3.4　任务小结

通过本节任务，读者可以：

（1）通过 4K 超高清视频编/解码器建立点对点的超高清视频会议系统，理解 IP 网络对视频进行承载的原理和技术。

（2）使用抓包工具分析视频传输协议过程。

（3）通过实验理解网络性能对视频质量的影响。

7.4 任务二：搭建广播级视频直播系统

本节任务将搭建一个广播级视频直播系统。需要说明的是，本节任务要实现的是类似电视台演播室"广播级"的直播，和读者常见的网红带货的直播是不同的，而且本节任务传输的是 4K@60P 的视频，视频分辨率和帧率均高于普通网红的直播。在本节任务中，我们将 4K 摄像机实时拍摄的 4K@60P 视频通过广播级视频直播编码器推送给不同类型视频终端，在终端进行解码和实时播放。在整个过程中，终端接入网络可以是以太网、5G、光网络、卫星网络等，终端类型可以是专用的广播级视频直播解码器、通用计算机、手机、Pad 等，读者可以分析在不同接入网络的情况下，不同终端的播放效果。

7.4.1　任务目标

通过本节任务，读者将更加深入地理解网络直播系统结构、协议和视频传输方法。

7.4.2　要求和方法

7.4.2.1　要求

（1）理解基于 IP 网络的广播级视频直播技术，包括视频传输协议、网络配置、接口特点等。

（2）学习广播级视频直播编/解码器的功能和配置方法。

（3）学习和掌握视频综合分析仪的使用方法。

（4）理解网络参数对视频质量的影响。

（5）学习并实践不同分辨率的视频采集、测试方法。

（6）初步研究网络参数对视频业务 QoE 的影响，得到感性认识。

7.4.2.2　方法

本节任务在实验室中利用广播级视频直播编码器，将广播级 4K 摄像机输出的超高清视频在实验平台上实现直播，利用广播级视频直播解码器实现播放，进而通过不同终端设备实现视频直播。

7.4.3　内容和步骤

任务二的内容及知识点结构导图如图 7.34 所示。

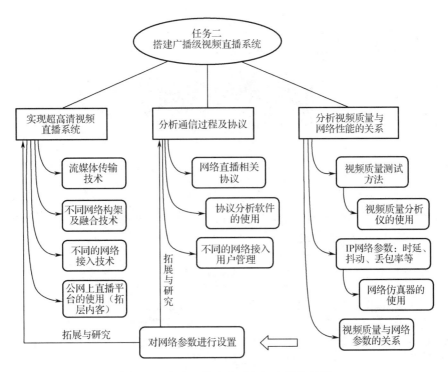

图 7.34　任务二的内容及知识点结构导图

本节任务使用广播级视频直播编码器，将 4K 摄像机拍摄的 4K@60P 视频经过网络推送给播放终端。具体实验步骤如下：

步骤 1：实验设备准备。

本节任务使用以下设备：

（1）4K 摄像机：采用的是 Black Magic Design 公司的 Micro Studio Camera 4K G2（见图 7.24）

（2）广播级视频直播编码器：采用的是 Black Magic Design 公司的 Web Presenter 4K，如图 7.35 所示。

图 7.35　Black Magic Design 公司的 Web Presenter 4K

（3）广播级视频直播解码器：采用的是 Black Magic Design 公司的 ATEM STREAMING BRIDGE，如图 7.36 所示。

图 7.36　Black Magic Design 公司的 ATEM STREAMING BRIDGE

（4）终端 1 是手机，终端 2 是通用计算机。

（5）视频采集设备：采用的是 Video Clarity 公司的 Extreme-8K-24T，如图 7.37 所示。

图 7.37 Video Clarity 公司的 Extreme-8K-24T

步骤 2：搭建基于实验平台的广播级视频直播系统。

根据图 7.38 搭建广播级视频直播系统，利用广播级视频直播解码器输出视频，并在电视终端上显示，实现网络直播功能。

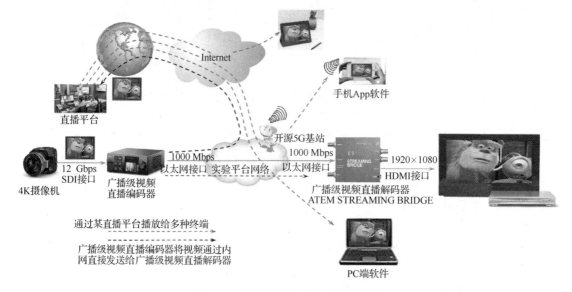

图 7.38 广播级视频直播系统的构成

步骤 3：分析广播级网络直播系统的视频传输协议及通信过程。

在实现广播级视频直播系统的基础上，使用 Wireshark 对广播级网络直播系统进行抓包分析，学习、理解、记录协议流程，如图 7.39 所示。

步骤 4：使用不同的终端播放视频。

在步骤 3 基础上，通过通用计算机播放视频，进而利用无线路由器将手机接入网络，通过手机播放视频。

重复步骤 4，记录广播级视频直播系统的通信过程并分析其协议。

步骤 5：对不同分辨率终端的视频质量进行分析。

在步骤 3、4 的基础上，使用视频综合分析仪的视频捕捉功能，采集从 4K 摄像头输出的视频流（作为视频测试参考源）V_S，以及广播级视频直播解码器（包括硬件解码、通用计算机上软件解码、手机解码）输出的视频流 V_{DO}。

利用 Clear View 视频综合分析仪，对 V_{DO}（分辨率为 1920×1080）进行超分辨率处理，得到分辨率为 3840×2160 的视频流 V_D；对 V_S 及 V_D 进行有参考视频质量测试，得到测试结果 PSNR、SSIM、VMAF 等的最大值、最小值、平均值，并记录在表 7.6 中。

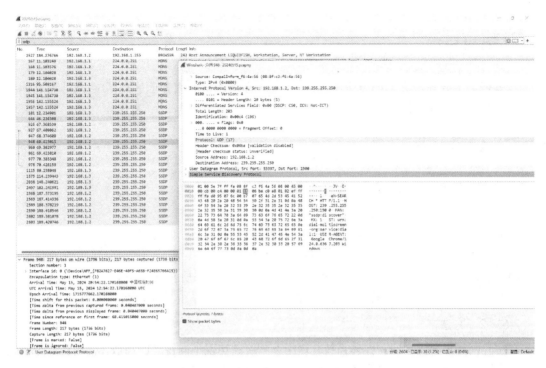

图 7.39　广播级视频直播系统的协议分析

表 7.6　广播级网络直播系统的测试数据

序列	V_S	V_D	PSNR			SSIM			VMAF		
			最大值	最小值	平均值	最大值	最小值	平均值	最大值	最小值	平均值
1											
2											
3											

7.4.4　任务小结

通过本节任务，读者可以：

（1）搭建广播级视频直播系统，体会到广播级视频直播与普通直播的性能区别。

（2）理解基于 IP 网络的视频直播的技术优势。

（3）理解 IP 网络性能与视频质量之间的关系。

7.5 任务三：搭建高清/超高清流媒体系统

在日常的生活和学习中，我们经常通过手机、Pad 或者通用计算机观看各种视频，读者想不想也在实验室里建立一个完整的流媒体系统呢？本节任务通过配置流媒体服务器，使用流媒体技术，搭建了高清/超高清流媒体系统。

本节任务的要求相对复杂一些，需要读者充分发挥团队合作精神。

7.5.1 任务目标

本节任务主要完成高清/超高清流媒体系统的搭建，帮助读者理解高清/超高清流媒体系统的技术特点、实现方法及协议流程。

7.5.2 要求和方法

7.5.2.1 要求

（1）搭建高清/超高清流媒体系统。

（2）通过流媒体服务器在不同的终端上播放视频。

（3）在不同的终端以及不同的网络参数下播放视频。

（4）学习在不同终端和不同网络参数的情况下测试视频质量的方法。

（5）学习、理解和分析视频质量与高清/超高清流媒体系统性能、网络参数的关系。

7.5.2.2 方法

在实验网络平台上实现流媒体系统，使用不同终端实现不同视频的播放，使用视频分析仪采集不同终端播放的视频，并分析在不同网络参数下终端输出的不同视频的质量。

7.5.3 内容和步骤

任务三的内容及知识点结构导图如图 7.40 所示。

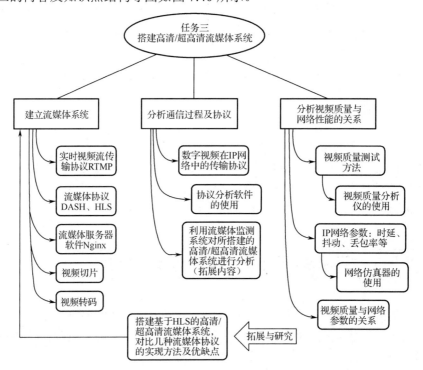

图 7.40 任务三的内容及知识点结构导图

本节任务在实验室中搭建一个高清/超高清流媒体系统，重点是服务器的配置。具体实现步骤如下：

步骤 1：实验环境准备。

本节任务需要在服务器侧安装 VLC、Nginx 等软件，并使用以下硬件设备：

（1）服务器：服务器采用 Ubuntu 系统，安装 Nginx 软件。

（2）客户端：通用计算机（采用 Windows 系统）、机顶盒、Pad 等终端。

（3）交换机：基于实验平台（受条件限制，也可以在实验室中使用千兆位交换机）。

（4）WLAN AP：选用华为 AX3000 系列无线路由器。

（5）手机：支持视频输出的手机。

（6）转换器：用于采集终端输出的视频。

步骤 2：基于 RTSP 的视频传输。

（1）将服务器和客户端配置在同一网段下，并确保服务器和客户端可建立通信。在服务器上运行 VLC 媒体播放器，选择菜单"媒体"→"流"，如图 7.41 所示，可打开"打开媒体"对话框。

图 7.41　在服务器的 VLC 媒体播放器运行界面中选择菜单"媒体"→"流"

（2）在"打开媒体"对话框（见图 7.42）中选择要播放的视频文件，单击"串流"按钮可弹出"流输出"对话框（见图 7.43），单击"下一个"按钮。

图 7.42　"打开媒体"对话框　　　　　　　图 7.43　"流输出"对话框

（3）选择"RTSP"后单击"添加"按钮，如图 7.44 所示，单击"下一个"按钮。

图 7.44　选择"RTSP"

（4）设置端口及路径，如图 7.45 所示，单击"下一个"按钮。

图 7.45　设置端口号及路径

（5）在客户端安装 Windows 系统，启动 VLC 媒体播放器（VLC media player），选择菜单"媒体"→"打开网络串流"，如图 7.46 所示，可打开"打开媒体"对话框。

图 7.46　在客户端的 VLC 媒体播放器运行界面中选择菜单"媒体"→"打开网络串流"

（6）在"打开媒体"对话框中将播放地址（URL）设置为服务器的 IP 地址，将端口设置为 8554，如图 7.47 所示。

图 7.47　设置播放地址和端口

（7）启动推流后，在客户端的 VLC 媒体播放器运行界面中单击"▶"按钮，即可播放视频，如图 7.48 所示。

图 7.48　在客户端的 VLC 媒体播放器中播放视频

（8）利用 Wireshark 对上述过程进行抓包并分析协议，如图 7.49 所示。

步骤 3：建立支持 DASH 的流媒体系统。

（1）实验准备。

➲ 硬件：服务器（安装 Ubuntu 系统）和客户端（安装 Windows 系统）。

➲ 软件：浏览器、Nginx（服务器软件）、FFmpeg（编码器软件）、Bento4（视频切片软件）、dash.js（播放器软件）。

➲ 资源：一段测试视频。

（2）安装服务器软件。在 Ubuntu 中使用源码安装 Nginx：下载任意版本的.tar.gz 包后编译安装，将路径添加进环境变量中，如图 7.50 所示。

图 7.49　利用 Wireshark 进行抓包并分析协议

Welcome to nginx!

If you see this page, the nginx web server is successfully installed and working. Further configuration is required.

For online documentation and support please refer to nginx.org.
Commercial support is available at nginx.com.

Thank you for using nginx.

```
1  NGINX_PATH=/usr/local/nginx/sbin
2  export PATH=$PATH:$NGINX_PATH
```

图 7.50　安装 Nginx

（3）安装编码器软件 FFmpeg，注意不需要使用 libfdk_aac 这个音频编码库，如图 7.51 所示。

```
1  sudo apt update
2  sudo apt install ffmpeg
```

图 7.51　安装 FFmpeg

（4）使用 FFmpeg 对视频进行转码，如图 7.52 所示。

-s：分辨率

-c:v libx264：使用x264编码库，将视频编码为H.264/AVC格式

-keyint_min 48 -g 48 -sc_threshold 0：固定GOP长度为48帧（在帧率24fps下对应2s的视频块时长，该数值按需调整）

-an：y4m格式不包含音频，因此此处不对音频进行编码

```
1  ffmpeg -i elephants_dream_1080p24.y4m -s 1920x1080 -c:v libx264 -keyint_min 48 -g 48 -sc_threshold 0 -an ED1920x1080.mp4
```

图 7.52　使用 FFmpeg 对视频进行转码

（5）使用视频切片软件 Bento4 对编码后的视频进行分段和切片。

➲ 分段：使用命令"mp4fragment"对视频进行分段（指定分段时长为 2 s），如图 7.53 所示。

```
mp4fragment --fragment-duration 2000 ED1920x1080.mp4 f1080p.mp4
```

图 7.53　使用命令"mp4fragment"对视频进行分段

➲ 切片：使用命令"mp4dash"对已分段的视频进行切片，如图 7.54 所示。

```
mp4dash f1080p.mp4 f720p.mp4 f480p.mp4 f360p.mp4 f144p.mp4 f_audio.mp4
```

图 7.54　使用命令"mp4dash"对已分段的视频进行切片

（6）编写播放器网页。

➲ 下载 dash.js 到本地。

➲ 编写一个简单的播放器页面（index.html），要求 index.html、dash.all.min.js、stream.mpd 在同一目录下，如图 7.55 所示。

```
1  <!DOCTYPE html>
2  <html>
3      <head>
4          <title>Dash.js Rocks</title>
5          <style>
6              video {
7                  width: 640px;
8                  height: 360px;
9              }
10         </style>
11     </head>
12     <body>
13         <div>
14             <video data-dashjs-player autoplay src="./stream.mpd" controls>
15             </video>
16         </div>
17         <script src="./dash.all.min.js"></script>
18     </body>
19 </html>
```

图 7.55　编写一个简单的播放器页面

（7）配置服务器 Nginx，在"/usr/local/conf/nginx.conf"中添加验证并重载配置，如图 7.56 所示。

（8）部署相关文件。首先将 Nginx 的"/usr/local/nginx/html/"下的 index.html 改名为 index_bak.html，再将"/usr/local/nginx/output/"下的所有文件转移至"/usr/local/nginx/html/"下，最后将之前写好的 index.html 及下载的 dash.all.min.js 转移至"/usr/local/nginx/html/"下，如图 7.57 所示。

（9）播放视频。在本地浏览器中输入"http://localhost/"，可在本地服务器上播放视频；在客户端浏览器中输入"http://169.254.208.174/"，可以在同一本地网络下播放视频，如图 7.58 所示。

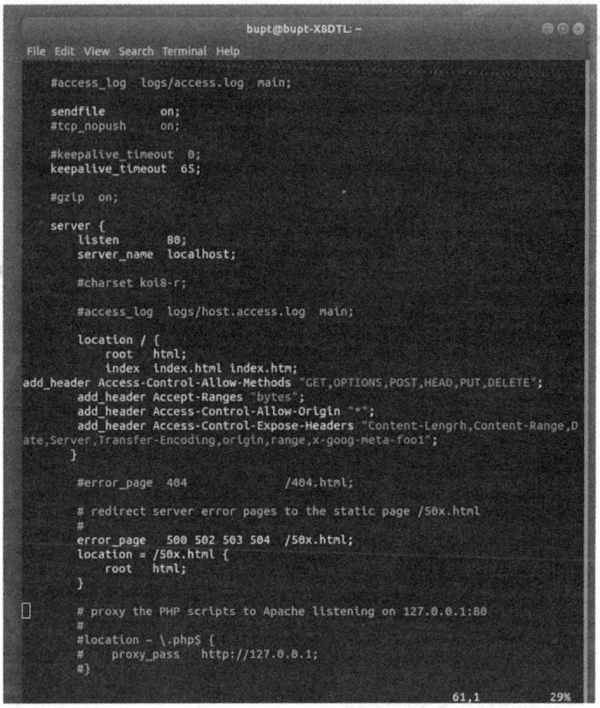

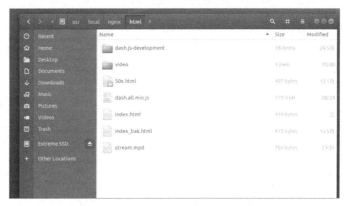

图 7.56 配置服务器 Nginx

图 7.57 部署相关文件

图 7.58 播放视频

步骤 4：使用 Wireshark 分析流媒体通信的流程及协议，分析不同终端解码输出的视频参数，理解流媒体技术对不同网络环境的适应性。

7.5.4　任务小结

通过本节任务，读者可以：
（1）搭建高清/超高清流媒体系统，体会不同流媒体传输协议的实现方法及性能。
（2）体会构建流媒体服务器的方法。

7.6 任务四：搭建视频会议系统

视频会议系统是多媒体通信技术的典型应用。在任务四中，读者将尝试搭建四种视频会议系统：H.323 视频会议系统、SIP 视频会议系统、腾讯云视频会议系统、语义视频会议系统。读者可以进一步在任务拓展中体会不同视频会议系统的区别。

7.6.1　任务目标

- ◯ 掌握视频会议系统的构成及工作原理。
- ◯ 理解视频会议系统各功能实体的作用，搭建 H.323 视频会议系统、SIP 视频会议系统。
- ◯ 理解 H.323 视频会议系统、SIP 视频会议系统的通信流程及协议，利用抓包工具对视频会议系统的协议进行分析，包括呼叫流程、视频承载协议、用户管理等。
- ◯ 对腾讯云视频会议系统的性能进行分析。
- ◯ 搭建一个简单的语义视频会议系统，了解语义视频会议系统的大致实现流程及其与传统视频会议协议的异同。

7.6.2　要求和方法

7.6.2.1　要求

（1）掌握视频会议系统的原理、功能实体、呼叫流程和协议特点。
（2）理解网络性能与视频质量的关系。

7.6.2.2　方法

在实验平台上搭建 H.323 视频会议系统、SIP 视频会议系统，通过抓包工具分析其通信协议；通过对腾讯会议系统的视频质量进行分析，理解网络性能对视频质量的影响。

7.6.3　内容和步骤

任务四的内容及知识点结构导图如图 7.59 所示。

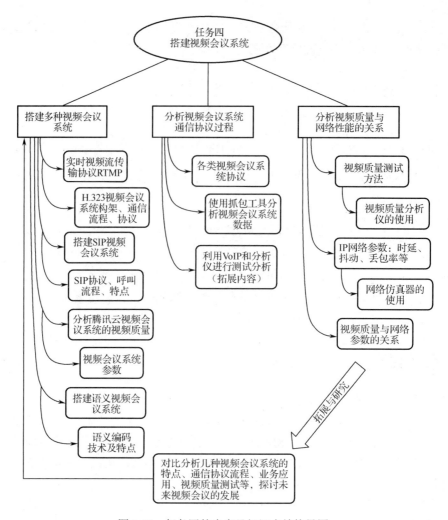

图 7.59　任务四的内容及知识点结构导图

　　本节任务首先搭建了 H.323 视频会议系统、SIP 视频会议系统，并对它们的协议、视频质量与网络性能之间的关系进行分析；其次基于搭建的腾讯云视频会议系统，对视频质量进行分析；最后搭建了语义视频会议系统。

　　本节任务使用以下软硬件：

　　（1）多点控制单元（MCU）：采用的是 POLYCOM RMX 500C，如图 7.60 所示。

图 7.60　POLYCOM RMX 500C

　　（2）终端：通用计算机上安装了 Polycom RealPresence Desktop，其运行界面如图 7.61 所示；也可以使用支持 H.323 协议和 SIP 的视频会议终端。

图 7.61　Polycom RealPresence Desktop 运行界面

（3）抓包工具 Wireshark。

7.6.3.1　搭建 H.323 视频会议系统。

步骤 1：搭建 H.323 视频会议系统并进行呼叫。该步骤有两种情况：第一种是实现点对点的呼叫，此时只要为通信的各终端配置固定的 IP 地址，利用 H.323 的终端软件呼叫彼此的 IP 地址，即可实现通信；第二种是利用多点控制单元建立多点会议（本节任务建立了四个点）。

H.323 点对点呼叫

利用 MCU 搭建一个
H.323 视频会议系统

步骤 2：利用 Wireshark 对视频会议系统的协议进行分析，包括呼叫流程、视频承载协议、用户管理等，理解视频会议系统的通信流程及协议。

7.6.3.2　搭建 SIP 视频会议系统

SIP 视频会议系统在拓展环节实现，与 H.323 视频会议系统的搭建类似，主要是在多点控制单元上把 H.323 协议改为 SIP。

7.6.3.3　搭建腾讯云视频会议系统。

步骤 1：搭建腾讯云视频会议系统。

步骤 2：采集不同终端的视频输出（在通用计算机的 HDMI 2.0 接口上利用视频质量分析仪进行采集），对视频质量进行分析，观察丢帧、卡顿、唇音不同步等情况，理解网络性能与视频质量的关系，如图 7.62 所示。

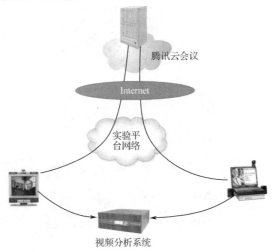

图 7.62　对腾讯云视频会议系统的视频质量进行分析

步骤3：对腾讯云视频会议系统的视频质量进行测试。

（1）对源端及目的端的视频进行采集。在该步骤中，必须正确设置采集视频的路径，并将腾讯云视频会议系统的显示设置为满屏。读者可以从通用计算机的 HDMI 2.0 接口采集视频，需要使用 HDMI 2.0 接口-SDI 转换器，如图 7.63 所示。

对腾讯云视频会议系统的质量进行分析

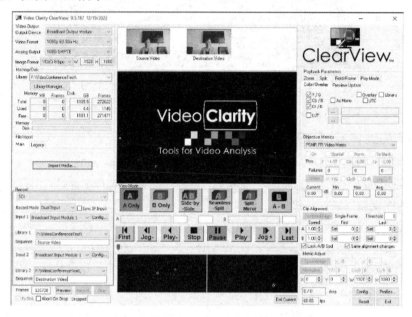

图 7.63　采集腾讯云视频会议系统的视频

（2）设置视频测试区域。因为腾讯云视频会议系统的显示边角会加入一些符号和图标等，这些符号和图标在源端和目的端的显示不同。为了避免这种不同对视频质量的测试造成误差，可以设置测试区域，如图 7.64 所示

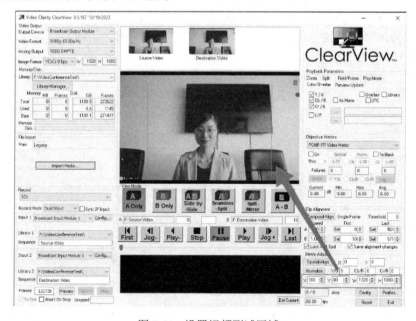

图 7.64　设置视频测试区域

（3）对齐视频，如图 7.65 所示。

图 7.65　对齐视频

（4）对视频质量进行测试，如测试 PSNR、VMAF、SSIM 等指标，如图 7.66 所示。

图 7.66　对视频质量进行测试

（5）对测试数据进行分析。读者可以从 PSNR 的测试数据中找到数据最差的一帧视频，如图 7.67 所示，然后利用腾讯云视频会议系统的播放功能查看这一帧视频。最差的 PSNR 数据的一帧视频播放效果如图 7.68 所示。

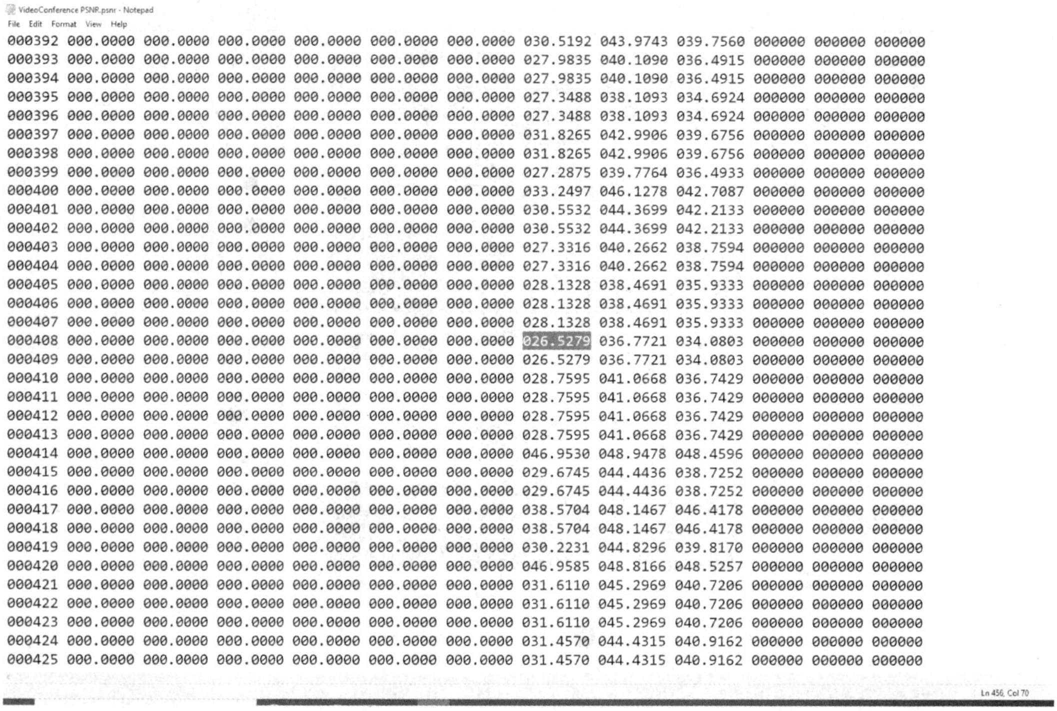

```
VideoConference PSNR.psnr - Notepad
File  Edit  Format  View  Help
000392 000.0000 000.0000 000.0000 000.0000 000.0000 000.0000 030.5192 043.9743 039.7560 000000 000000 000000
000393 000.0000 000.0000 000.0000 000.0000 000.0000 000.0000 027.9835 040.1090 036.4915 000000 000000 000000
000394 000.0000 000.0000 000.0000 000.0000 000.0000 000.0000 027.9835 040.1090 036.4915 000000 000000 000000
000395 000.0000 000.0000 000.0000 000.0000 000.0000 000.0000 027.3488 038.1093 034.6924 000000 000000 000000
000396 000.0000 000.0000 000.0000 000.0000 000.0000 000.0000 027.3488 038.1093 034.6924 000000 000000 000000
000397 000.0000 000.0000 000.0000 000.0000 000.0000 000.0000 031.8265 042.9906 039.6756 000000 000000 000000
000398 000.0000 000.0000 000.0000 000.0000 000.0000 000.0000 031.8265 042.9906 039.6756 000000 000000 000000
000399 000.0000 000.0000 000.0000 000.0000 000.0000 000.0000 027.2875 039.7764 036.4933 000000 000000 000000
000400 000.0000 000.0000 000.0000 000.0000 000.0000 000.0000 033.2497 046.1278 042.7087 000000 000000 000000
000401 000.0000 000.0000 000.0000 000.0000 000.0000 000.0000 030.5532 044.3699 042.2133 000000 000000 000000
000402 000.0000 000.0000 000.0000 000.0000 000.0000 000.0000 030.5532 044.3699 042.2133 000000 000000 000000
000403 000.0000 000.0000 000.0000 000.0000 000.0000 000.0000 027.3316 040.2662 038.7594 000000 000000 000000
000404 000.0000 000.0000 000.0000 000.0000 000.0000 000.0000 027.3316 040.2662 038.7594 000000 000000 000000
000405 000.0000 000.0000 000.0000 000.0000 000.0000 000.0000 028.1328 038.4691 035.9333 000000 000000 000000
000406 000.0000 000.0000 000.0000 000.0000 000.0000 000.0000 028.1328 038.4691 035.9333 000000 000000 000000
000407 000.0000 000.0000 000.0000 000.0000 000.0000 000.0000 028.1328 038.4691 035.9333 000000 000000 000000
000408 000.0000 000.0000 000.0000 000.0000 000.0000 000.0000 026.5279 036.7721 034.0803 000000 000000 000000
000409 000.0000 000.0000 000.0000 000.0000 000.0000 000.0000 026.5279 036.7721 034.0803 000000 000000 000000
000410 000.0000 000.0000 000.0000 000.0000 000.0000 000.0000 028.7595 041.0668 036.7429 000000 000000 000000
000411 000.0000 000.0000 000.0000 000.0000 000.0000 000.0000 028.7595 041.0668 036.7429 000000 000000 000000
000412 000.0000 000.0000 000.0000 000.0000 000.0000 000.0000 028.7595 041.0668 036.7429 000000 000000 000000
000413 000.0000 000.0000 000.0000 000.0000 000.0000 000.0000 028.7595 041.0668 036.7429 000000 000000 000000
000414 000.0000 000.0000 000.0000 000.0000 000.0000 000.0000 046.9530 048.9478 048.4596 000000 000000 000000
000415 000.0000 000.0000 000.0000 000.0000 000.0000 000.0000 029.6745 044.4436 038.7252 000000 000000 000000
000416 000.0000 000.0000 000.0000 000.0000 000.0000 000.0000 029.6745 044.4436 038.7252 000000 000000 000000
000417 000.0000 000.0000 000.0000 000.0000 000.0000 000.0000 038.5704 048.1467 046.4178 000000 000000 000000
000418 000.0000 000.0000 000.0000 000.0000 000.0000 000.0000 038.5704 048.1467 046.4178 000000 000000 000000
000419 000.0000 000.0000 000.0000 000.0000 000.0000 000.0000 030.2231 044.8296 039.8170 000000 000000 000000
000420 000.0000 000.0000 000.0000 000.0000 000.0000 000.0000 046.9585 048.8166 048.5257 000000 000000 000000
000421 000.0000 000.0000 000.0000 000.0000 000.0000 000.0000 031.6110 045.2969 040.7206 000000 000000 000000
000422 000.0000 000.0000 000.0000 000.0000 000.0000 000.0000 031.6110 045.2969 040.7206 000000 000000 000000
000423 000.0000 000.0000 000.0000 000.0000 000.0000 000.0000 031.6110 045.2969 040.7206 000000 000000 000000
000424 000.0000 000.0000 000.0000 000.0000 000.0000 000.0000 031.4570 044.4315 040.9162 000000 000000 000000
000425 000.0000 000.0000 000.0000 000.0000 000.0000 000.0000 031.4570 044.4315 040.9162 000000 000000 000000
Ln 456, Col 70
```

图 7.67　最差的 PSNR 数据

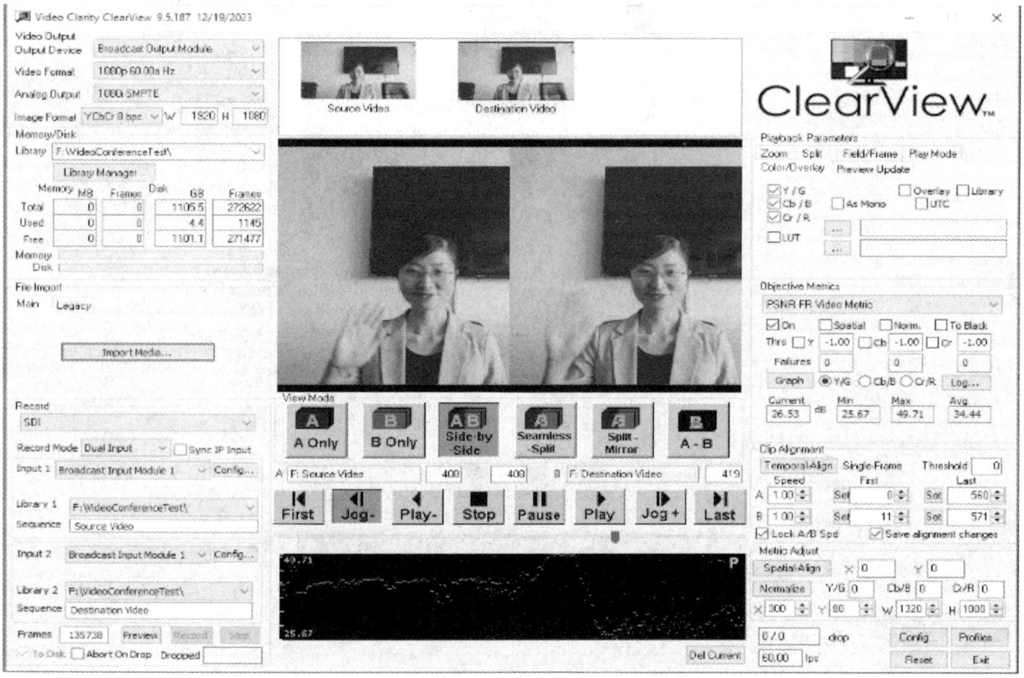

图 7.68　PSNR 数据最差的一帧视频的播放效果

（6）尝试分析视频质量变差的原因。通过分析可以得知，视频质量变差的帧是腾讯云视频会议系统中运动幅度较大的帧，说明腾讯云视频会议系统适合背景简单且画面变化不大的场景，如图 7.69 所示。

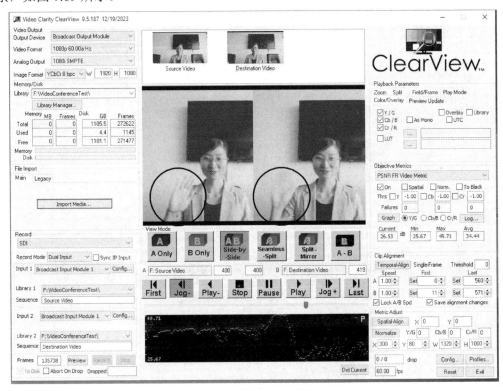

图 7.69　分析视频质量变差的原因

7.6.3.4　搭建语义视频会议系统

与传统视频会议系统相比，语义视频会议系统的最大特色是语义编/解码模块，因此首先测试并分析语义视频会议系统的离线效果，学习语义视频会议系统和传统视频会议系统的异同；然后在本地模拟一个简单的语义视频会议系统，理解其优势和不足。

步骤 1：部署语义视频会议系统。

本节任务中的语义视频会议系统是使用 Python 及 PyTorch 框架实现的，需要安装环境及相关的依赖。在下载项目代码及模型权重文件后，首先使用 Python 虚拟环境工具（如 conda、Venv 等）创建一个 Python 3.8 版本的虚拟环境。以 Anaconda 为例，在官网下载并安装 Anaconda 后，在 conda 命令行窗口中创建并激活一个 Python 环境；在安装项目依赖时，需要将依赖文件 requirements.txt 安装在项目的根目录下。本节任务默认安装的是 CPU 版 PyTorch，如果通用计算机有 GPU，建议安装 GPU 版 PyTorch，以提高模型推理速度。读者可以在"NVIDIA 控制面板"→"帮助"→"系统信息"→"组件"中查看系统的 CUDA 版本（见图 7.70），然后在 PyTorch 官网查看相应版本 PyTorch 安装命令。PyTorch 的 CUDA 版本不高于系统 CUDA 版本即可。

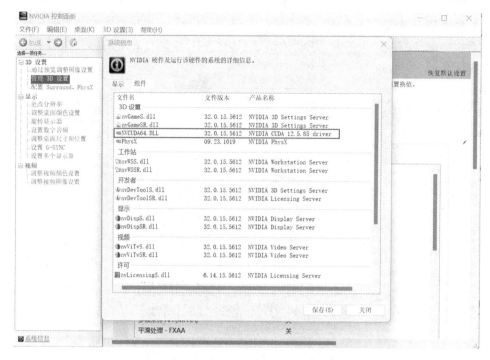

图 7.70　查看系统 CUDA 版本

下面是安装环境的参考命令：

```
#在 conda 的 cmd 命令行窗口中执行
conda create -n 环境名 python=3.8
#激活创建的环境
conda activate 环境名
#进入项目目录
cd path/to/your/project
#默认安装 CPU 版 PyTorch
pip install -r requirements.txt
#根据个人情况安装 GPU 版 PyTorch，这里根据官网命令安装 PyTorch 1.12.1、
#CUDA 11.6 的版本
pip install torch==1.12.1+cu116 torchvision==0.13.1+cu116 torchaudio==0.12.1 --extra-index-url
https://download.pytorch.org/whl/cu116
```

步骤 2：测试并分析语义视频会议系统的离线效果。

语义编/解码模块是语义视频会议系统的关键，可以提取和利用视频语义信息。在本节任务中，语义编/解码模块首先通过一个视频来驱动一张源图片并生成一段视频，本质是提取视频的语义信息；然后将视频动作迁移到源图片，让图片动起来；接着测试语义视频会议系统的离线效果，帮助读者进一步理解语义视频会议系统和传统视频会议系统的区别。在命令行窗口中执行 demo.py 进行测试，参考代码为：

```
python demo.py --config config/vox-256.yaml --checkpoint checkpoint/checkpoint.pth.tar --source_image
sup-mat/source.jpg --driving_video driving.mp4 --result_video result.mp4 --cpu
```

项目文件中已给出 yaml 文件和模型权重，源图片、驱动视频和输出目录是可变的。项目文件中附带了测试用的源图片和视频，读者可自行更换其他视频和源图片进行测试。在本节任务中，源图片和视频来自同一人，当源图片和视频来自不同人时，可以实现类似"换脸"的效果，感兴趣的读者可以自行测试。注意，当未传入参数"cpu"时，模型将使用 GPU。

图 7.71 所示为 demo.py 文件中提取的语义信息。其中，make_animation 方法中的 kp_norm 是从驱动视频提取到的语义信息，在实际通信中只需要传输该语义信息和源图片即可。语义信息占用的空间极小，因此能够极大地降低传输所需的带宽。另外，通过测试可以发现模型的计算需要设备具有一定算力，在 CPU 上运行的效果难以满足实际需求，且生成的结果是分辨率为 256×256 的视频，较为模糊，这些是语义视频会议系统有待改进的地方。

```python
def make_animation(source_image, driving_video, generator, kp_detector, relative=True, adapt_movement_scale=True,
    with torch.no_grad():
        predictions = []
        source = torch.tensor(source_image[np.newaxis].astype(np.float32)).permute( *dims: 0, 3, 1, 2)
        if not cpu:
            source = source.cuda()
        driving = torch.tensor(np.array(driving_video)[np.newaxis].astype(np.float32)).permute( *dims: 0, 4, 1, 2,
        kp_source = kp_detector(source)
        kp_driving_initial = kp_detector(driving[:, :, 0])

        for frame_idx in tqdm(range(driving.shape[2])):
            driving_frame = driving[:, :, frame_idx]
            if not cpu:
                driving_frame = driving_frame.cuda()
            kp_driving = kp_detector(driving_frame)
            kp_norm = normalize_kp(kp_source=kp_source, kp_driving=kp_driving,
                                   kp_driving_initial=kp_driving_initial, use_relative_movement=relative,
                                   use_relative_jacobian=relative, adapt_movement_scale=adapt_movement_scale)

            out = generator(source, kp_source=kp_source, kp_driving=kp_norm)

            predictions.append(np.transpose(out['prediction'].data.cpu().numpy(), axes: [0, 2, 3, 1])[0])
    return predictions
```

图 7.71　demo.py 文件中提取的语义信息

步骤 3：在本地实时仿真语义视频会议系统。

本步骤在本地仿真实时的语义视频会议系统，首先，执行 videoconference_demo.py 文件，调用 OpenCV 采集摄像头拍摄的人脸画面，提取视频的语义信息；然后，输出语义编/解码后的视频画面，其中标题"drive"表示驱动帧（即发送端视频画面），标题"result"表示语义编/解码后的视频帧（即接收端视频画面）。本步骤每隔一段时间提取一帧视频作为源图片，读者可以发现，随着面部的运动，输出的画面可能会发生严重的畸变和失真，这也是语义视频会议系统的待改进之处。

至此，本节任务就在本地简单实现了一个语义视频会议系统，但没有涉及多用户间的数据传输。语义视频会议系统的视频编码部分只对信源进行压缩，因此数据传输过程和传统视频会议系统类似。多用户视频通信功能的实现较为复杂，这里不做具体的实验。

7.6.4　任务小结

当前，电信运营商提供的视频会议业务仍以 H.323 视频会议系统和 SIP 视频会议系统为主；互联网公司提供了云视频会议系统，如腾讯云视频会议系统、Zoom 视频会议系统等。

本节任务搭建并分析了 H.323 视频会议系统、SIP 视频会议系统和腾讯云视频会议系统，在本地仿真了语义视频会议系统，读者可体会不同视频会议系统的功能实体、呼叫流程、通信协议和性能。

7.7 实验拓展

1. 任务一的拓展

在任务一的基础上，读者可以进行实验拓展，例如：

（1）在超高清视频监控系统的基础上进一步升级，利用网络交换机、4K 视频切换矩阵等设备，实现多点超高清视频监控系统，如图 7.23 中的虚线部分所示。

（2）利用交换机配置不同带宽，分析网络带宽对视频传输的影响，并对网络参数与视频质量之间关系做进一步的研究。交换机带宽的设置如图 7.72 所示。

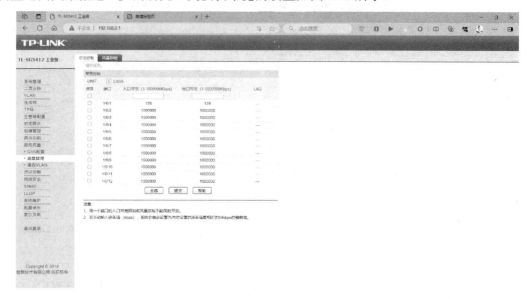

图 7.72　交换机带宽的设置

（3）尝试使用其他非 NDI 协议实现视频监控系统，并对传输协议进行分析。

2. 任务二的拓展

在任务二的基础上，读者可以进行实验拓展，例如：

（1）通过调整网络参数，测试、观察、分析在不同的网络性能下广播级视频直播系统的视频质量变化，并分析其原因。

（2）更改广播级视频直播编码器参数，分析这些参数对系统性能的影响。

（3）使用 Clear View 视频综合分析仪，对视频终端输出的视频流 V_{DO} 进行无参考视频的质量测试，获取 NIQE、CAMBI 等指标。

（4）将 Web Presenter 4K 连接到直播平台（如 BiliBili、腾讯等），在公网上实现直播。

（5）对广播级视频直播解码器输出的视频，以及终端（如通用计算机、手机）输出的视频进行主观质量测试，记录测试结果。

（6）对比主观质量测试结果和使用仪器的测试结果。

3. 任务三的拓展

在任务三的基础上，读者可以进行实验拓展，例如：

（1）设置网络带宽，分析终端输出的视频质量，如丢帧、卡顿等。

（2）实现基于 HLS 协议的流媒体传输，对比 HLS 和 RTSP、DASH 等协议的优缺点。

4．任务四拓展

在任务四的基础上，读者可以进行实验拓展，例如：

（1）使用多点控制单元搭建 SIP 视频会议系统并分析其呼叫流程。

（2）使用 Wireshark，分析 H.323 视频会议系统及 SIP 视频会议系统的协议流程，画出完整的呼叫流程图。

（3）进一步在语义视频会议系统方面进行探索。

第 8 章
面向网络 XR 的用户体验质量综合实验

8.1 引子

"难道你就是唐太宗李世民吗？"数字人导游小野在通过博物馆的"莫名穿越"和昭陵的机关考验、乘坐变大的鹦鹉"小小子"穿过秦岭和长安城后，看到了由龙化身而成的真龙天子李世民时由衷地脱口而出。2024 年 7 月，深度融合传统文化与科学技术的沉浸式体验项目——"一梦入大唐"在北京首钢园全球首发。"一梦入大唐"以贞观盛世为背景，通过虚拟现实（VR）+人工智能（AI）+高速网络等前沿技术，使用户可以在穿戴 VR 设备后在440 m^2 的超大空间中自由漫步，真正"走进"历史，"触摸"盛唐，感受"穿越时空"的奇妙旅程。用户可跟随超写实数字人导游小野，探秘尚未被发掘的昭陵，感受盛唐军事、制造技术的先进；飞越秦岭，俯瞰长安城的繁华璀璨、车水马龙；倾听均田制、租庸调制的农商政策科普讲解；邂逅大唐名将，围观一场酣畅淋漓的打斗；甚至与唐太宗李世民来一场一对一的对谈。"一梦入大唐"体验现场及其虚拟场景如图 8.1 所示。

"一梦入大唐"
的央视报道

图 8.1　"一梦入大唐"体验现场及其虚拟场景

"一梦入大唐"体验现场及其虚拟场景整合了人工智能、扩展现实（Extended Reality，XR）、云渲染等多元新科技，在网络方面，为减少体验时高并发工况采用了 5G-A 和 Wi-Fi 6 双网部署方案，辅以 RTT（Render To Texture）二次生成帧技术、运动估计及运动补偿等预测算法，降低了用户体验的时延，将整体的端到端时延降低到了 50 ms 以内，减少了用户的 3D 眩晕效果；结合内容 AI 智能优化策略，让不同组别、不同时序的用户都能顺畅地体验精彩的贞观盛世。"一梦入大唐"的网络带宽、时延和抖动对用户体验质量有重要的影响。

8.2 实验场景创设

网络传输是"一梦入大唐"的重要支撑之一。实际上，几乎所有的网络 XR 都需要高性能网络的支持。网络 XR 依赖高带宽、低时延和高可靠的网络连接，让位于不同地点的用户进入共同的元宇宙空间，在虚拟环境中与他人进行交流和互动，增加社交体验的真实感。为了帮助读者进一步掌握通过网络配置来保障网络带宽、时延、抖动等网络服务质量的方法，提高网络 XR 的用户体验质量，本章在多模态数智化通信与网络综合实验平台的通信网络前沿创新应用子平台上开展面向网络 XR 的用户体验质量综合实验。

8.2.1　场景描述

为了帮助读者从总体上把握实验场景，本节将实验场景简化为单用户网络 XR 体验场景，如图 8.2 所示，主要场景包含 XR 服务器、网络模拟器、通用计算机。用户在 XR 服务器上部署 XR，配置网络模拟器的带宽、时延和抖动参数，通过通用计算机体验网络环境改变给网络 XR 带来的影响。

XR服务器　　　　　　　　　网络模拟器　　　　　　　通用计算机

图 8.2　单用户网络 XR 体验场景

8.2.2　总体目标

在实验场景中，网络 XR 部署在 XR 服务器上，用户通过另一台通用计算机访问网络 XR。XR 服务器和用户之间使用网络损伤仪来模拟不同的网络带宽环境，用户通过配置网络损伤仪改变网络带宽、时延、抖动等性能参数，体验网络 XR 用户体验质量。本章实验以项目的方式锻炼读者的自学能力、分析问题和解决问题的能力，提高读者的实践技能。本章实验预期达到的总体目标为。

- 了解 WebGL、3D 模型、坐标系统等相关概念，理解 WebGL 的工作机制。
- 掌握网络带宽、时延、抖动的配置方法。
- 初步掌握 JavaScript 脚本编程，能够根据需求实现项目式的编程任务。

8.2.3　基础实验环境准备

1. 软硬件环境

本章实验建议的软硬件环境如下：

（1）网络损伤仪：1 台，用于从硬件层面配置网络带宽、时延策略、抖动策略。

（2）通用计算机：2 台，通过网络损伤仪在局域网中进行连接，用于模拟服务器和客户端之间的连接。

（3）Visual Studio Code（VS Code）软件：VS Code 是目前最受欢迎的代码编辑器之一，特别是在前端开发方面非常方便，具有强大的扩展性和丰富的插件生态系统，适合 Vue.js 开发。

VSCode 官网

（4）Node.js、Npm：建议 Node.js 版本为 18.19.0，npm 版本为 10.2.3。npm 是 Node.js 默认的包管理器，用于管理 Node.js 项目的依赖包，Node.js 已经包含了 npm。

Node.js 官网

（5）yarn：建议 yarn 版本为 18.19.0，yarn 是一个由原 Facebook 公司推出的快速、可靠、安全的包管理工具。

（6）操作系统：建议 Windows10。

（7）浏览器：最新版本的 Chrome 或 Firefox

2.　项目部署

项目文件下载

（1）配置实验软件环境。从 Node.js 官网（nodejs.org）下载和安装合适的 Node.js 版本，并进行 npm 的配置，完成 yarn 下载与环境变量的配置。

```
npm install -g yarn
```

（2）项目依赖的安装。安装所有依赖，命令如下：

```
yarn
```

或者

```
yarn install
```

Three.js 官网

（3）项目的启动。通过下面的命令可启动开发服务器：

```
npm run dev
```

或者

```
yarn dev
```

推荐启动生产服务器，以获得更好的运行性能，命令如下：

```
npm run server
```

或者

```
yarn server
```

在启动项目后，控制台将打印多个项目的本地或网络的访问地址，通常是由 HTTP、IP 地址、端口组成的 URL。找到包含通用计算机 IPv4 地址的 URL，使用局域网中另一台通用计算机进行访问。

8.2.4　实验任务分解

在准备好基础实验环境后，本章在 8.3 节到 8.5 节中通过任务一、任务二和任务三，依次带领读者完善项目编程模块，实现配置网络 XR 的带宽、时延和抖动，帮助读者巩固网络配置知识，锻炼编程开发能力。本章实验的任务分解及任务执行过程如图 8.3 所示。

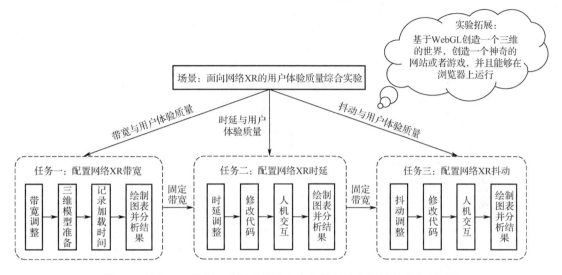

图 8.3　网络 XR 的用户体验质量综合实验的任务分解及任务执行过程

8.2.5　知识要点

在网络 XR 的实现和应用过程中，3D 模型的传输、加载与管理是重要内容之一。本章实验以典型的 3D 模型应用为切入点，在基于 WebGL 的网页浏览器中加载管理 3D 模型的基础上，探讨网络 XR 对用户体验质量（Quality of Experience，QoE）的需求。通过分析带宽、时延和抖动三个关键指标，我们可以直观地体验网络配置对 QoE 的影响，为优化网络 XR 的性能提供思路。本章实验的内容及知识要点如图 8.4 所示。

8.2.5.1　WebGL 介绍

WebGL（Web Graphics Library）是一种基于 OpenGL ES 2.0 的 JavaScript API，用于在网页浏览器中呈现高性能的 3D 和 2D 模型。

在理解 WebGL 之前，有必要了解 CPU 和 GPU 之间的区别。CPU（中央处理器）擅长顺序执行复杂指令，通过一条指令流处理一个或多个数据项，适用于通用计算任务。GPU（图形处理器）则被设计用于并行处理大量简单指令，通过多条指令流同时处理多个数据项，特别适用于图形渲染和数据并行计算。

作为 HTML5 的一部分，WebGL 允许开发者直接在网页中使用 GPU 进行图形渲染，从而实现复杂的视觉效果和交互体验。在现代 Web 开发中，WebGL 已经成为构建丰富图形应用的核心技术之一，广泛应用于游戏、数据可视化、虚拟现实和增强现实等领域。

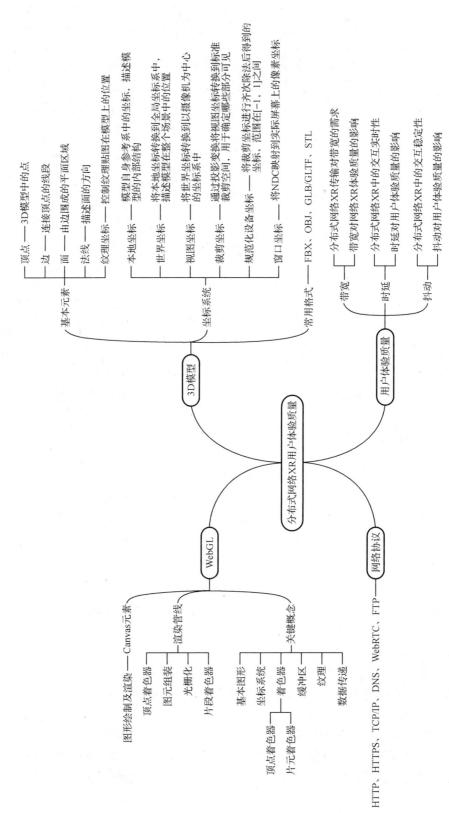

图 8.4　面向网络 XR 的用户体验质量综合实验的内容及知识要点

WebGL 基础概念

1．WebGL 的工作机制

WebGL 通过 Canvas 元素与 JavaScript 进行交互。开发者首先在 HTML 页面中创建一个 Canvas 元素，并获取其渲染上下文（Context）；随后通过一系列 WebGL API 配置渲染管线并提交顶点和片元数据，实现高效的图形渲染。

（1）Canvas 元素：WebGL 是基于 HTML5 的 Canvas 元素来绘制图形的，开发者通过 JavaScript 代码获取 Canvas 的渲染上下文，并使用该上下文进行图形绘制。

（2）渲染管线（Rendering Pipeline）：WebGL 采用固定的渲染管线，将输入的顶点数据转换为最终的像素输出。渲染管线包括顶点着色器、图元组装、光栅化、片段着色器和测试混合等多个阶段，如图 8.5 所示。

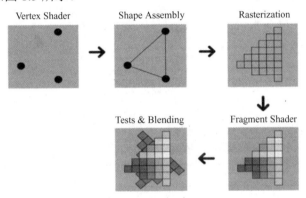

图 8.5　渲染管线流程示意图

（3）顶点着色器（Vertex Shader）：顶点着色器是用 GLSL（OpenGL 着色语言）编写的，负责将顶点坐标从对象空间转换到裁剪空间，并进行顶点的各种变换，如旋转、缩放和平移。

（4）图元组装（Shape Assembly）：将顶点着色器输出的顶点数据组装成几何图元，如点、线和三角形。

（5）光栅化（Rasterization）：将几何图元转换为片段，即屏幕上的像素。光栅化对图元进行小方块化并对小方块进行插值，如图 8.6 所示。光栅化主要包括两个过程：三角形的组装和三角形的遍历。

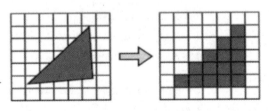

图 8.6　光栅化示意图

三角形组装会对顶点的输入数据进行插值。三角形遍历覆盖了哪些片段的采样点，随后得到这些图元所对应的片元，对于透射投影，我们需要用到透射校正插值（Perspetive Correct Interpolation）。

（6）片段着色器（Fragment Shader）：片段着色器也是用 GLSL 编写，负责计算每个片段的颜色、纹理和光照效果。

（7）测试混合（Tests & Blending）：在每步测试中，未通过的片断将被丢弃而不能进入后续操作，然后通过一些操作（如混合）将通过的片断写入帧缓冲，最终在屏幕上显示图像。

2. WebGL 的相关概念

（1）基本图形：在 WebGL 中，图形都是由三种最基本的图形（点、线、三角形）及其衍生图形构成的。在这一过程中，使用到了三角剖分方法，如图 8.7 所示，三角剖分方法是计算机图形学中的一个基础，通过将复杂的多边形分割成简单的三角形，可简化渲染和计算过程。三角部分方法简单、稳定，且能充分利用 GPU 的加速能力。WebGL 支持的基本图形如表 8.1 所示。

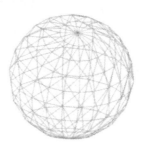

图 8.7　三角剖分方法示意图

表 8.1　WebGL 支持的基本图形

基 本 图 形	参　　数	描　　述
点	g1.POINTS	在 v_0、v_1、v_2 等处绘制一系列点
线段	g1.LINES	在 (v_0, v_1)、(v_2, v_3)、(v_4, v_5) 等处绘制一系列单独的线段。如果点的个数是奇数，则将最后一个点忽略
线条	g1.LINE_STRIP	在 (v_0, v_1)、(v_1, v_2)、(v_2, v_3) 等处绘制一系列线段，v_0 是第 1 条线段的起点，v_1 是第 1 条线段的终点和第 2 条线段的起点……，第 $i(i>1)$ 个点是第 $i-1$ 条线段的终点和第 i 条线段的起点。以此类推。最后一个点是最后一条线段的终点
回路	g1.LINE_LOOP	绘制一系列连接的线段。与 g1.LINESTRIP 绘制的线段相比，g1.LINE_LOOP 增加了一条从最后一个点到第 1 个点的线段。因此，线段被绘制在 (v_0, v_1)、(v_1, v_2)、$\cdots$、(v_n, v_0) 处，其中 v_n 是最后一个点
三角形	g1.TRIANGLES	在 (v_0, v_1, v_2)、(v_3, v_4, v_5) 等处绘制一系列单独的三角形。如果点的个数不是 3 的整数倍，则将最后剩下的一个或两个点忽略
三角带	g1.TRIANGLE_STRIP	绘制一系列条带状的三角形，前三个点构成第 1 个三角形，从第 2 个点开始的三个点构成第 2 个三角形（该三角形与前一个三角形共享一条边），以此类推。这些三角形被绘制在 (v_0, v_1, v_2)、(v_1, v_2, v_3)、(v_2, v_3, v_4) 等处（注意点的顺序）
三角扇	g1.TRIANGLE_FAN	绘制一系列由三角形组成的类似扇形的图形。前三个点构成了第 1 个三角形，接下来的一个点和前一个三角形的最后一条边组成接下来的一个三角形。这些三角形被绘制在 (v_0, v_1, v_2)、(v_0, v_2, v_3)、(v_0, v_3, v_4) 等处（注意点的顺序）

（2）坐标系统：就 2D Canvas 画布而言，WebGL 中的画布坐标系统与 HTTP 的画布坐标系统有所不同，其左右上下值的范围都在 $-1 \sim 1$ 之间。如图 8.8 所示：

就像其他 3D 系统一样，在 WebGL 3D 坐标系中，拥有 x、y 和 z 轴，其中 z 轴表示深度。WebGL 中的坐标仅限于（1，1，1）和（-1，-1，-1）。这意味着如果将投影 WebGL 图形的屏幕视为一个立方体，那么立方体的一个角将是（1，1，1），而对角将是（-1，-1，-1）。

WebGL 不会显示超出这些边界绘制的任何内容。

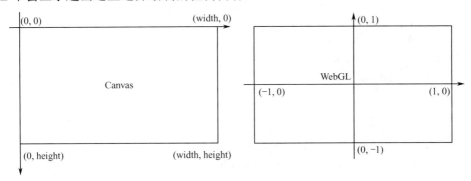

图 8.8　HTTP 中的画布坐标系统（左）和 WebGL 中的画布坐标系统（右）

图 8.9 描述了 WebGL 坐标系，一般为右手坐标系统。z 轴表示深度，z 轴的正值表示对象靠近屏幕/查看器，而 z 轴的负值表示对象远离屏幕。同样，x 轴的正值表示对象位于屏幕右侧，x 轴的负值表示对象位于屏幕左侧。类似地，y 轴的正值和负值表示对象是在屏幕的顶部还是底部。

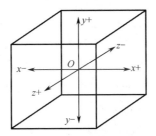

图 8.9　WebGL 的 3D 坐标系统

（3）着色器（Shader）：在 WebGL 中，每个图形都需要 2 个着色器：顶点着色器和片元着色器。每个着色器都是一个函数。顶点着色器和片段着色器链接在一起，成为一个着色器程序。典型的 WebGL 应用程序具有许多着色器程序。

顶点着色器的任务是生成裁剪空间坐标。顶点着色器示例如下：

```
#version 300 es
void main() {
    gl_Position = doMathToMakeClipspaceCoordinates
}
```

片元着色器的任务是为栅格化的像素提供颜色。片元着色器示例如下：

```
#version 300 es
precision highp float;
out vec4 outColor;
void main() {
    outColor = doMathToMakeAColor;
}
```

顶点着色器和片元着色器之间可以通过 varying 变量传递数据。例如，在顶点着色器中计算光照结果，并在片元着色器中使用该结果，代码如下：

```
// 顶点着色器
attribute vec4 a_position;
attribute vec3 a_normal;
uniform mat4 u_modelViewMatrix;
uniform mat4 u_projectionMatrix;
uniform vec3 u_lightDirection;
varying float v_lightIntensity;
void main() {
    vec3 transformedNormal = mat3(u_modelViewMatrix) * a_normal;
    v_lightIntensity = max(dot(transformedNormal, u_lightDirection), 0.0);
    gl_Position = u_projectionMatrix * u_modelViewMatrix * a_position;
}
precision mediump float;
varying float v_lightIntensity;
void main() {
gl_FragColor = vec4(v_lightIntensity, v_lightIntensity, v_lightIntensity, 1.0);
}//片元着色器
```

（4）缓冲区（Buffer）：用于存储顶点数据、颜色数据、法线数据和索引数据等。常用的缓冲区类型包括顶点缓冲区对象（VBO）和索引缓冲区对象（IBO）。

（5）纹理（Texture）：应用到 3D 模型表面的图像数据，用于增加 3D 模型的细节和真实感。纹理映射将纹理坐标与顶点关联在一起，从而将纹理正确地映射到 3D 模型表面。

（6）数据传递：向着色器传递数据是 WebGL 的关键步骤，主要有三种类型的数据传递方式：顶点数据、纹理数据和 uniform 变量。

顶点数据使用 VBO 存储顶点数据，并通过 gl.vertexAttribPointer 方法将顶点数据传递给顶点着色器。顶点数据传递示例如下：

```
const vertices = new Float32Array([
    -0.5, -0.5,
    0.5, -0.5,
    0.5, 0.5,
    -0.5, 0.5
]);
const buffer = gl.createBuffer();
gl.bindBuffer(gl.ARRAY_BUFFER, buffer);
gl.bufferData(gl.ARRAY_BUFFER, vertices, gl.STATIC_DRAW);
const positionLocation = gl.getAttribLocation(program, 'a_position');
gl.enableVertexAttribArray(positionLocation);
gl.vertexAttribPointer(positionLocation, 2, gl.FLOAT, false, 0, 0);
```

纹理使用纹理对象（WebGL Texture）存储图像数据，并通过 gl.texImage2D 方法将纹理传递给片元着色器。纹理传递示例如下：

```
const texture = gl.createTexture();
gl.bindTexture(gl.TEXTURE_2D, texture);
const image = new Image();
image.src = 'texture.png';
image.onload = () => {
```

```
gl.texImage2D(gl.TEXTURE_2D, 0, gl.RGBA, gl.RGBA, gl.UNSIGNED_BYTE, image);
gl.generateMipmap(gl.TEXTURE_2D);
};
```

uniform 变量使用 gl.uniform 系列方法将统一变量传递给着色器，这些变量在整个渲染过程中保持不变。uniform 变量数据传递示例如下：

```
const projectionMatrix = mat4.create();
mat4.perspective(projectionMatrix, 45, canvas.width / canvas.height, 0.1, 100);
const projectionLocation = gl.getUniformLocation(program, 'u_projectionMatrix');
gl.uniformMatrix4fv(projectionLocation, false, projectionMatrix);
```

（7）矩阵变换：包括模型视图矩阵、投影矩阵等，用于实现顶点的几何变换，如平移、旋转和缩放。WebGL 使用矩阵操作来控制 3D 场景中的对象和相机位置。

8.2.5.2　3D 模型基础及常用格式

3D 模型在现代计算机图形学中扮演着至关重要的角色，它们是构建虚拟现实、动画、游戏、工业设计等多种应用的基础。本部分将深入探讨 3D 模型的基本知识，并详细介绍几种常用的 3D 模型格式：FBX、OBJ、GLB/GLTF 和 STL。

1. 3D 模型的基本元素

3D 模型通过一系列顶点、边和面来描述物体的几何形状。这些基本元素的定义如下：

- 顶点（Vertex）：空间中的一个点，通常用坐标(x, y, z)表示。顶点是 3D 模型的最小构建单元。
- 边（Edge）：连接两个顶点的线段，定义了顶点之间的关系。
- 面（Face）：由多个边围成的平面，通常是三角形或四边形。面是形成 3D 物体表面的基本单元。
- 法线（Normal）：垂直于面的向量，用于计算光照和阴影，使模型看起来更加真实。
- 纹理坐标（UV Coordinates）：用于将二维图像（纹理）映射到 3D 模型表面，定义了图像在 3D 模型表面上的位置。

通过上述基本元素的组合，3D 模型可以精确地描述复杂的几何形状和细节。

2. 3D 模型的坐标系统

在 3D 模型中，理解坐标系统是渲染 3D 模型的基础。常见的坐标系统包括本地坐标、世界坐标、视图坐标、裁剪坐标、规范化设备坐标（NDC）和窗口坐标。

- 本地坐标（Model Coordinates）：定义在 3D 模型自身参考系中的坐标，描述 3D 模型的内部结构。
- 世界坐标（World Coordinates）：将本地坐标转换到全局坐标中，描述 3D 模型在整个场景中的位置。
- 视图坐标（View Coordinates）：从摄像机视角出发，将世界坐标转换到以摄像机为中心的坐标中。
- 裁剪坐标（Clip Coordinates）：通过投影变换将视图坐标转换到标准裁剪空间，用于确定哪些部分可见。
- 规范化设备坐标（NDC）：将裁剪坐标进行齐次除法后得到的坐标，范围在[-1, 1]之间。
- 窗口坐标（Window Coordinates）：将 NDC 映射到实际屏幕上的像素坐标。

这些坐标系统的转换过程确保了 3D 模型在渲染过程中能够被正确显示在屏幕上。

3. 常用的 3D 模型格式

本部分将详细介绍几种常用的 3D 模型格式,包括它们的特点、优缺点及适用场景。

(1) FBX(Filmbox)格式。FBX 格式由 Autodesk 公司开发,是一种广泛应用于 3D 建模、动画和游戏开发的格式,支持复杂的动画、材质和纹理信息。

特点:支持骨骼动画、权重和关键帧动画;支持材质、纹理和光照信息,有二进制和 ASCII 两种存储格式。

优点:强大的动画支持,适用于电影和游戏制作,同时兼容性好,广泛支持多种 3D 软件(如 Maya、3ds Max、Blender 等)。

缺点:文件较大,不适合网络传输;学习曲线较陡,格式较为复杂。

FBX 格式的广泛应用归功于其强大的功能和广泛的兼容性,它支持复杂的骨骼动画、权重和关键帧动画,这使得它非常适合用于电影和游戏制作。FBX 格式对材质和纹理的支持使得 3D 模型在不同平台之间交换时能保持高质量的渲染效果。虽然 FBX 文件较大,不适合网络传输,但它在本地处理和存储方面表现出色。

(2) OBJ(Object File)格式。OBJ 格式是一种简单的文本格式,用于表示 3D 几何形状。由 Wavefront Technologies 公司开发,常用于存储多边形网格。

特点:纯文本格式,易于阅读和编辑;支持顶点、法线、纹理坐标和面。

优点:简单明了,易于解析;广泛支持多种 3D 软件(如 Blender、Maya、3ds Max 等)。

缺点:不支持动画和复杂材质;文件可能会较大,尤其是复杂模型。

OBJ 格式的简单性使得它在 3D 模型交换中非常受欢迎,其纯文本格式易于阅读和编辑,这对于开发者和艺术家来说都是一个巨大的优势。虽然 OBJ 格式不支持动画和复杂材质,但它非常适合用于静态模型和基本几何形状的存储和交换。OBJ 文件在多种 3D 软件中的广泛支持,使得它成为行业标准之一。

(3) GLB/GLTF(GL Transmission Format)。GLTF 是由 Khronos Group 开发的开放标准,用于高效传输和加载 3D 模型。GLB 是其二进制格式。

特点:高效传输和加载,适合网络应用;支持 PBR(Physically Based Rendering)材质;支持动画、相机、灯光等。GLTF 是基于 JSON 的文本格式。

优点:轻量级,高效传输;标准化格式,广泛应用于 WebGL 和三维 Web 应用。

缺点:复杂性较高,初学者可能需要更多的学习时间。

GLTF 和 GLB 格式专为高效网络传输设计,广泛应用于 WebGL 和其他三维 Web 应用,它们支持 PBR 材质,使得 3D 模型在不同环境中的渲染效果更加逼真。GLTF 格式的轻量级和高效传输特性,使其非常适合用于需要快速加载和渲染的网络应用中。GLTF 的标准化格式确保了跨平台的一致性和兼容性。

(4) STL(Stereolithography)格式。STL 格式是一种广泛用于 3D 打印和计算机辅助设计(CAD)的 3D 模型格式。

特点:只支持几何形状,通常为三角形网格;有二进制和 ASCII 两种存储格式。

优点:简单高效,适合 3D 打印;广泛支持多种 3D 软件(如 Blender、Maya、3ds Max、Cura 等)。

缺点:不支持颜色、纹理和动画;对复杂模型的表示可能不够精确。

STL 格式以其简单和高效的特点成为 3D 打印的首选。它仅支持几何形状,通常为三角形网格，这使得它在 3D 打印过程中能够快速处理和生成打印路径。尽管 STL 格式不支持颜色、纹理和动画，但其简单性和广泛的兼容性使得它在 3D 打印领域无可替代。

8.2.5.3　网络 XR 的需求

随着网络 XR 应用的分布式特性日益增强，其需求也变得更加复杂和多样化。本部分将讨论网络 XR 的需求，涵盖带宽、延迟、可靠性、安全性等方面。

1. 带宽需求

网络 XR 通常涉及大量的数据传输，特别是在高质量的图形和视频流方面。以下是一些关键的带宽需求：

- 高分辨率视频流：VR 和 AR 需要传输高分辨率的 3D 视频内容，通常需要数百 Mbps 甚至更高的带宽。
- 实时数据同步：在多人互动的网络 XR 中，需要实时同步大量的数据，包括用户的位置、动作和环境变化等。
- 大规模内容分发：对于大规模的网络 XR，如虚拟演唱会或在线虚拟课堂，必须支持同时向大量用户分发内容，这对网络带宽提出了更高的要求。

2. 低时延

低时延是网络 XR 的关键需求之一，因为高时延会导致用户体验质量的下降，甚至引起晕动症（Motion Sickness）。以下是一些具体的需求：

- 实时交互：为了实现实时交互，时延必须保持在较低范围内，这样用户才能感觉到即时的响应。
- 运动跟踪：头部和手部的运动跟踪需要极低的时延，以确保与虚拟环境的互动是即时和精确的。

3. 可靠性

网络 XR 需要高可靠性的网络连接，以确保不中断的用户体验。以下是一些具体需求：

- 稳定的连接：网络必须保持稳定的连接，避免频繁的断线或重连。
- 数据冗余和纠错：为了应对网络的不稳定，需要使用数据冗余和纠错技术，确保数据传输的完整性和可靠性。
- 容错机制：在发生网络故障时，需要具备快速恢复和容错机制，以减少对用户体验的影响

4. 安全性

网络 XR 还需要考虑网络安全性，以保护用户数据和隐私。

- 加密传输：所有数据在传输过程中都应进行加密，以防止被拦截和窃取。
- 身份验证：需要采用强大的身份验证机制，确保只有授权用户才能够访问网络 XR。
- 防攻击：需要部署防火墙和入侵检测系统，防止各种网络攻击。

8.2.5.4　相关网络协议

1. HTTP

HTTP（HyperText Transfer Protocol）是互联网中最常用的应用层协议，用于在 Web 浏览器和 Web 服务器之间传递数据。

（1）HTTP 请求。HTTP 是无状态的协议，每次请求都是独立的，不保存任何上下文信息。HTTP 请求由四个部分组成：请求行、请求头、空行和请求体。

◐ 请求行：包括请求方法（GET、POST、PUT、DELETE 等）、请求 URI 和 HTTP 版本。示例如下：

GET /index.html HTTP/1.1

◐ 请求头：包含一些客户端环境和请求正文的属性信息。示例如下：

Host: www.example.com
User-Agent: Mozilla/5.0

◐ 空行：表示请求头的结束。
◐ 请求体：包含需要传输的数据，通常用于 POST 请求。
（2）HTTP 响应。HTTP 响应也由四个部分组成：状态行、响应头、空行和响应体。
◐ 状态行：包括 HTTP 版本、状态码和状态描述。示例如下：

HTTP/1.1 200 OK

◐ 响应头：包含一些关于响应的属性信息。示例如下：

Content-Type: text/html
Content-Length: 1234

◐ 空行：表示响应头的结束。
◐ 响应体：包含实际传输的数据。
（3）HTTP 状态码。HTTP 状态码用于表示服务器对请求的处理结果，主要分为五类，如图 8.10 所示。

五大类 HTTP 状态码	具体含义	常见的状态码
1××	提示信息，表示目前是协议处理的中间状态，还需要后续的操作；	
2××	成功，报文已经收到并被正确处理；	200、204、206
3××	重定向，资源位置发生变动，需要客户端重新发送请求；	301、302、304
4××	客户端错误，请求报文有误，服务器无法处理；	400、403、404
5××	服务器错误，服务器在处理请求时内部发生了错误。	500、501、502、503

图 8.10　HTTP 状态码

◐ 1xx（信息性状态码）：表示请求已接收，继续处理。
◐ 2xx（成功状态码）：表示请求（也称报文）已成功处理。200 OK：请求成功。201 Created：请求成功并创建了新的资源。204 No Content 也是常见的成功状态码，与 200 OK 基本相同，但响应头没有 body 数据。206 Partial Content 用于 HTTP 分块下载或断点续传，表示响应返回的 body 数据并不是资源的全部，而是其中的一部分，也是服务器处理成功的状态。
◐ 3xx（重定向状态码）：表示需要进一步操作以完成请求。301 Moved Permanently：资源已永久移动到新位置。302 Found：资源临时移动到新位置。304 Not Modified 不具有跳转的含义，表示资源未修改，重定向已存在的缓冲文件。

- ● 4xx（客户端错误状态码）：表示请求包含错误，服务器无法处理。400 Bad Request：请求语法错误。401 Unauthorized：需要身份验证。403 Forbidden 表示服务器禁止访问资源，并不是客户端的请求出错。404 Not Found：请求的资源不存在。
- ● 5xx（服务器错误状态码）：表示服务器在处理请求时发生错误。500 Internal Server Error：服务器内部错误。501 Not Implemented 表示服务器不支持客户端请求的功能。502 Bad Gateway：网关错误。503 Service Unavailable 表示服务器当前很忙，暂时无法响应客户端。

（4）HTTP 缓存技术。对于一些具有重复性的 HTTP 请求，如每次请求得到的数据都相同，即可以把这对请求-响应的数据缓存在本地，下次访问时直接读取本地的数据，服务器不必重新传输数据。

HTTP 缓存有两种实现方式，分别是强制缓存和协商缓存。

2. HTTPS

HTTPS（HyperText Transfer Protocol Secure）在 HTTP 的基础上加入 SSL/TLS，用于提供加密传输和身份认证，从而确保数据的机密性和完整性，二者关系如图 8.11 所示。

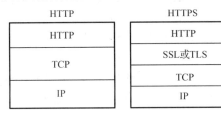

图 8.11　HTTP 和 HTTPS 的关系

SSL（Secure Sockets Layer）和 TLS（Transport Layer Security）用于在网络上建立安全连接，它们通过对数据进行加密、认证和完整性检查，确保数据的安全传输。

HTTPS 在 HTTP 传输数据之前，使用 SSL/TLS 协议建立安全连接。具体过程包括：

（1）客户端向服务器发送请求，要求建立安全连接。

（2）服务器发送数字证书给客户端，证书中包含服务器的公钥。

（3）客户端验证服务器证书的合法性，如果合法，则生成一个随机的对称密钥，使用服务器的公钥对对称密钥进行加密并将其发送给服务器。

（4）服务器使用自己的密钥解密对称密钥，双方使用该对称密钥进行数据的加密传输。

3. TCP/IP

TCP/IP 是互联网的基础协议，包括传输层的 TCP（Transmission Control Protocol）和网络层的 IP（Internet Protocol）。

（1）IP。IP 用于在网络中传输数据包。IP 是无连接的，不保证数据包的可靠传输。IP 地址是用于标识网络中每一个独立设备的唯一标识符。IP 地址分为 IPv4 和 IPv6 两种版本：

- ● IPv4：使用 32 bit 的地址空间，通常表示为 4 个用点号分隔的十进制数（如 192.168.0.1）。
- ● IPv6：使用 128 bit 的地址空间，通常表示为 8 组用冒号分隔的十六进制数（如 2001:0db8:85a3:0000:0000:8a2e:0370:7334）。

IP 数据包（IP Packet）由 IP 首部和数据部分组成。IP 首部包含源地址、目的地址、协议、标识、标志、片偏移、生存时间（TTL）等字段，用于数据包在网络中的传输和处理。IP 数据包的组成如图 8.12 所示。

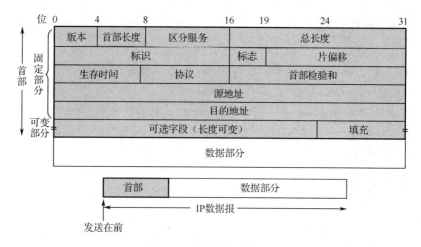

图 8.12 IP 数据包的组成

由于不同网络的最大传输单元（MTU）可能不同，IP 支持将大数据包分成多个小片进行传输，并在接收端进行重组。IP 首部的标识、标志和片偏移字段用于支持分片和重组。

（2）TCP。TCP 是面向连接的、可靠的传输层协议。TCP 提供进程到进程的通信，通过序列号和确认机制确保数据包按序到达并且不丢失。

TCP 建立连接时需要经过三次握手过程，如图 8.13 所示。

① 客户端发送 SYN（同步）报文给服务器，表示请求建立连接。

② 服务器收到 SYN 报文后，发送 SYN-ACK（同步-确认）报文给客户端，表示同意连接请求。

③ 客户端收到 SYN-ACK 报文后，发送 ACK（确认）报文给服务器，表示连接建立完成。

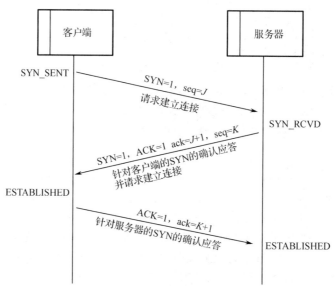

图 8.13 三次握手过程图

TCP 断开连接时需要经过四次握手过程，如图 8.14 所示。

① 客户端发送 FIN（结束）报文给服务器，表示请求断开连接。

② 服务器收到 FIN 报文后，发送 ACK（确认）报文给客户端，表示同意断开请求。

③ 服务器发送 FIN 报文给客户端，表示服务器也要断开连接。

④ 客户端收到 FIN 报文后，发送 ACK 报文给服务器，表示连接断开完成。

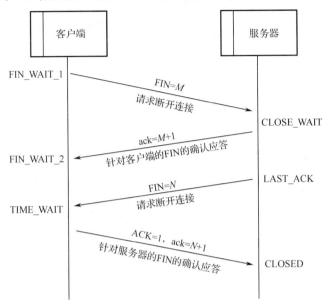

图 8.14　四次握手过程图

同时，TCP 使用流量控制和拥塞控制机制来优化数据传输。

- 流量控制：通过滑动窗口机制，接收端根据自身缓冲区的容量通知发送端调整发送速率。
- 拥塞控制：通过慢启动、拥塞避免、快重传和快恢复等算法，调整发送端的发送速率以避免网络拥塞。

（3）TCP/IP 模型。TCP/IP 模型是互联网协议栈的分层结构，分为四层：

- 应用层：包括 HTTP、FTP、SMTP 等协议，提供应用服务。
- 传输层：包括 TCP、UDP 等协议，提供端到端的通信。
- 网络层：包括 IP 协议，提供路由和寻址。
- 数据链路层：包括以太网、PPP 等协议，提供数据帧的传输。

4. DNS 协议

DNS（Domain Name System）协议用于将域名转换为 IP 地址，方便用户记忆和访问网站。DNS 协议是应用层协议。

（1）DNS 解析过程。DNS 解析过程如图 8.15 所示，包括以下步骤：

① 浏览器向本地 DNS 服务器发送查询请求。

② 本地 DNS 服务器查询缓存，如果没有命中，则向根 DNS 服务器发送查询请求。

③ 根 DNS 服务器返回顶级域名服务器的地址。

④ 本地 DNS 服务器向顶级域名服务器发送查询请求。

⑤ 顶级域名服务器返回权威域名服务器的地址。

⑥ 本地 DNS 服务器向权威域名服务器发送查询请求。

⑦ 权威域名服务器返回域名对应的 IP 地址。

⑧ 本地 DNS 服务器将结果返回给浏览器。

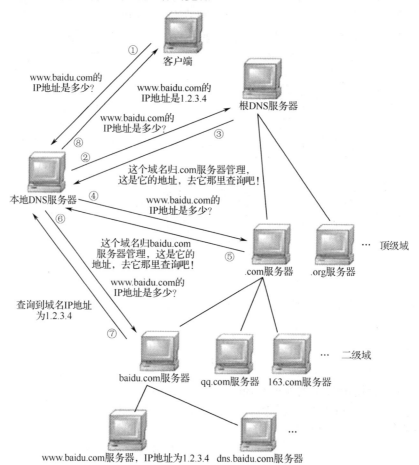

图 8.15　DNS 解析过程

（2）DNS 记录类型。DNS 记录包括多种类型：

⊃ A 记录：将域名映射到 IPv4 地址。

⊃ AAAA 记录：将域名映射到 IPv6 地址。

⊃ CNAME 记录：将一个域名映射到另一个域名。

⊃ MX 记录：指定邮件服务器的地址。

⊃ TXT 记录：存储任意文本信息。

5．WebRTC 协议

WebRTC（Web Real-Time Communication）协议用于实现浏览器之间的实时视频通信和数据传输，支持点对点连接，减少了时延和带宽消耗。

（1）WebRTC 组件。WebRTC 包括以下主要组件：

⊃ getUserMedia：获取本地视频媒体流。

⊃ RTCPeerConnection：建立点对点连接，传输视频和数据。

⊃ RTCDataChannel：传输任意数据。

（2）WebRTC 信令。WebRTC 的点对点连接需要通过信令服务器进行协商。信令过程包括交换 SDP（Session Description Protocol）信息和 ICE（Interactive Connectivity Establishment）

候选者。

（3）WebRTC 安全性。WebRTC 使用 SRTP（Secure Real-time Transport Protocol）对视频数据进行加密，确保通信的安全性。WebRTC 还要求在 HTTPS 下运行，以保证信令过程的安全。

6. FTP

FTP（File Transfer Protocol）用于在网络上进行文件传输。FTP 提供了上传和下载文件的功能，广泛用于文件共享和传输。

（1）FTP 工作模式。FTP 有两种工作模式：主动模式和被动模式。

- 主动模式：客户端向服务器发送连接请求，服务器从一个指定的端口连接到客户端的一个端口进行数据传输。
- 被动模式：服务器打开一个随机端口，客户端连接到这个端口进行数据传输。

（2）FTP 命令和响应。FTP 使用一系列命令和响应进行通信，包括：

- USER：用户登录命令。
- PASS：密码验证命令。
- LIST：列出服务器上的文件和目录命令。
- RETR：下载文件命令。
- STOR：上传文件命令。

（3）FTP 安全性。传统的 FTP 在传输数据和凭据时不加密，因此存在安全隐患。为解决这一问题，业界开发了 FTPS（FTP Secure）和 SFTP（SSH File Transfer Protocol）：

- FTPS：在 FTP 基础上使用 SSL/TLS 加密。
- SFTP：基于 SSH 协议，通过加密通道进行文件传输。

8.3 任务一：配置网络 XR 带宽

8.3.1　任务目标

本节任务的目标包括：

- 通过配置不同的带宽参数，观察并记录 3D 模型在网页端加载时的时间差异，理解带宽对 3D 模型传输效率和用户体验的影响。
- 通过对比不同带宽条件下 3D 模型的加载时间，直观地感受到带宽对网络传输速率的重要性，并能够分析不同带宽配置对实际应用的影响，从而为网络 XR 的带宽优化提供数据支持和实践经验。

8.3.2　要求和方法

8.3.2.1　要求

如 8.2.1 节所述，本节任务需要配置操作系统和必要的软件环境，包括 Node.js 等。同时，需要两台通用计算机，一台作为服务器，另一台作为客户端。为了保证实验环境的可控性，建议在同一个局域网内进行实验，并使用网络损伤仪来模拟不同的网络带宽。

8.3.2.2 方法

本节任务为软硬件结合的实验，读者需要首先配置好操作系统、Node.js 等软件环境，使用一台通用计算机部署服务器，完成相关代码功能的添加与项目的启动；使用另一台通用计算机作为客户端对不同的 3D 模型资源进行访问，同时观察客户端 3D 模型的加载与其控制台记录的时间差异，体验带宽对 3D 模型传输效率产生的影响。客户端和服务器在同一局域网内，通过网络损伤仪进行连接，在受控环境中评估带宽对 3D 模型传输效率和用户体验的影响。

8.3.3 内容与步骤

本节任务的具体步骤如下：

步骤 1：配置带宽参数。

通过网络损伤仪设置不同的带宽限制（如 1 Mbps、5 Mbps、10 Mbps、20 Mbps、50 Mbps、100 Mbps）。网络损伤仪是一种可以模拟网络环境中各种干扰因素的设备，包括带宽限制、时延、丢包率等。在本节任务中，我们主要关注带宽限制，通过调整带宽参数来模拟不同的网络环境，观察 3D 模型加载时间的变化。

步骤 2：修改项目代码，准备 3D 模型。

在服务器上准备不同大小的 GLB 等格式的 3D 模型文件（大小为 1 MB、2 MB、10 MB、20 MB、50 MB 等），将其放置到 "/public/threeFile" 对应的文件格式下。同时，在 "/src/config/model.js" 的 modelList 中添加对应的 3D 模型信息，代码如下：

```
{
    name: '汽车',
    key: 'car',
    fileType: 'glb',
    id: 100,
    animation: false,
    filePath: 'threeFile/glb/glb-10M.glb',
    icon: getAssetsFile('model-icon/12.png')
},
```

修改 "/src/utils/renderModel.js" 中的 setModel 函数，使得在 3D 模型加载过程结束后，控制台都能打印 3D 模型加载的开始时间、结束时间、加载耗时和 3D 模型大小。代码如下：

```
setModel({ filePath, fileType, decomposeName }) {
    return new Promise((resolve, reject) => {
        this.loadingStatus = false
        const THREE_PATH = `https://unpkg.com/three@0.${ THREE.REVISION}.x`;
        //省略部分代码
        loader = new GLTFLoader().setDRACOLoader(dracoLoader)
    } else {
        loader = this.fileLoaderMap[fileType]
    }
    let totalSize = 0;
    // 记录接收到 3D 模型加载请求的时间
```

renderModel.js 文件下载

```
    console.log('接收到模型加载请求: ' + new Date().toLocaleTimeString());
    const requestTime = performance.now();
    //…
    // 需要辉光的材质
    this.glowMaterialList = this.modelMaterialList.map(v => v.name)
    this.scene.add(this.model)
    this.loadingStatus = true
    // 记录加载结束时间并计算加载时间
    const endTime = performance.now();
    const loadTime = ((endTime - requestTime) / 1000).toFixed(4);   //转换为秒并保留 4 位小数
    const modelSizeMB = (totalSize / (1024 * 1024)).toFixed(2);     //将单位转换为 MB 并保留 2 位小数
    console.log('模型加载完成: ' + new Date().toLocaleTimeString());
    console.log('模型加载时间: ' + loadTime + ' 秒');
    console.log('模型大小: ' + modelSizeMB + ' MB');
    resolve(true)
    this.getModelAnimaionList(result)
}, (xhr) => {
    if (xhr.total) {
        totalSize = xhr.total;      //获取加载过程中传输的总字节数
    }
    //…
}
```

在 setModel 函数中，我们添加了一个内部变量 totalSize，用来在加载过程中通过 xhr.total 异步获取加载过程中传输的总字节数，并将其单位转换为 MB。与此同时，分别使用 new Date().toLocaleTimeString()和 performance.now()获取不同精度和格式的时间，前者用于观察判断 3D 模型加载请求的开始时间和结束时间，后者用于更为精确的计算，以获取准确的模型加载耗时。

步骤 3：访问客户端，观察并记录 3D 模型加载时间。

在服务器启动项目，并获取局域网内访问的 URL，在另一台通用计算机的浏览器中访问该 URL，并打开开发工具（默认按 F12 键），在网络一栏选择"禁用缓存"（见图 8.16），防止浏览器缓存导致重复加载时读取浏览器本地缓存数据，使得带宽因素对加载时间的影响被排除。

图 8.16　禁用缓存

打开控制台，单击访问界面左侧不同大小的 3D 模型文件，观察并记录控制台打印的 3D 模型加载时间，体验带宽对 3D 模型加载的影响，如图 8.17 所示。

接收到模型加载请求: 16:39:31	renderModel.js:289
模型加载完成: 16:39:33	renderModel.js:331
模型加载时间: 1.1080 秒	renderModel.js:332
模型大小: 12.99 MB	renderModel.js:333

图 8.17　控制台打印的结果

步骤 4：设定带宽数值，访问不同的 3D 模型，重复步骤 1 至步骤 3 六次。

针对不同大小的 3D 模型和带宽限制进行多次实验，每次实验重复多次，确保实验数据的准确性和可靠性。通过设置不同的带宽（如 1 Mbps、5 Mbps、10 Mbps、20 Mbps、50 Mbps、100 Mbps），并分别访问不同大小的 3D 模型文件（如 1 MB、2 MB、10 MB、20 MB、50 MB），记录每次的加载时间。这些数据将用于后续的分析和图表绘制。

步骤 5：绘制 3D 模型大小、带宽大小、加载时间的关系图表并分析结果。

使用数据分析和图表工具（如 Excel、Python 的 Matplotlib 或其他可视化工具）绘制带宽与加载时间的关系图，分析带宽对 3D 模型加载时间以及用户体验的影响。

分析过程中，可以考虑以下几个方面：

- 带宽对不同大小的 3D 模型加载时间的影响趋势是否一致？
- 带宽在多大范围内对加载时间有显著影响？
- 是否存在某个带宽以上，加载时间的改善变得不明显？

通过这些分析，可以得出带宽优化的一些结论，并为未来的网络 XR 配置提供数据支持。

8.3.4　任务小结

通过本节任务，读者将掌握如何通过配置带宽参数来影响 3D 模型加载时间，理解带宽在网络传输中的重要性，以及如何通过合理配置带宽优化用户体验。实验中，不同带宽条件下 3D 模型加载时间的差异将帮助读者理解带宽在实际应用中的关键作用，并为未来在网络 XR 中的带宽优化提供宝贵的实践经验和数据支持。

8.4　任务二：配置网络 XR 时延

8.4.1　任务目标

- 通过配置不同时延策略，观察并记录三维模型在人机交互过程中的响应时间差异，理解网络时延对用户交互体验的影响。
- 通过对比不同时延条件下的响应时间，直观地感受网络时延对交互实时性的影响，并能够分析不同时延配置对实际应用的影响，从而为网络 XR 的时延优化提供数据支持和实践经验。

8.4.2　要求和方法

8.4.2.1　要求

本节任务中软硬件环境与任务一环境相同，这里不再赘述。

8.4.2.2　方法

本节任务的方法与任务一大致相同，在访问 3D 模型资源时，记录当前的时延，体验时延对交互实时性产生的影响。网络损伤仪用于模拟不同的时延环境，在受控环境中评估时延对交互体验的影响。

8.4.3　内容和步骤

本节任务的具体步骤如下：

步骤 1：配置时延参数。

在本节任务中，我们主要关注时延，因此通过网络损伤仪设置不同的时延限制（如 10 ms、50 ms、100 ms、200 ms、500 ms、1000 ms）。通过调整时延参数来模拟不同的网络环境，观察 3D 模型加载时间和交互响应时间的变化。

步骤 2：修改项目代码。

在 "/src/utils/" 下新建 JavaScript 脚本 Measurement.js，用于编写时间测量相关函数。代码如下：

```javascript
import { ref } from 'vue';
export const averageLatency = ref(0);
export const jitter = ref(0);
const latencyMeasurements = ref([]);
export const measureNetwork = async () => {
    const startTime = performance.now();
    await fetch("http://x.x.x.x:8080/"); // 替换为实际的局域网 URL
    const endTime = performance.now();
    const latency = endTime - startTime;
    latencyMeasurements.value.push(latency);
    const totalLatency = latencyMeasurements.value.reduce((a, b) => a + b, 0);
    averageLatency.value = parseFloat((totalLatency / latencyMeasurements.value.length).toFixed(2));
};
export const measureNetworkLatency = async () => {
    latencyMeasurements.value = [];
    for (let i = 0; i < 5; i++) {
        await measureNetwork();
    }
    const maxLatency = Math.max(...latencyMeasurements.value).toFixed(2);
    const minLatency = Math.min(...latencyMeasurements.value).toFixed(2);
    const meanLatency = averageLatency.value;
    console.log('最大网络时延: ${maxLatency} ms');
    console.log('最小网络时延: ${minLatency} ms');
    console.log('当前平均网络时延: ${meanLatency} ms');
};
```

Measurement.js 文件下载

本节任务通过 measureNetwork 方法实现了单次网络时延的测量；通过 fetch 方法向指定的 URL 发送请求并等待响应，并计算当前的平均时延；通过 measureNetworkLatency 方法多次调用 measureNetwork 方法，测量多次网络时延并输出最大时延、最小时延和平均时延；使用 async 和 await 实现了异步网络请求，确保在测量时延时能够等待每次请求的完成。

同时，本节任务向 "/src/utils/renderModel.js" 导入 Measurement.js 的 measureNetworkLatency 方法，并修改 setModel 函数，使得在每次模型的加载过程结束后调用这一方法，测量并打印网页访问时延。代码如下：

```javascript
import { measureNetwork } from './ Measurement';
    setModel({ filePath, fileType, decomposeName }) {
        //省略部分代码
```

```
        console.log('模型加载时间: ' + loadTime + ' 秒');
        console.log('模型大小: ' + modelSizeMB + ' MB');
        resolve(true)
        this.getModelAnimaionList(result)
        // 测量网络时延和抖动
        measureNetworkLatency();
            }, (xhr) => {
        //省略部分代码
        }
```

步骤 3：访问客户端，进行人机交互。

如 8.3.3 节所述，在访问客户端时，打开开发者工具，将任务一中的"禁用缓存"关闭，同时事先访问需要加载的 3D 模型，使 3D 模型缓存在浏览器本地，避免带宽因素对 fetch 方法测量网络时延造成影响。

打开控制台，单击已缓存的 3D 模型文件，观察并记录控制台打印的网页访问时延信息，如图 8.18 所示，体验网络时延对模型加载的影响。

最大网络时延：667.30 ms	networkMeasurement.js:28
最小网络时延：72.80 ms	networkMeasurement.js:29
当前平均网络时延：350.9 ms	networkMeasurement.js:30

图 8.18　控制台打印的结果

但这种测量方法存在一定的误差，我们可以直接使用浏览器开发工具查看每一条请求的耗时，如图 8.19 所示。

	200	fetch	networkMeasurement.js:8	4.1 kB	5 毫秒
	200	fetch	networkMeasurement.js:8	4.1 kB	5 毫秒
	200	fetch	networkMeasurement.js:8	4.1 kB	4 毫秒
.153	200	fetch	networkMeasurement.js:8	4.1 kB	4 毫秒

图 8.19　使用浏览器开发工具查看请求耗时

使用 fetch 方法测量的时延结果比使用浏览器开发工具的测量结果大，这是由于以下几个因素：

- JavaScript 执行开销：fetch 方法的测量包含了 JavaScript 的执行时间。JavaScript 是单线程的，在执行 fetch 方法处理请求和响应时，可能会受其他任务的影响，从而增加整体时延。

- 事件循环和任务队列：在浏览器中，JavaScript 的事件循环和任务队列可能会引入额外的时延。即使 fetch 请求完成，处理响应的回调函数也需要排队等待执行，这会增加总的时延。

- 异步操作和回调：fetch 方法是异步的，返回一个 Promise 对象，并在网络请求完成后执行相应的回调函数。这种异步操作本身也会引入一些额外的时延。

- 测量起点和终点的差异：在浏览器开发工具中，网络请求的测量涵盖从请求发起到请求完成的整个过程，包括 DNS 解析、TCP 连接、TLS 握手、发送请求、接收响应等。而 fetch 方法的测量时间可能包含一些额外的开销，例如 JavaScript 引擎处理 Promise 对象和执行回调的时间。

- 浏览器优化：浏览器开发工具直接从浏览器的内部数据结构中获取时间戳，这些数据结构是浏览器优化过的，提供了非常精确的网络请求时间，其计时结构如图 8.20 所示。而 fetch 方法是通过 JavaScript 代码间接测量的，没有浏览器开发工具提供的时间数据那么精确。

图 8.20　浏览器开发工具的计时结构

步骤 4：设定不同的时延，重复步骤 1 至步骤 3 六次

针对不同的时延策略进行多次实验，确保实验数据的准确性和可靠性。通过设置不同时延（如 10 ms、50 ms、100 ms、200 ms、500 ms、1000 ms），并分别访问同一大小的 3D 模型文件，记录每次的加载时间和交互响应时间。这些数据将用于后续的分析和图表绘制。

步骤 5：绘制时延大小、交互响应时间的关系图表并分析结果。

使用数据分析和图表工具（如 Excel、Python 的 Matplotlib 或其他可视化工具）绘制时延、3D 模型大小和交互响应时间的关系图，分析时延对交互响应时间和用户体验的影响。通过图表，可以直观地看到时延变化对 3D 模型加载时间和交互响应时间的影响，并能够分析出时延对交互效率的关键点。

分析过程中，可以考虑以下几个方面：

➲ 不同时延对不同大小的 3D 模型加载时间和交互响应时间的影响趋势是否一致？

➲ 时延在多大范围内对 3D 模型加载时间和交互响应时间有显著影响？

➲ 是否存在某个时延以上，3D 模型加载时间和交互响应时间的改善变得不明显？

8.4.4　任务小结

通过本节任务，读者将掌握如何通过配置时延参数来影响 3D 模型加载时间和交互响应时间，理解时延在网络传输中的重要性，以及如何通过合理配置时延来优化用户体验。在本节任务中，不同时延下的 3D 模型加载时间和交互响应时间差异将帮助读者理解时延在实际应用中的关键作用，并为未来在网络 XR 中的时延优化提供宝贵的实践经验和数据支持。

8.5 任务三：配置网络 XR 抖动

8.5.1　任务目标

本节任务的目标是：

➲ 通过配置不同的抖动策略，观察并记录 3D 模型在人机交互过程中的响应时间和体验差异，理解抖动对用户体验的影响。

➾ 通过对比不同抖动下的交互响应时间，直观地感受到抖动对交互实时性的影响，并能够分析不同抖动对实际应用的影响，从而为未来在网络 XR 中的抖动优化提供数据支持和实践经验。

8.5.2　要求和方法

8.5.2.1　要求

本节任务的软硬件环境与任务一相同，这里不再赘述。

8.5.2.2　方法

本节任务的方法与任务二大致相同，不同之处在于本节任务关注的是网络抖动对 3D 模型交互体验的影响。通过网络损伤仪设置不同的抖动参数，模拟不同的抖动情况，评估抖动对 3D 模型加载时间和交互响应时间的影响。

8.5.3　内容和步骤

本节任务的具体步骤如下：

步骤 1：配置抖动参数。

通过网络损伤仪设置不同的抖动（如 10 ms、50 ms、100 ms、200 ms、500 ms、1000 ms），以模拟不同网络环境下的抖动情况，观察 3D 模型加载时间和交互响应时间的变化。

步骤 2：修改项目代码。

在任务二新建 JavaScript 脚本 Measurement.js 的基础上，编写抖动测量相关函数。代码如下：

```
export const measureNetworkJitter = async () => {
    latencyMeasurements.value = [];
    for (let i = 0; i < 5; i++) {
        await measureNetwork();
    }
    const maxLatency = Math.max(...latencyMeasurements.value).toFixed(2);
    const minLatency = Math.min(...latencyMeasurements.value).toFixed(2);
    const meanLatency = averageLatency.value;
    const variance = latencyMeasurements.value.reduce((a, b) => a + Math.pow(b - meanLatency, 2), 0) /
                    latencyMeasurements.value.length;
    jitter.value = parseFloat(Math.sqrt(variance).toFixed(2));

    console.log('最大网络时延: ${maxLatency} ms');
    console.log('最小网络时延: ${minLatency} ms');
    console.log('当前平均网络时延: ${meanLatency} ms');
    console.log('当前网络抖动: ${jitter.value} ms');};
```

新增的 measureNetworkJitter 函数通过多次调用 measureNetwork 方法，可多次测量网络时延并输出当前网络抖动。

在本节任务中，抖动的计算公式为：

$$\sigma = \sqrt{\frac{\sum\limits_{i=1}^{n}(x_i - \mu)^2}{n}} \tag{8.1}$$

式中，σ 是标准差（抖动）；x_i 是第 i 次测量的时延；μ 是所有测量时延的平均值；n 是测量次数

同时，将 Measurement.js 导入到 "/src/utils/renderModel.js"，并修改 setModel 函数，在 3D 模型加载过程结束后调用这一方法，测量并打印抖动。代码如下：

```
import { measureNetworkJitter } from './ Measurement';
setModel({ filePath, fileType, decomposeName }) {
    //省略部分代码
    console.log('模型加载时间: ' + loadTime + ' 秒');
    console.log('模型大小: ' + modelSizeMB + ' MB');
    resolve(true)
    this.getModelAnimaionList(result);
    // 测量网络抖动
    measureNetworkJitter();
}, (xhr) => {
    //省略部分代码
}
```

步骤 3：访问客户端，进行人机交互。

与 8.4.3 节相同，不再赘述。

步骤 4：设定不同的抖动值，重复步骤 1 至步骤 3 六次。

针对不同的抖动策略进行多次实验，确保实验数据的准确性和可靠性。通过设置不同的抖动值（如 10 ms、50 ms、100 ms、200 ms、500 ms、1000 ms），并分别访问同一大小的 3D 模型文件，记录每次的 3D 模型加载时间和交互响应时间。这些数据将用于后续的分析和图表绘制。

步骤 5：绘制网络抖动大小、交互响应时间的关系图表并分析结果。

使用数据分析和图表工具（如 Excel、Python 的 Matplotlib 或其他可视化工具）绘制抖动、3D 模型大小和交互响应时间的关系图，分析抖动对交互响应时间和用户体验的影响。通过图表，可以直观地看到抖动对 3D 模型加载时间和交互响应时间的影响，并能够分析出抖动对交互效率的关键点。

分析过程中，可以考虑以下几个方面：

➲ 不同抖动对不同大小 3D 模型加载时间和交互响应时间的影响趋势是否一致？

➲ 抖动在多大范围内对 3D 模型加载时间和交互响应时间有显著影响？

➲ 是否存在某个抖动值以上，3D 模型加载时间和交互响应时间的改善变得不明显？

8.5.4　任务小结

通过本节任务，读者将掌握如何通过配置抖动参数来影响 3D 模型加载时间和交互响应时间，理解抖动在网络传输中的重要性，以及如何通过合理配置抖动来优化用户体验。在本节任务中，不同抖动下的 3D 模型加载时间和交互响应时间的差异将帮助读者理解抖动在实

际应用中的关键作用，并为未来在网络 XR 中的抖动优化提供宝贵的实践经验和数据支持。

8.6 实验拓展

20 世纪 90 年代的浏览器，它只能显示简单的文字和图片；在 2000 年左右，浏览器开始能够显示丰富的多媒体信息；但相对于传统的桌面程序来说，它还是有一些不足，如很难写出高质量的 3D 程序。WebGL 是在浏览器中实现 3D 效果的一套规范，我们可以基于 WebGL 去创造一个 3D 世界，去创造一个神奇的网站或者游戏，并且能够在浏览器上运行。

参考文献

[1] ESTÉVEZ D, LORENZ M, GÜLZOW P. Deep space reception of Tianwen-1 by AMSAT-DL using GNU radio[C]//Proceedings of the GNU Radio Conference, 2022.

[2] XU D, HUANG L, CHEN S. Integrated design of ranging and DOR signal for China's deep space navigation[J]. Open Astronomy, 2022, 31(1): 358-365.

[3] 程子宸. 地铁场景无线通信网络覆盖及优化分析[J]. 铁路工程技术经济, 2023, 38(03): 57-59.

[4] 胡启荣. 地铁公用通信网络传输接入系统建设分析[J]. 通讯世界, 2017(14): 284-285.

[5] 韩群. 阿尔卡特朗讯推出 IP/光融合骨干网解决方案[J]. 邮电设计技术, 2009(10): 1.

[6] 王伯剑. IP 与光融合的骨干网演进趋势[J]. 电信科学, 2013, 29: 53-58.

[7] 刘军, 孙皓, 姜俊超. IP+光骨干网中 SDN 技术的应用研究[J]. 信息通信, 2019(11): 188-189.

[8] 师严, 简伟, 曹畅, 等. SDN 在 IP 层与光融合中的应用研究[J]. 邮电设计技术, 2014(06): 72-75.

[9] 柳晟. 中国移动 OTN 网络引入 SDN 技术的探讨[J]. 通信世界, 2016(03): 40-41.

[10] KLAUSJÜNGLING. 以互联网为基础的数据通信网络[J]. 现代制造, 2002(13): 26-27.

[11] 刘亚峰. 面向 IP 和 OTN 协同的 SDN 管控技术[J]. 光通信技术, 2021, 45(01): 42-47.

[12] 闵欢, 卢虎. 采用深度神经网络的无人机蜂群视觉协同控制算法[J]. 西安交通大学学报, 2020, 54(09): 173-179.

[13] ROBUSTO M J. The development of intermediate data rate (IDR) digital transmission performance characteristics[J]. International Journal of Satellite Communications, 1988, 6(4): 369-389.

[14] ALOUINI M S, BORGSMILLER S A, STEFFES P G. Channel characterization and modeling for Ka-band very small aperture terminals[J]. Proceedings of the IEEE, 1997, 85(6): 981-997.

[15] 徐晖, 孙韶辉. 面向 6G 的天地一体化信息网络架构研究[J]. 天地一体化信息网络, 2021, 2(04): 2-9.

[16] 赵聪. "鸿雁" 星座首颗试验卫星发射[J]. 中国航天, 2019(01): 45-46.

[17] 孙喆. "长征" 十一号火箭成功发射 "虹云" 工程首颗卫星[J]. 中国航天, 2019(01): 42.

[18] 刘语霏, 魏兴. 中国 "星网", 请勇往直前[J]. 卫星与网络, 2021(07): 38-41.

[19] KECHICHIAN J A. Optimal Low-Earth-Orbit-Geostationary-Earth-Orbit Intermediate Acceleration Orbit Transfer[J]. Journal of Guidance, Control, and Dynamics, 1997, 20(4): 803-811.

[20] BLUMENTHAL S H. Medium Earth Orbit Ka Band Satellite Communications System[C]//MILCOM 2013 - 2013 IEEE Military Communications Conference. 2013: 273-277.

[21] MARAL G, DE RIDDER J J, EVANS B G, et al. Low earth orbit satellite systems for communications[J]. International Journal of satellite communications, 1991, 9(4): 209-225.

[22] MA S, CHOU Y C, ZHAO H, et al. Network Characteristics of LEO Satellite Constellations: A Starlink-Based Measurement from End Users[C]//IEEE INFOCOM 2023 - IEEE Conference on Computer Communications. New York City, NY, USA: IEEE, 2023: 1-10.

[23] BOETTIGER C. An introduction to Docker for reproducible research[J]. ACM SIGOPS Operating Systems Review, 2015, 49(1): 71-79.

[24] 黄华青，王岩. 历史空间与现实生活融合的"体验再现"——面向遗产展示的虚拟现实展陈设计路径初探[J]. 中国文化遗产，2024(02): 23-31.

[25] 武娟，刘晓军，徐晓青. 扩展现实(XR)关键技术研究[J]. 广东通信技术，2020, 40(10): 34-39.

[26] 史晓楠，熊春山，倪慧，等. 5G XR 及多媒体增强技术分析[J]. 电信科学，2022, 38(03): 57-64.

[27] 王璐璐，韩潇，曹亘，等. 5G 网络中 XR 业务介绍与容量分析[J]. 邮电设计技术，2024(07): 65-69.

[28] 百纳科技. H5 和 WebGL 3D 开发实战详解[M]. 北京：人民邮电出版社，2017.

[29] 马亮，王彬. WebGL 三维技术、建模分析及优化研究[J]. 长春师范大学学报，2022, 41(02): 64-69.

[30] JOS D. Learn Three.js: Program 3D animations and visualizations for the web with JavaScript and WebGL[M].Packt Publishing Limited:2023-02-17.

[31] UZAYR B S. Conquering JavaScript:Three.js[M]. New York: CRC Press, 2023.

[32] 谢希仁. 计算机网络[M]. 7 版. 北京：电子工业出版社，2017.

[33] 啜钢，王文博，王晓湘，等. 移动通信原理与系统[M]. 5 版. 北京：北京邮电大学出版社，2022

[34] 周炯槃，庞沁华，续大我，等. 通信原理[M]. 4 版. 北京：北京邮电大学出版社，2015.

[35] CHO Y S，KIM J，YANG W Y, et al. MIMO-OFDM 无线通信技术及 MATLAB 实现[M]. 孙锴，黄威，译. 北京：电子工业出版社，2013.

[36] 何思然. 5G NR 下行时间频率同步方法研究[D]. 南京：东南大学，2022.

[37] ITU-R. IMT Vision: framework and overall objectives of the future development of IMT for 2020 and beyond [R]. Recommendation ITU-R M.2083-0, 2015.